치명적
동반자,
미생물

Deadly Companions
by Dorothy H. Crawford

Copyright © Dorothy H. Crawford 2007
Korean translation copyright © Gimm-Young Publishers, Inc. 2021
All rights reserved.

Deadly Companions was originally published in English in 2007.

This translation is published by arrangement with Oxford University Press through Eric Yang Agency.
Gimm-Young Publishers, Inc. is solely responsible for this translation from the original work and Oxford University Press shall have no liability for any errors, omissions or inaccuracies or ambiguities in such translation or for any losses caused by reliance thereon.

치명적 동반자, 미생물

1판 1쇄 인쇄 2021. 5. 26.
1판 1쇄 발행 2021. 6. 7.

지은이 도로시 크로퍼드
옮긴이 강병철

발행인 고세규
편집 이예림 디자인 조은아 마케팅 정성준 홍보 이혜진
발행처 김영사

등록 1979년 5월 17일(제406-2003-036호)
주소 경기도 파주시 문발로 197(문발동) 우편번호 10881
전화 마케팅부 031)955-3100, 편집부 031)955-3200 | 팩스 031)955-3111

값은 뒤표지에 있습니다.
ISBN 978-89-349-8885-4 03470

홈페이지 www.gimmyoung.com   블로그 blog.naver.com/gybook
인스타그램 instagram.com/gimmyoung   이메일 bestbook@gimmyoung.com

좋은 독자가 좋은 책을 만듭니다.
김영사는 독자 여러분의 의견에 항상 귀 기울이고 있습니다.

치명적 동반자, 미생물

도로시 크로퍼드
강병철 옮김

DEADLY COMPANIONS

김영사

차례

서문 · 006
초판 서문 · 016
옮긴이의 말 · 021

들어가며 · 026

1장 태초에 미생물이 있었나니 · 035
미생물은 어떻게 전파될까? | 전파의 결과, 전염병 | 숙주 저항성

2장 우리는 어떻게 미생물을 물려받았나 · 063
말라리아 | 수면병

3장 미생물은 종간 경계를 뛰어넘는다 · 097
홍역 | 고대 이집트 | 주혈흡충증 | 교역과 전쟁은 미생물의 힘 |
아테네 역병 | 안토니우스 역병 | 유스티니아누스 역병

4장 인구 증가, 쓰레기, 빈곤 · 137
림프절 페스트 | 천연두

5장 미생물, 세계를 정복하다 · 177
노예 무역 | 매독 | 콜레라

6장 기근과 황폐 · 217
아일랜드 | 감자잎마름병 | 발진티푸스 | 장티푸스 | 결핵

7장 정체가 밝혀지다 · 251
인두접종법 | 우두접종법 | 항생제의 발견

8장 미생물의 반격 · 285
빈곤 | 여행 | 항생제 내성 | 독감

마치며 ─ 함께 살기 · 324

감사의 말 · 332
용어설명 · 334
주 · 345
더 읽을거리 · 354
찾아보기 · 357

1969년 미국의 공중보건국장은 모든 심각한 감염증을 예방하거나 치료할 수 있다고 확신하면서 이렇게 말했다. "이제 우리는 감염병이란 책을 덮어도 될 것입니다." 이보다 더 잘못 짚은 말은 없을 것이다. 1980년대 초반 후천면역결핍증후군AIDS을 일으키는 인간면역결핍바이러스HIV가 인류를 강타한 이후, 치명률이 매우 높은 한타, 에볼라, 라사열, 사스SARS 등 전례 없는 여러 감염병의 유행이 전 세계를 휩쓸었다.

바이러스는 조용하고도 은밀하게 우리 몸속에 들어와 세포 속에 기생한다. 그런 침입을 통제할 수 있는 방법은 거의 없다. 비교적 최근까지 바이러스는 가장 정교한 존재라는 우리와 치열한 사투를 벌였고, 항상 승리를 거두었다.

천연두 바이러스는 비록 1980년에 완전히 박멸되었지만, 20세기 들어서만 적어도 3억 명의 목숨을 앗아갔으며, 천연두가 자취를 감춘 시점에도 홍역 바이러스는 여전히 연간 250만 명의 어린이를 죽음으로 몰아넣고 있었다. 오래된 질병들을 겨우 통제하게 되자 이제는 새로운 질병이 끊임없이 나타나고 있다.

2019년 12월, 중국 후베이성의 성도 우한에서 인간을 감염시키는 신종 코로나바이러스가 출현했다. 바이러스는 이 지역에서 호흡기 질병 유행을 일으켰다. 유행이 점점 확산되자 우한과 후베이성의 다른 도시들은 봉쇄령을 내리고 주민들을 집 밖으로 나오지 못하게 했다. 여행 금지령도 시행되었으나, 유감스럽게도 유행이 일어난 시점이 중국 춘절과 겹쳐 많은 사람이 이미 후베이성을 떠난 뒤였다. 그중 일부는 몸속에 바이러스를 지니고 있었다. 이렇게 해서 바이러스는 빠른 속도로 중국 전역에 확산되었으며, 이후 전 세계로 퍼졌다. 다른 국가에서도 바이러스 유입과 확산을 막기 위해 비슷한 조치를 시행했지만 모두 실패로 돌아가면서 바이러스는 전 세계를 휩쓸었다. 결국 세계보건기구who는 2020년 1월 30일에 국제적 공중보건 비상사태를 선포했으며, 2020년 3월 11일에는 이를 팬데믹으로 격상시켰다.

이 바이러스의 공식 명칭은 SARS-CoV-2(Severe Acute Respiratory Syndrome Coronavirus 2, 중증급성호흡기증후군 코로나바이러스)이며, 바이러스가 일으키는 질병의 이름은 COVID-19(Coronavirus disease-19, 코로나바이러스 질병-19)

이다. 2020년 4월에는 사실상 전 세계 모든 나라에서 COVID-19 증례가 발생했으며, 보고된 환자 수는 100만 명, 사망자 수는 5만 명을 넘어섰다. 중국에서는 마침내 유행병의 기세가 수그러들었지만 이제 미국, 이탈리아, 스페인, 이란이 본격적인 위기를 맞았다(2020년 4월에 쓰인 서문이므로 이를 감안하고 읽기 바란다—옮긴이).

COVID-19는 우한의 해산물과 살아 있는 동물을 취급하는 시장에서 처음 나타난 것이 거의 확실하다. 이런 추정은 처음 발견된 환자 중 몇몇이 이 시장에서 일했다는 사실을 근거로 한다. 시장에서는 다양한 종류의 살아 있는 동물을 판매했는데, 그중 천산갑이 바이러스 매개체로 추정되었다. 하지만 현재 대부분의 과학자는 천산갑이 그저 중간숙주에 불과했으며, 장기적인 보유숙주는 박쥐일 가능성이 높다고 말한다. 현재까지 발견된 SARS-CoV-2의 유전형은 단 한 가지이며, 몇몇 유전자 염기서열을 분석한 결과 독성을 증가시키거나 감소시킬 가능성이 있는 돌연변이의 증거는 아직 발견되지 않았다.

SARS-CoV-2는 기침이나 재채기를 할 때 생성되는 비말을 통해 사람에서 사람으로 전파된다. 주로 입과 코를 통해 인체에 침입하지만, 눈을 통해서도 감염될 수 있음을 시사하는 몇 가지 증거가 있다. 현재 추정하기로 R_0(바이러스의 기초재생산수: 한 명의 감염자에 의해 바이러스에 전염되는 평균 사람 수)는 2~3이다. 하지만 한국의 봄비는 한 교회에서 거의 40명을 감염시킨 증례처럼 '슈퍼 전파자'도 보고되었다.

이 바이러스는 호흡기를 감염시킨 후 최대 2주에 이르는 잠복기를 거쳐 증상을 나타낸다. 가장 흔한 초기 증상은 발열, 기침, 숨가쁨이며 미각과 후각의 상실 역시 초기 증상 중 하나로 보고되었다. 이런 증후군은 특히 고령자와 만성 건강 문제를 지닌 사람에게서 입원 치료를 요하는 폐렴으로 진행될 수 있다. 사망률은 연령과 함께 증가하여 50세 전후로는 1퍼센트 미만이지만, 85세를 넘으면 25퍼센트에 이른다.

유행 초기에 중국 과학자들이 SARS-CoV-2의 유전 염기서열을 전 세계 연구자들과 공유한 덕에 매우 일찍 진단검사를 개발할 수 있었다. 이런 방법을 통해 의심되는 증례들을 선별한다. 하지만 SARS-CoV-2에 감염되고도 증상이 가볍거나 아예 나타나지 않아 통계에 잡히지 않은 사람이 얼마나 많은지는 여전히 불분명하다. 감염된 사람의 최대 80퍼센트가 이렇게 가벼운 증례에 속한다고 추정한 연구도 있다. 사실이라면 감염자 수와 R_0 수치는 과소평가되고, 사망률은 과대평가된 셈이다.

SARS-CoV-2가 처음 인류를 덮쳤을 때는 어느 누구도 면역을 갖고 있지 않았기 때문에 바이러스는 놀랄 만한 속도로 퍼졌다. 바이러스가 처음 발견되고 55일 동안 보고된 COVID-19 환자는 10만 명이었지만, 이후 불과 20일 뒤에는 50만 명에 달했다. 물론 진단하지 않은 감염자는 포함되지 않은 숫자다. 세계 도처에서 중증 환자가 폭발적으로 발생하면서 의료 체계가 붕괴되는 현상이 잇따르고 있다. 병원 설비와 인력은 태부족이며, 가장 중요한 장비도 환자 수를 따라잡지 못한다. 비용 때문에 진단 검사조차 시행하지 못하는 국가도 있다.

위기에 대한 대응으로 각국의 정부가 항공편을 제한하고, 학교를 폐쇄하고, 식당이나 극장 등 대중이 모이는 장소와 모든 비필수적 사업장을 닫는 락다운 조치를 강화했다. 사람들은 각자의 집에 격리되어 하루에 한 번 필수품을 사거나 운동을 하기 위해서만 집 밖으로 나왔고, 그때도 반드시 다른 사람과 2미터 이상 거리를 두어야 했다. 이런 극단적인 조치는 '곡선을 평탄화'하여 공중보건 체계를 보호하려는 것이었다. 사람에서 사람으로 바이러스가 전파되는 것을 막아 COVID-19 환자 수가 급격히 증가하지 않도록 해야 했던 것이다.

COVID-19의 유행을 가장 최근에 발생한, 2003년 SARS-CoV 및 2009년 돼지독감 바이러스로 인한 2건의 팬데믹과 비교해보는 것은 흥미로운 일이다. 이 세 가지 바이러스는 공통점이 있다. 모두 동물에서 인간으로 종간 전파되고, 공기를 통해 숙주들 사이에 전파되며, 코와 입을 통해 인체에 침입하여 심한 호흡기 감염증을 일으킬 수 있다.

COVID-19와 사스를 일으킨 바이러스는 모두 중국의 살아 있는 동물을 취급하는 시장에서 발생한 코로나바이러스다. 유전적으로 80퍼센트가 일치하고 R_0 수치가 2~3이라는 공통점이 있지만, 유행은 매우 다른 양상을 보였다. SARS의 사망률은 10퍼센트로, COVID-19보다 훨씬 높았다. 2003년 전 세계적인 유행을 일으킨 지 7개월 만에 통제할 수 있었지만 그 사이에 약 8,000명을 감염시키고 800명의 목숨을 앗아갔다.

이렇게 빨리 유행을 통제할 수 있었던 이유는 크게 세 가지다. 모든 SARS-CoV 감염증이 뚜렷한 증상을 나타내었고, 증상을 나타내지 않은 환자들은 다른 사람을 감염시키지 않았으며, 바이러스 입자를 가득 실은 점액 비말이 무거워 환자로부터 먼 거리까지 옮겨 갈 수 없었다. 따라서 SARS-CoV는 가족이나 의료진 등 밀접한 접촉을 한 사람들에게 전염되는 것이 일반적이었다. 일단 이런 요인을 파악한 뒤에는 환자와 접촉한 모든 사람을 격리시켜서 팬데믹을 비교적 쉽게 통제할 수 있었다.

감염과 전파의 동역학적 특성으로 보면 오히려 독감 바이러스가 COVID-19를 이해하는 데 더 의미 있는 모델이라 할 수 있다. 독감 바이러스 팬데믹은 새로운 독감 바이러스가 동물숙주에서 인간으로 종간 전파되어 발생한다. 동물숙주는 바로 조류다. 독감의 R_0는 1.5 정도지만 증상이 가볍거나 아예 없는 환자가 많기 때문에 격리/검역 전략이 성공하기 어렵다. 2009년 멕시코에서 돼지독감이 처음 발생했을 때도 전염을 국한시키려는 시도가 실패로 돌아갔다. 팬데믹은 방역망을 뚫고 퍼져 나가 결국 전 세계 인구의 4분의 1을 감염시키고, 약 50만 명의 사망자를 냈다(사망률 0.02퍼센트).

COVID-19의 전파율이 독감보다 높다는 점을 근거로 일부 전문가는 COVID-19 팬데믹이 돼지독감 팬데믹보다 더 널리 전파되고, 더 많은 사망자를 낼 것이라고 생각한다. 심지어 전 세계적으로 5,000만 명의 사망자를 냈던 1918년의 스페인 독감 팬데믹과 비슷할 것이라고 예측하는 사람도 있다.

이런 점을 염두에 둔다면 효과적인 백신을 개발하는 것이 최우선 전략임은 분명하다. 팬데믹의 자연 경과를 멈출 수 있는 유일한 방법이기 때문이다. SARS-CoV-2의 유전 염기서열이 밝혀져 현재 다양한 연구팀에서 백신 개발에 박차를 가하고 있지만, 전체 과정은 12~18개월이 걸릴 것으로 예상한다. 너무 느리다고 생각될지 모르지만, 백신을 개발해도 동물실험과 임상시험을 통해 먼저 안전성을 검증하고, 이어서 유효성을 확인한 뒤에 상업적 생산으로 생산 규모를 확대하고, 대규모 승인 후 시험까지 마쳐야 하므로 이보다 빨리 백신을 개발한다는 것은 무리다.

한편 과학자들은 COVID-19에 효과를 나타내는 약제를 발견할 수 있을지 모른다는 희망에서 다른 바이러스에 효과가 있는 온갖 항바이러스 약물은 물론, 심지어 한약에 이르기까지 수많은 후보 물질을 가지고 임상시험을 수행 중이다.

현재 격리된 사람들은 격리가 해제되더라도 여전히 면역이 없어 SARS-CoV-2 감염에 취약한 상태다. 이런 식으로 사태가 전개된다면 바이러스가 토착화될 가능성이 높다. 계속 인류 옆에 존재하면서 유행할 것이란 뜻이다. 매년 전 세계에서 25만 명의 목숨을 빼앗는 계절성 독감처럼 SARS-CoV-2 역시 반복적으로 유행하며 고령자와 만성 질환자를 위협할지도 모른다. 우리는 신종 코로나바이러스와 앞으로 나타날 다른 신종 바이러스들의 위협을 통제할 수 있을까? 바이러스가 우리를 압도하게 될까? 인간과 바이러스 사이의 전쟁은 어떻게 끝날까?

치명적인 바이러스의 유행은 공포와 불안을 야기하며, 언론은 주로 이 부분에 초점을 맞춘다. 하지만 우리가 매체를 통해 접하는 정보는 부정확하고 선정적인 경우가 너무나 많아, 이제 '바이러스'라는 단어는 매우 사악한 함의를 갖게 되었다. 사람들은 신체를 침입하는 미생물에 대해 정확한 정보를 제공받을 권리가 있다. 우리는 "그저 바이러스일 뿐이야"라며 기침이나 감기, 발열이나 피로감을 가볍게 무시하곤 하지만, 정말로 바이러스가 원인이라고 확신할 수 있을까? 설사 바이러스 감염이라고 해도 어떤 바이러스가 일으킨 감염이며, 그 바이러스는 어떻게 그런 증상을 일으키는 것일까?

이런 사실은 물론 관련된 여러 가지 의문들을 살펴보고 일반 독자에게 바이러스라는 매혹적인 존재를 설명하기 위해 이 책을 썼다. 바이러스는 단백질 외피에 둘러싸인 아주 작은 유전 물질에 불과하지만, 인간 사회를 엄청난 혼란에 빠뜨릴 수 있다. 이 작은 생명체가 인류를 좌지우지해 온 방식을 돌아본다면 일말의 존경심마저 갖게 된다. 이 책에는 이런 점을 설명하기 위해 불가피하게 바이러스를 인간적 특성을 갖는 것으로 묘사한 부분이 많다. 이 점에 대해 사과할 생각은 없다. 독자들이 바이러스라는 존재를 보다 생생하게 느끼고, 이 조그마한 생명체가 얼마나 기발하고, 교활하고, 무시무시한 기생충인지 명확히 파악할 수 있다면 그런 묘사를 결코 비난할 수 없으리라 생각한다.

1장에서는 바이러스의 구성 요소들을 간단히 요약한 후, 오랜 세월에 걸친 바이러스와 숙주 사이의 투쟁이 결국 양쪽의 운명을 결정지었음을 설명한다. 이어지는 장에서는 바이러스가 숙주의 몸속에서 생존과 증식을 위해 동원하는 다양한 전략들을 소개하고, 이런 전략들이 어떻게 질병을 일으키는지 살펴본다. 각 장마다 신종 감염, 급성 감염, 만성 감염, 발암성 감염 등 특정한 감염 양상에 초점을 맞춰 설명한다. 마지막 장에서는 과거와 현재, 그리고 미래의 치료 전략들을 알아본다. 개별적인 바이러스를 예로 들었기 때문에 HIV를 비롯한 일부 바이러스는 여러 장에 등장한다.

많은 분이 집필을 도와주었다. 이 자리에서 빠짐없이 언급하기는 불가능하다. 대부분 자신이 도움이 된 줄도 모를 것이다. 병적 절도광에 가까운 내 뇌는 지난 몇 년간 어떤 사실을 생생하게 설명하는 데 도움이 된다면, 읽은 것이든 들은 것이든 바이러스에 관한 모든 흥미로운 사실과 그림, 문구, 인용문을 사정없이 낚아챘기 때문이다. 특정한 주제에 관해 전문적인 조언과 정보를 제공해준 분들은 본문 중 따로 감사를 표했거니와, 시간을 내어 초고를 읽고,

교정하고, 조언해준 모든 분께 다시 한번 감사드린다. 특히 건설적인 의견을 들려준 글렌다 포크너Glenda Faulkner와 J. 알레로 토머스J. Alero Thomas, 문헌 조사와 전문적 비서 업무를 담당해준 서빈 오스틴 브룩스Sabine Austin-Brooks, 항상 따뜻한 태도로 편집을 도와주면서 조언을 아끼지 않았던 수전 해리슨Susan Harrison에게 특별한 감사를 전한다.

이 책이 모쪼록 흥미롭고 더 많은 생각을 불러일으키기를 바란다.

2020년 4월, 에든버러에서
도로시 크로퍼드

미생물이 지구라는 행성에 처음 출현한 것은 약 40억 년 전이다. 우리가 유인원에 가까운 조상에서 진화한 이래 미생물은 계속 인류와 공존해왔다. 눈에 보이지 않을 정도로 작은 이 피조물은 우리 몸 구석구석에 진을 치고 살면서 인간이라는 종의 진화에 크나큰 영향을 미쳤으며, 유행병을 일으켜 수많은 사람을 몰살시킴으로써 역사를 바꾸었다. 하지만 기나긴 공존의 역사가 이어지는 동안 우리 조상들은 도대체 무엇이 이런 '천형天刑'을 몰고 오는지 모른 채 속수무책으로 당할 수밖에 없었다. 인류가 최초의 미생물을 발견한 것은 불과 130년 전이다. 그 후로 우리는 미생물이 우리 몸을 침범하고 병을 일으키는 것을 막기 위해 기발한 방법들을 생각해냈다. 하지만 몇 가지 놀라운 성공에도 불구하고 여전히 미생물은 연간 1,400만 명을 죽음으로 몰아넣는다. 사실 현대는 새로운 미생물이 더욱 자주 출현하며, 동시에 결핵이나 말라리아처럼 오래된 질병이 새로운 유행을 일으키는 이례적인 시대다.

이 책에서는 미생물의 출현과 인류라는 생물종의 문화적 진화 사이에 어떤 연관성이 있는지 살펴볼 것이다. 이를 위해 우선 역사상 가장 큰 유행병들을 원인 미생물에 대한 새로운 이해를 바탕으로 돌아본다. 그리고 동시대의 사회적 및 문화적 사건들이라는 맥락에서 유행병이 인류에게 미친 영향을 짚어보며 그런 질병이 왜 인류사의 특정 단계에서 출현했는지, 어떻게 그토록 큰 참극을 빚었는지 보다 생생하게 이해하려고 한다.

우선 21세기 들어 첫 번째 팬데믹pandemic이라 할 수 있는 사스SARS 이야기로 시작한다. 그리고 미생물이 처음 생겨난 시점으로 거슬러 올라가 이들이 어떤 과정을 거쳐 그토록 쉽게 우리를 감염시키고, 빠른 속도로 퍼지도록 진화했는지 알아본다. 이어서 고대의 '전염병'과 '역병'에서 현대에 이르기까지 인간과 미생물이 서로 영향을 주고받은 역사를 따라가며, 수렵채집인에서 농경사회를 거쳐 도시인에 이르기까지 인간의 문화적 변화 속에서 우리를 미생물의 공격에 취약하게 만든 핵심적인 요인들을 돌아볼 것이다.

마지막 장에서는 현대적 발견과 발명들이 오늘날 전 세계적 감염병이라는 문제에 어떤 영향을 미쳤는지 알아보고, 갈수록 붐비는 세상에서 새로 출현하는 미생물들의 위협을 어떻게 극복할 수 있을지 생각해볼 것이다. 병원성 미생물을 '죽을 때까지 싸우는' 전략으로 '정복'할 수 있을까? 아니면 지금이야말로 이 문제를 미생물 중심의 시각에서 바라보아야 하는 것일까? 끊임없이 환경을 파괴하는 한 우리는 더 많은 미생물과 싸울 수밖에 없다. 하지만 문제의 규모와 심각성을 제대로 파악한다면 분명 우리의 현미경적 이웃들과 이 행성에서 조화롭게 살아가는 방법을 찾을 수 있을 것이다.

이 책에서 '미생물'이라는 말은 세균, 바이러스, 원생동물 등 현미경적 생물을 가리킨다(그림 0-1). 진균(곰팡이)은 영양생장營養生長 시기에는 맨눈으로 볼 수 있는 경우도 많지만, 숙주에서 숙주로 퍼지는 포자 상태에서는 현미경으로만 볼 수 있으므로 역시 미생물에 포함시켰다. 작디작은 이 생명체들은 기발하고 교묘한 전략을 구사하는 것 같지만, 뇌가 없기 때문에 생각을 하거나 계획을 세우지 못한다. 우리가 미생물에게 종종 인간적인 특징들을 투사하는 이유는 이들이 상황의 변화에 매우 빨리 적응하기 때문이다. '적자생존'이라는 자연적 과정에 의해 가장 잘 적응한 미생물들이 번성하는 모습이 우리 눈에는 가장 적절한 숙주를 기다리며 조용히 기회를 엿보다 특정한 '표적'을 향해 '뛰어들고', '공격하고', '침입하는' 것처럼 보이는 것이다. 이런 묘사가 딱 맞는 것 같고 책에서도 미생물의 생활사를 실감나게 묘사하기 위해 이런 표현을 자주 사용했지만, 사

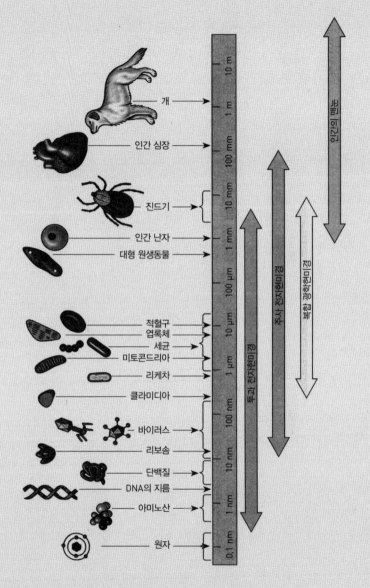

그림 0-1 생물들과 그 구성요소의 상대적 크기

출처: J. G. Black, *Microbiology, Principles and Exploration*, 5th edn © 2002, Fig. 3.2(John Wiley & Sons, Inc.의 허락을 얻어 수록)

실 미생물이 계획적으로 이런 일을 벌이는 것은 아니다.

가능한 경우 과학 용어 대부분을 본문에 정의했지만, 추가적인 정보를 얻도록 책 말미에도 용어설명을 수록했다.

옮긴이의 말

인간은 위대하면서도 어리석은 동물이다. 인간의 위대함은 한없이 큰 것과 한없이 작은 것을 이해하고, 모든 아름다운 것, 장엄한 것, 편리한 것을 만들어내는 능력에 있다. 하지만 인간은 할 수 있는 것과 하지 말아야 할 것을 구별하지 못하고, 모든 것을 자기중심적으로 생각한다는 면에서 어리석다. 우리는 스스로의 성취에 도취하여 무엇이든 할 수 있다고 자만했다. 지구와 환경과 모든 생물이 우리를 위해 존재하며, 우리 마음대로 이용할 수 있다는 착각에 빠졌다. 그리고 지금 'COVID-19'라는 무시무시한 전염병을 맞아 그 대가를 톡톡히 치르는 중이다.

인간이 미생물을 발견한 것은 약 350년 전의 일이다. 미생물이 질병의 원인임을 깨달은 지는 150년 남짓이다.

무엇이든 자기중심적으로 생각하기 좋아하는 인간은 즉시 미생물을 적으로 간주했다. 안온한 삶을 지키고, 지구상 모든 것을 마음대로 이용하는 데 가장 큰 걸림돌로 판단한 것이다. 미생물이 일으키는 감염병을 백신과 항생제로 상당 부분 관리하게 되면서 인간의 교만은 정점에 달해, "이제 우리는 감염병이란 책을 덮어도 될 것"이라고 선언하기에 이른다. 저자가 COVID-19 시대를 맞아 이 책에 다시 주목하기를 촉구하면서, 서두부터 이런 교만을 상기시키는 것은 결코 우연이 아니다.

1장이 가장 중요하다. 미생물의 역사는 40억 년, 인류의 역사는 20만 년이다. 생명의 역사를 하루로 축약한다면, 인간은 마지막 2~3초 사이에 나타난 존재에 불과하다. 그런데 우리가 주인공인 줄 안다. 진짜 스토리는 이렇다. 미생물은 언제나 존재해왔으며, 어디에나 존재한다. 우리의 환경은 물론, 우리 몸의 표면, 몸속에도 존재한다. 알고 보니 우리 유전자 속에도 무수한 미생물의 유전자가 존재하고 있었다. 그런 사정은 우리의 조상, 조상의 조상, 진화의 역사를 거슬러 올라가 우리의 기원이 되었던 무척추동물이나 원시적 다세포 생물도 마찬가지다. 우리가 존재하고 미생물이 우리를 침입하는 것이 아니라, 사실상 현재 존재하는 모든 동식물이 미생물이라는 바다에서 잠시 일었다가 거품을 남기고 사라지는 파도에 불과하다. 올바른 서사를 통해서만 모든 것을 제대로 볼 수 있다.

사정이 이렇다면 인류사에서 미생물의 영향에서 벗어

난 사건은 없었을 것이다. 바로 그것이 이 책에서 생생하게 그려내는 줄거리다. 스케일은 장대하다. 생명의 기원에서 출발한 이야기는 수렵채집 생활을 하던 초기 인류의 이야기로 이어진다. 말라리아와 파동편모충증의 예를 들어 동아프리카의 초원에서 초기 인류의 생활상을 재구성하고, 미생물이 인류가 아프리카를 벗어나 전 세계로 퍼진 동인으로 작용했으리라 주장하는 대목은 생생하고 설득력이 넘친다.

인간이 전 세계로 퍼지며 새로운 변화를 맞을 때마다 새로운 전염병이 나타나거나, 기존에 알려진 전염병이 엄청난 기세로 유행했다. 인류의 역사는 곧 전염병의 역사다. 이런 주제를 다룬 책은 많으며, COVID-19 유행 후 우리나라에도 대거 번역되었다. 국내 저자들이 쓴 책도 많다. 이 책은 두 가지 점에서 차별된다. 첫째, 역사적 관점과 과학적 관점이 잘 조화되어 있다. 때로는 당시의 사료까지 섭렵하며 역사적 상황을 생생하게 그려내면서도, 분자생물학과 역학 분야의 최신 지식을 망라하여 시종일관 과학적인 관점에서 미생물과 인간의 상호작용을 바라본다. 또 하나는 디테일과 전체를 꿰뚫는 원칙 사이에서 절묘한 균형을 유지한다는 점이다. 기원전 아테네와 중세 유럽, 21세기 현대를 휩쓴 유행병의 모습은 천차만별이지만, 그 저변에는 항상 인구 과잉, 교역과 전쟁과 여행, 빈곤과 불평등이라는 공통의 요인이 도사리고 있었다. 길지 않은 분량 속에 이토록 풍부한 지식과 통찰을 전달하는 것은 이렇듯 절묘한 균형을 유지하는 서술 방식에 힘입은 바다. 독자들은 300쪽 남짓한 책을 통해 지구가 탄생한 순간부터 21세기에 유행한 사스와 COVID-19에 이르기까지 미생물과 인류가 함께 변주해온 기나긴 역사를 한눈에 파악하고, 그 장대한 규모에 잠시 정신이 아득할 것이다. 동시에 언제나 우리와 함께해왔던 인간 조건들을 무거운 마음으로 돌아보거나, 인류의 탐욕과 무지와 교만을 성찰하거나, 미생물의 무시무시한 힘 앞에 힘없이 스러져간 사람들의 고통과 절망을 느끼며 진저리 칠지도 모른다.

전 세계적 대유행병의 시대를 맞아 전염병과 인류의 역사를 돌아보면서 우리는 어떤 교훈을 얻을 수 있을까? 대략 세 가지로 정리해볼 수 있다. 첫째, 겸손해야 한다. 인간은 이 행성의 주인이 아니며, 환경과 미생물을 마음대로 통제할 수 없다. 할 수 있는 일, 하고 싶은 일은 무엇이든 해도 좋으며, 나중에 수습할 수 있으리라 생각하는 것은 터무니없는 교만이다. 할 수 있고 하고 싶지만, 해서는 안 되는 일이 무엇인지 잘 살펴야 한다. 지금처럼 환경을 파괴하고 욕망을 추구한다면 인류의 미래는 없다. 둘째, 신중해야 한다. 환경과 미생물의 그물은 촘촘하며 뻗어 있지 않은 곳이 없다. 인간의 모든 행동은 그 섬세한 네트워크에 불가피하게 영향을 미친다. 역사 속에서 우리는 행동이 가져올 결과를 모른 채 전쟁을 일으키고, 교역로를 넓히고, 숲과 땅과 바다의 모습을 바꿔왔다. 그러나 이제는 그런 행동이 예기치 못한 결과를 가져올 수 있으며, 때로는 파국을 몰고 온다는 사실을 알게 되었다. 더욱이 개발이든 교역이든 전쟁이든 이익은 소수가 독점하고, 피해는 다수 대중, 그 중에서도 가장 힘없고 소외된 사람들에게 집중된다는 점을 무겁게 받아들여야 한다. 끝없이 앞으로 나아갈 것이 아니라 속도를 늦추고 모든 생명이 함께 살 수 있는 길을 모색해야 한다. 셋째, 공동체 의식을 가져야 한다. 이미 하나의 마을이 되어버린 지구에서는 생태계나 미생물에 큰 변화가 초래되었을 때 그 영향에서 자유로운 사람이 있을 수 없다. 팬데믹은 그런 점을 뚜렷하게 보여준다. 공장식 축산으로 인해 치명적인 독감 균주가 출현한다거나, 항생제 내성 문제가 심각해진다거나, 남미인들의 빈곤을 해결하기 위해 아마존을 개간하여 밀림 깊은 곳에 숨어 있던 새로운 병원체가 퍼진다면, 그것은 이내 전 세계인의 문제가 된다. COVID-19 백신을 선진국이 독점한다면 팬데믹의 종식은 요원해지며, 그것은 조만간 변이 균주라는 새로운 위기로 돌아온다. 인류애와 이타주의가 지금처럼 절실한 때는 없었다. 책의 마지막 구절은 의미심장하다. "역사는 우리를 하나의 공동체로 볼 것이다. 우리의 치명적인 동반자들은 언제나 우리를 그렇게 보아왔다." 인류가 위대함으로 어리석음을 극복하기를 간절히 바란다.

2021년 6월

강병철

2003년 사스가 무방비 상태의 세계를 덮쳤을 때, 언론은 굳이 상황을 극적으로 과장하거나 미화할 필요가 없었다. 중국 남부에서 정체불명의 치명적 바이러스가 나타나 아무것도 모르는 인간의 몸을 배양기 삼아 홍콩에서 전 세계로 퍼져 나갔다는 이야기는 현실을 가감 없이 기술한 것이었지만 어떤 현대 스릴러물보다 간담을 서늘케 했다. 홍콩에서 출발한 바이러스는 제트기를 타고 전 세계를 누비며 27개국에서 8,000명이 넘는 사람을 감염시켰다. 4개월 후 마침내 통제될 때까지 사망자는 800명에 달했다.

2002년 11월, 중국 광둥성 포산에서 치료가 되지 않는 '비정형 폐렴'이 유행하면서 이 끔찍한 이야기는 시작되었다. 2003년 1월이 되자 광둥성의 성도 광저우에서도 비슷한 환자들이 나타났다. 틀림없이 바이러스는 여기저기 돌아다니는 해산물 도매상인의 몸을 통해 광저우에 옮겨졌을 것이다. 그가 병원에 입원하자 폭발적인 유행이 시작되었다. 3개월 후 세계보건기구에 이 소식이 전해졌을 때는 이미 302명의 환자가 발생하여 5명 이상이 사망한 뒤였다. 눈덩이처럼 불어나는 유행병의 기세를 꺾기에는 이미 늦은 때였다.

바이러스는 처음에 중국 내 지역 감염으로 퍼졌다. 그리고 2003년 2월, 광저우의 한 병원에 근무하는 65세의 의사가 친척의 결혼식에 참여하기 위해 홍콩을 방문했을 때 전 세계로 퍼질 기회를 잡았다. 그 의사는 메트로폴 호텔 9층 911호에 묵었는데, 24시간 후 그가 입원했을 때는 이미 호텔 투숙객 중 17명 이상이 전염된 뒤였다. 이들은 바이러스에 감염되었음을 까맣게 모른 채 집으로 돌아가 5개국에 바이러스를 퍼뜨렸으며, 베트남, 싱가포르, 캐나다에서 대규모 유행을 일으켰다. 대형 병원에서, 작은 의원에서, 호텔에서, 직장에서, 가정에서, 열차에서, 택시에서, 비행기에서 바이러스가 퍼질 때마다 감염의 그물망은 확장되었다. 단 한 명의 승객이 단 한 차례의 비행기 여행을 통해 119명의 탑승객 중 22명을 감염시키기도 했다.

사스SARS는 감기 비슷한 증상으로 시작되지만, 회복되는 것이 아니라 일주일 정도 지나서 폐렴으로 진행된다. 바이러스가 증식하면서 섬세한 폐포 내막을 손상시키고, 결국 체액이 새어 나와 폐포를 가득 채운다. 환자는 열감을 느끼고, 숨이 가빠지며, 심한 기침이 끊이지 않는다. 병원을 찾을 때쯤에는 대부분 제대로 숨을 쉬지 못해 중환자실에서 인공호흡기 치료를 받아야 한다. 기침을 할 때마다 바이러스로 가득 찬 점액 비말이 분무하듯 주변으로 흩어지므로 가까이 있는 사람은 누구든 감염될 위험이 있다. 당연히 가족의 위험이 가장 크지만, 바이러스의 위험을 제대로 몰랐던 초기에는 환자의 기도를 깨끗이 하고, 인공호흡기 치료나 소생술을 시행하며 한 명이라도 더 살리려고 분투했던 의료진 중에서도 많은 희생자가 발생했다.

사스에 감염된 의사가 메트로폴 호텔에 묵었던 날, 그 호텔로 친구를 찾아갔던 홍콩의 한 청년은 나중에 프린스 오브웨일스병원Prince of Wales Hospital에 입원했는데, 그곳에서 의사, 간호사, 학생, 환자, 문병객 및 친척들에게 바이러스를 퍼뜨려 감염자가 100명에 달하는 유행을 일으켰다. 그중 한 명이 홍콩의 민간 공동주택단지인 아모이 가든스 Amoy Gardens에 바이러스를 옮기자 유행은 들불처럼 번지기 시작했다. 단지 내에서만 300명 이상이 감염되었고, 42명이 사망했다. 사스 바이러스는 주로 기침을 통해 전염되지만 대변으로도 배설되며, 대부분의 환자가 물설사를 했기 때문에 이 또한 잠재적 감염 경로가 될 수 있었다. 사실 설사는 아모이 가든스 환자들의 두드러진 특징이었다. 전문가들은 그곳의 전례 없는 감염률은 하수관이 부분적으로 막힌 데다 화장실마다 강력한 환기팬이 설치되어 오염된 따뜻한 공기가 통풍구를 따라 주거 공간 전체로 퍼졌기

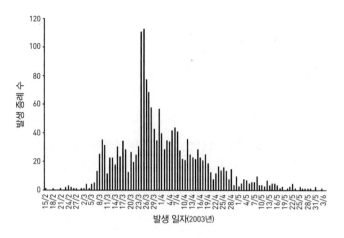

그림 0-2 홍콩의 사스

출처: I. T. S. Yu and J. J. Y. Sung, The Epidemiology of the Outbreak of Severe Acute Respiratory Syndrome(SARS) in Hong Kong — What We Know and What We Don't, *Epidemiology and Infection*, vol. 132 (2005) (Cambridge University Press, 2005), 781–786.

때문이라고 말한다.[1] 홍콩의 유행은 통제되기까지 약 1,755 명을 감염시켰다(그림 0-2).

그 사이 바이러스는 메트로폴 호텔에서 미국과 캐나다로 건너갔다. 미국에서는 큰 유행이 없었지만, 토론토에서는 의료인들이 깨닫기도 전에 빠른 속도로 퍼졌다. 최초로 감염된 10명 중 6명은 홍콩에 사는 아들을 찾아가 메트로폴 호텔 9층에 투숙했던 노년 부부와 함께 사는 가족이었다. 그들을 진료한 가정의가 일곱 번째 감염자였다. 그녀는 회복했지만 최초 감염된 가족 중 한 사람과 병원 응급실에 같이 있었던 고령의 남성은 사망했다.[2] 그 후 토론토 전역으로 퍼진 바이러스는 유행이 완전히 가라앉기까지 438명을 감염시켰고, 그중 43명이 사망했다.

카를로 우르바니Carlo Urbani는 세계보건기구 소속 감염병 전문가로, 하노이프랑스병원에서 국경없는의사회 팀과 협력 연구를 하고 있었다. 하노이의 초기 환자 60명 중 30명이 보건의료인이었다. 우르바니 박사는 높은 감염률에 주목하여 사스가 매우 위험한 신종 감염병임을 가장 먼저 인지했다. 전 세계가 필수 예방조치를 취할 수 있었던 것은 그가 신종 감염병의 위험을 신속하게 알렸기 때문이다. 애석하게도 정작 우르바니 박사 본인은 예방조치의 혜택을 받지 못했다. 하노이에서 방콕으로 가는 비행기 안에서 그는 불길한 증상들이 나타나는 것을 느끼고 방콕 보건당국에 미리 연락하여 사전 예방조치를 취했다. 그러나 그는 방콕의 병원에 임시변통으로 마련된 격리실에서 18일간 바이러스와 사투를 벌인 끝에 3월 말 세상을 떠나고 말았다.[3] 그의 동료 중 5명도 같은 운명을 밟았다.

3월 12일, 세계보건기구에서 전 세계적 보건 경보를 발령하자 오래도록 취해진 적 없던 전통적 공중보건 조치들이 실행되었다. 병원에서는 사스 환자를 엄격하게 격리 치료했으며, 전염을 막기 위해 접촉한 사람도 모두 격리했다. 지역사회에서도 여행 제한과 함께 입국 및 출국 시 선별검사를 시행했다. 이런 예방조치와 함께 언론을 통한 전염방지 의식고취 캠페인이 효과를 발휘하여 2003년 7월에 접어들자 전 세계적으로 유행이 통제되기 시작했다. 하지만 끝날 때까지는 끝난 게 아니었다. 2003년 말, 싱가포르와 타이완에서 바이러스 검사실 직원이 각각 1명씩 감염되었다. 다행히 치명적인 감염은 아니었고 전염되지도 않았다. 2004년 봄, 베이징에서 검사실 직원 2명이 사스에 걸려 총 8명이 감염되었고, 1명이 사망했다.

전 세계적 유행이 완전히 종료될 때까지 32개국에서 8,000명이 넘는 사스 환자가 발생했고, 그중 800명이 사망했다. 가장 큰 타격을 받은 국가는 중국으로, 전 세계 감염자의 3분의 2, 사망자의 3분의 1을 차지했다. 사스로 인한 경제적 손실은 1,400억 달러로 추산되었다. 대부분 아시아 지역에서 여행과 투자가 감소한 탓이었다. 그러나 사스 유행은 바이러스를 통제하기 위해 혼신의 노력을 기울인 사람들의 승리로 봐야 할 것이다. 그들이 없었다면 상황은 훨씬 나쁠 수도 있었다.

사스 바이러스의 전파를 막는 데는 마치 중세 시대처럼 검역과 격리에 의존했지만, 원인 병원체를 찾는 과정은 21세기 분자생물학 기술을 총동원하여 놀라운 속도로 진행되었다. 2003년 3월 말, 사스 환자들에서 코로나바이러스('코로나corona'라는 말은 '왕관'을 뜻하는 라틴어 어근이다. 전자 현미경으로 보면 마치 왕관처럼 보이기 때문에 이런 이름이 붙었다—옮긴이)가 발견되고, 4월 중순에는 원인 병원체로 확인되었다. 홍콩을 방문한 의사에 의해 전 세계적 유행이 시작된 지 불과 2개월 만이었다.

사스 코로나바이러스처럼 완전히 새로운 인간 병원체는 '인수공통감염병을 일으키는 미생물'일 가능성이 매우 높다. 즉, 동물의 병원체가 자연상태의 숙주로부터 인간의 몸속으로 뛰어들어 병을 일으킨다는 것이다. 광둥성의 사스 환자 중 3분의 1 이상이 식품이나 동물을 취급했으므로 감염원을 찾는 과학자들은 살아 있는 야생 동물을 식재료로 판매하는 광둥성의 웨트 마켓wet markets을 주목했다. 분자적 탐침으로 무장한 이들은 몇몇 동물종에서 전 세계적 유행을 일으킨 바이러스 균주와 사실상 동일한 사스 유사 코로나바이러스를 찾아냈다. 바이러스가 가장 빈번하게 발견된 동물은 히말라야 사향고양이였다. 몽구스과에 속하는 이 동물은 광둥성 곳곳의 농장에서 사육되었다.[4] 다행히 이 동물들은 야생에 널리 분포하지는 않았지만 전문가들은 사향고양이가 바이러스의 자연숙주는 아닐 것이라고 의심했다. 나중에 밝혀진 바에 따르면, 사스 코로나바이러스의 일차숙주는 중국적갈색관박쥐Chinese horseshoe bat였으며, 사향고양이는 바이러스를 인간에게 전달하는 중간숙주 역할을 했을 뿐이었다.

혈액검사 결과 광둥성 웨트 마켓의 상인들과 동물취급자 중 13퍼센트에서 과거 사스 감염의 증거가 나타났다.[5] 이미 이 지역에서 코로나바이러스가 인간에게 종간 전파되었으며, 그런 일이 또 일어날 가능성이 높음을 시사하는 소견이었다. 실제로 2004년 1월에도 중국에서 4건의 새로운 증례가 발생했다. 증례들은 비교적 가벼웠고, 더 이상 전염되지도 않았지만 바이러스가 어디엔가 숨어서 또 다른 기회를 엿보고 있음을 상기시키는 데는 충분했다.

사스는 21세기 들어 처음 팬데믹을 일으킨 병원체였지만, 분명 마지막 병원체는 아닐 것이다. 그보다 약 35년 전 HIV가 처음 출현한 이래, 우리는 점점 많은 신종 병원체를 접한다. 최근에는 매년 하나꼴로 나타난다. 사스의 유행은 앞으로 다가올 일의 예고편일 수도 있지만, 수천 년간 우리 조상들이 겪은 일을 엿볼 수 있는 창이기도 하다. 치명적인 병원체가 느닷없이 나타나 아무도 예측하지 못했던 유행병을 일으키고, 무차별적으로 사람들을 쓰러뜨리며, 충격과 공포를 널리 퍼뜨리는 일은 인류 역사상 끊임없이 반복되었다. 사스 같은 전염병의 대유행을 어떻게 멈추는지 안다는 점에서 우리는 운이 좋은 편이지만, 우리 조상들은 그런 행운을 기대할 수 없었으며 때때로 파국적인 결과를 맞기도 했다. 이어지는 장에서는 림프절 페스트와 천연두 같은 유명한 전염병과 그 병원체는 물론, 기생충인 파동편모충trypanosome과 주혈흡충schistosome처럼 비교적 덜 알려진 병원체들도 살펴볼 것이다. 또한 다양한 병원체가 어떻게, 그리고 왜 인류의 문화사 속에서 각기 다른 단계에 출현했으며, 조상들의 삶에 어떤 영향을 미쳤는지도 알아볼 것이다. 하지만 그전에 먼저 역사의 여명기로 거슬러 올라가 인류의 생명을 앗아갔던 병원체들의 기원과 진화 과정을 추적해보자. 그것들이 어떻게 우리 몸을 침범하고 퍼져 나가는지, 우리의 면역계는 병원체의 도전에 어떻게 대응하는지 안다면 이어지는 역사를 이해하기 훨씬 쉬울 것이다.

1장

태초에
미생물이 있었나니

약 46억 년 전, 태양계가 처음 만들어졌을 때 지구라는 행성은 결코 우호적인 환경이 못 되었다. 지구 표면은 오늘날 금성과 비슷할 정도로 뜨거웠다. 암석이 녹아내리며 기포 상태로 방출된 이산화탄소가 대기를 가득 채우자 엄청난 온실효과가 생겨 행성 전체가 바싹 마른 채 지글지글 끓었다. 이런 조건에서는 어떤 생명체도 살 수 없다. 하지만 40억 년 전, 지구가 식으면서 수증기가 액화하자 생명체가 출현했다. 오늘날 우리가 알고 있는 생명체는 아니고 단순한 분자 형태였다. 분자들은 자가복제를 통해 딸 분자를 만들고 몇 가지 특징을 물려주었다. 여기에도 다윈주의적 진화의 힘이 작용하여 결국 현미경적 단세포생물이 탄생했다.

초기 생명체는 화산에서 분출되는 독성 기체로 가득

찬 불안정한 대기, 쉴 새 없이 몰아치는 전자기 폭풍, 어디에도 걸러지지 않은 채 무자비하게 내리쬐는 태양의 자외선을 견뎌야 했다. 모든 조건이 걷잡을 수 없는 전기화학적, 광화학적 반응을 촉발했다. 아마 이 시기의 미생물은 오늘날 지구에서 가장 적대적인 환경 속에서 번성하는 '극한미생물extremophile'과 비슷했을 것이다. 극한미생물들은 산성이 강한 호수, 염도가 매우 높은 습지, 115도와 250기압에 이르는 깊은 해구 바닥의 열수분출공에서 나오는 과열수 속에서도 살아간다. 극지의 얼음 속 4킬로미터를 뚫고 내려간 곳이나 지표면에서 10킬로미터 아래에 파묻힌 암석에서도 발견된다. 실제로 최초의 생물은 기온이 매우 높은 지하 깊은 곳에 존재하는 바위 속, 충분한 물과 화학물질이 공급되는 환경에서 시작되었을지 모른다.

극한미생물은 종종 '스트로마톨라이트stromatolite'라는 산호 모양 군집체를 이룬다. 갈색에 평평하며 머리카락 같은 돌기가 돋아난 모습이 문간에 놓인 신발닦개처럼 보인다고 하여 미생물 '매트'라고도 불린다. 스트로마톨라이트는 상호의존적 미생물들이 공동체를 이루며 번성할 공간을 제공한다. 다른 미생물의 노폐물을 이용하여 에너지를 생산하는 자급자족형 먹이사슬 또는 미세 생태계를 구성하는 것이다. 오늘날에도 미국 와이오밍주 옐로스톤 공원, 고대 대수층에 의해 만들어진 멕시코 북부의 호수들, 호주 서해안 등 화학 물질이 풍부하며 다른 생명체의 방해를 받지 않는 물속에서 미생물 매트를 볼 수 있다. 오래된 암석들이 층을 이룬 구조는 시생대(25~40억 년 전)의 수중 생태계에서 융성했던 스트로마톨라이트의 화석화된 잔재로 추정된다.

약 30억 년간 세균은 지구를 독점했다. 가능한 모든 공간을 점유하며 다양한 형태로 진화했다. 지구의 대기에 아직 산소가 존재하지 않았으므로 황, 질소, 철 화합물을 이용하여 바위 속에 존재하는 에너지를 다양한 방식으로 끌어다 썼다. 27억 년 전, 남세균cyanobacteria(과거에는 남조류라고 불렸음)이라는 혁신적인 미생물이 등장했다. 광합성이라는 놀라운 기술을 개발하여 햇빛으로 이산화탄소와 물에서 에너지가 풍부한 탄수화물을 합성하는 생명체가 탄생한 것이다. 광합성의 부산물로 생겨난 산소가 지구의 대기에 천천히 축적되었다. 산소는 초기 생명체에 강한 독성을 나타냈지만, 다시 기발한 재간을 지닌 세균이 나타났다. 산소를 이용해 에너지를 생산하는 방법을 개발한 것이다. 새로운 에너지원인 산소는 복잡한 생명체도 살아갈 수 있을 정도로 넉넉한 에너지를 제공했지만, 다세포생물이 등장한 것은 진화에 의해 진핵세포가 등장한 뒤에야 비로소 가능했다.

세균은 원핵생물이다. 모든 고등생물(진핵생물)의 세포보다 크기가 작으며, 구조도 단순하고, 무엇보다 뚜렷한 핵이 없다. 하지만 약 20억 년 전, 독립생활을 하던 광합성 남세균들이 다른 원시적 단세포생물의 몸속으로 들어가 에너지를 생산하는 엽록체로 살아가기 시작했다. 최초의 식물세포가 탄생한 것이다. 상상하기 어려울 정도로 놀라운 사건이지만 동물세포에서도 비슷한 일이 일어났다. 산소를 이용하여 에너지를 생산하는 알파-프로테오박테리아라는 미생물이 다른 미생물 세포 속으로 들어가 동물세포의 발전소라 할 수 있는 미토콘드리아가 된 것이다.

이리하여 불과 6억 년 전에야 진핵세포로 이루어진 다세포생물이 진화할 환경이 갖추어졌다. 오늘날의 다양한 식물과 동물 모두가 이렇게 출현했다. 하지만 다양성이라는 측면에서 모든 생명체는 세균에 비해 균일한 존재다. 아무리 서로 달라 보여도 마찬가지다. 식물은 반드시 햇빛이 있어야 광합성을 할 수 있고, 동물은 식물의 광합성에 의해 만들어진 산소가 있어야 (세포)호흡을 할 수 있다. 에너지 생산이라는 측면에서 동일한 생화학적 과정에 '갇혀 있는' 것이다. 이런 반응 역시 세균에 의존하며(엽록체와 미토콘드리아의 형태로), 지구의 안정성을 유지하는 데 필요한 모든 화학적 과정은 독립생활을 하는 세균에 의존한다. 세균은 지구의 모든 생명에 필수적인 원소들을 재생 및 순환시킬 뿐 아니라, 식물과 동물과 환경 사이에 존재하는 복잡한 상호의존적 관계, 즉 생태계의 균형을 유지하는 데 핵심적인 역할을 한다.

세균은 지구상에 최초로 출현한 생명체이지만, 유일한 미생물은 아니다. 말라리아를 일으키는 플라스모듐 plasmodium(그리스어에서 유래한 말로, '많은 핵을 포함한 기질'이라는 뜻이다) 등 단세포 원생동물은 아마 가장 먼저 출현했으며, 가장 단순한 동물일 것이다. 모든 미생물 중 크기가 가장 작은 바이러스 역시 수십억 년 전에 생겨났다고 추정된다. 바이러스는 끊임없이 다양해지면서 세균을 포함하여 모든 생물을 감염시키기에 이르렀지만, 정확히 언제, 어떻게 존재하게 되었는지는 아무도 모른다. 바이러스는 유전물질이 DNA나 RNA로 되어 있지만 대부분 200개 이하의 단백질만을 부호화하므로 독립적으로는 생존하지 못한다. 따라서 절대기생체로서 바이러스는 숙주세포를 침범하여 파괴할 때에만 생명을 얻는다. 일단 세포를 감염시킨 바이러스는 그 세포를 자가복제 공장으로 이용하여 몇 시간 내에 수천 개로 증식한다. 새로 만들어진 바이러스는 더 많은 세포를 감염시키거나 다른 숙주를 찾아나선다.

너무 작아서 다른 생명체에 비해 미미해 보이지만, 미생물은 단연 지구에 가장 많이 존재하는 생명체다. 총 생물량 biomass 기준으로 미생물을 모두 합치면 다른 모든 동물을 합친 것의 약 25배에 달한다. 종류로 따져도 100만 종이 훨씬 넘는데, 대부분 환경에 존재하는 무해한 미생물이다. 미생물은 우리가 호흡하는 공기, 우리가 마시는 물, 우리가 먹는 음식 속에도 존재하며, 우리가 죽으면 즉시 우리 몸을 분해하기 시작한다. 토양 1톤 속에는 1경(10^{16}) 마리가 넘는 미생물이 사는데,[1] 많은 수가 유기물을 분해하여 식물의 필수 영양소인 질산염을 생산한다. 질소고정세균은 매년 대기 중에 존재하는 1억 4,000만 톤의 질소를 흙으로 돌려보낸다.

세균과 바이러스는 바다에서도 단연 가장 큰 생물량을 형성하며, 해양 생태계에 핵심적인 역할을 한다. 바닷물 1밀리리터 속에는 100만 마리가 넘는 세균이 산다. 특히 강어귀의 바닷물 속에 가장 풍부하게 존재하면서 유기물을 분해한다. 해양 바이러스는 세균을 감염시켜 살상하며, 특히 세균이 폭발적으로 증가하며 조류 대증식algal bloom이 발생할 때 개체 수를 조절한다. 연안해역에서 바이러스의 밀도는 밀리리터당 약 1억 마리로, 세균을 수적으로 압도한다. 전 세계의 바닷물을 모두 합치면 개체 수는 무려 400양(4×10^{30}) 마리에 달한다. 바이러스 하나하나는 현미경으로도 보기 힘들 정도로 작지만, 전 세계 바닷속의 바이러스를 한 줄로 늘어놓는다면 그 길이는 약 1,000만 광년으로, 은하계를 100번 가로지를 수 있을 정도다.[2]

세균은 독립생활이 가능한 생물로, 성장 및 분열에 필요한 모든 세포기관을 갖추고 있다. 길이는 보통 1~10마이크로미터이며, 대부분 단 한 개의 염색체를 갖는다. 나선 모양의 DNA가 전체적으로 원형을 이루는 세균의 염색체를 완전히 펼치면 길이는 약 1밀리미터 정도다. 그 속에 들어 있는 최대 8,000개의 유전자가 다른 생명체에 의존하지 않고 독립적으로 살아가는 데 필요한 모든 단백질을 부호화한다. 박테리아는 이분열로 생식한다. 염색체의 DNA 복사본을 만든 후, 단순히 2개로 나뉜다. 성장이 가장 빠른 축에 드는 콜레라균Vibrio cholera은 13분마다 이분열을 하며, 나균Mycobacterium leprae처럼 느리게 성장하는 세균도 14일마다 2배씩 늘어난다. 단 한 마리의 세균이 이상적인 조건에서 분열한다면 불과 3일 만에 지구 무게를 넘는 집락을 형성할 수 있다![3] 다행히 그 전에 모든 조건이 이상적인 수준에서 벗어나지만 말이다.

세균은 생존의 달인이다. 아무리 어려운 조건이 닥쳐도 대부분 견뎌낸다. 이분열에 의한 생식은 이론상 변화의 여지를 허용하지 않으므로 부모와 정확히 동일한 자손이 나와야 하지만, 세균이 그토록 성공적인 생명체가 된 것은 놀라운 적응력 덕분이다. 세균의 DNA 복제기전도 상당히 정확하지만 실수는 생기기 마련이다. 물론 교정 시스템이 있다. 그러나 때때로 걸러지지 않은 오류가 생기며, 이런 유전부호상의 변화(돌연변이)는 그대로 대물림되어 자손을 변화시킨다. 사실 이런 과정이 곧 자연선택에 의한 진화다. 인간을 비롯한 많은 동물은 한 세대가 길기 때문에 진화에 의한 변화가 서서히 진행되지만, 분열 속도가 매우 빠르고 DNA 교정 시스템이 덜 효과적인 세균에게는 돌연변이에 의한 신속한 변화야말로 생명줄이나 다름없다. 세균 유전자의 돌연변이는 1만~10억 번의 세포 분열마다 한 번 꼴로 발생한다. 따라서 빨리 분열하는 집락에서는 수많은 돌연변이가 생긴다. 그중 몇 개의 돌연변이가 생존에 유리하다면 그 돌연변이를 지닌 자손들이 즉시 경쟁에서 승리를 거두고 세균 집단 전체를 차지한다.

그 밖에도 세균은 환경 변화에 신속하게 적응하는

몇 가지 재주를 지니고 있는데, 대부분 유전자 교환gene swapping과 관련이 있다. 많은 세균이 플라스미드plasmid를 갖는다. 플라스미드란 원형의 DNA 분자로, 세균 세포 내에 있지만 염색체와 별도로 존재하며, 분열 또한 독립적으로 이루어진다. 플라스미드 덕분에 세균은 추가적으로 생존에 필요한 정보를 얻고, 접합이라는 과정을 통해 다른 세균에게 직접 전달할 수도 있다. 접합이란 공여자(수컷)와 수受여자(암컷) 세균이 '성샘모sex pilus'라는 가느다란 실 모양의 구조물로 연결되어 일시적 통로가 생기는 현상이다. 이 통로를 통해 플라스미드에 자유롭게 접근할 수 있으므로 생존에 도움이 되는 유전자가 세균 집락 전체에 빠른 속도로 퍼진다. 항생제 저항성을 지닌 유전자들은 세균이 항생제를 견디고 살아남는 데 도움이 된다. 이 유전자들은 플라스미드를 통해 전달되며, 전 세계적으로 확산되는 데 성공했다.

유전자와 세균 사이를 자유롭게 왕래하는 방법은 또 있다. 박테리오파지bacteriophage 또는 줄여서 파지phage라고 부르는 바이러스를 이용하는 것이다. 모든 바이러스는 세포에 기생하여 살아가는데, 파지는 세균의 단백질 생산 기관을 탈취하여 수많은 자손 바이러스를 만들어낸다. 대부분 원래 파지와 동일한 DNA 복사본을 갖지만, 100만분의 1의 확률로 DNA 복제 과정에 오류가 발생한다. 세균의 염색체나 플라스미드에서 유래한 DNA를 자신의 유전자에 삽입하는 것이다. 그리고 그 유전자를 다음 번 감염시킨 세균에게 전달한다. 이런 여분의 DNA가 우연히 세균의 생존에 도움이 되는 단백질을 부호화한다면 자연선택이 작동한다. 그 세균의 후손이 다른 세균들을 경쟁에서 밀어내고 번성하는 것이다.

파지는 숙주인 세균과 장기적 공생관계를 맺기도 한다. 파지는 세균 속에서 안전한 주거 공간을 확보하고, 세균은 더 공격적인 파지의 침입에서 보호받는다. 놀랍게도 디프테리아diphtheria 감염 시 심장과 신경에 치명적인 손상을 유발하는 독소와, 콜레라 감염 시 극심한 설사를 유발하는 독소는 세균 자체가 아니라 세균의 몸속에 사는 파지에 의해 만들어진다. 파지가 없다면 디프테리아균 Corynebacterium diphtheriae과 콜레라균은 인간에게 아무런 해를 끼치지 않는다.

머나먼 옛날, 기발한 재간을 지닌 미생물들이 다른 생명체의 신체 표면이나 몸속에 살기 좋은 곳을 발견했다. 이들은 점점 그 숙주의 몸속에서 기생생활을 하기에 유리한 방향으로 진화를 거듭했다. 이런 일이 벌어지면 그 뒤로는 숙주와 미생물 모두 적자생존의 원칙에 따라 진화한다. 제일 행복한 시나리오는 편안한 공생관계로 맺어지는 것이다. 예를 들어 미생물은 숙주의 장腸 속에서 자급자족이 가능한 생태계를 형성한다. 이런 협력관계의 이점이 가장 확연하게 나타난 예로, 소牛와 같은 반추동물이 있다. 소의 장 속에서 미생물은 소가 소화할 수 없는 식물 세포벽의 셀룰로 오스cellulose 성분을 소화해주는 대신, 바깥 세계로부터 보호받으면서 풍부한 영양분을 제공받는다. 하지만 인간에서 장내 미생물의 기능은 그렇게 분명하지 않다. 우리 장 속에는 100조 마리의 미생물이 산다. 모두 합치면 1킬로그램 정도 되며, 숫자로 따지면 우리의 신체 세포보다 10배 더 많다. 지금까지 발견된 400종 이상의 장내 미생물은 독성이 강한 병원균을 막아주고, 소화를 도우며, 면역기능을 자극할 것이다.[4] 이들은 우리가 건강을 유지하는 한 해롭지 않다. 하지만 예를 들어 수술 상처 등을 통해 조직에 침투하는 경우, 고약한 감염증을 일으킬 수도 있다.

지금까지 지구상에 존재하는 것으로 확인된 미생물은 100만 종에 이르지만, 인간에게 질병을 일으키는 것은 1,415종에 불과하다.[5] 우리에게는 질병을 일으킨다는 것이 매우 중요한 사실이지만, 이들 병원체에게는 주된 관심사가 아니다. 우리의 생명을 위협하는 증상들은 이들이 우리 몸속에서 생활사를 이어가는 도중에 부수적으로 발생한 부작용일 뿐이다. 물론 이들은 감염병이라는 과정의 각 단계를 생존을 위해 이용한다. 자연선택에 의해, 생식과 전파에 가장 유리한 질병 패턴을 유도하는 미생물이 다른 미생물과의 경쟁에서 승리를 거두고 살아남는다. 따라서 현재 관찰되는 질병의 양상은 오랜 진화의 역사 속에서 병원체의 생존에 가장 도움이 되는 방향으로 수없이 다듬어진 결과다. 독성이 아주 강해 질병에 걸린 숙주를 바로 죽여버리는 것은 전혀 도움이 되지 않는다. 병원체 또한 살 곳을 잃고, 십중팔구 숙주와 함께 죽어버리기 때문이다. 한편 독성이 너무 약한 병원체는 숙주의 면역계에 의해 신속하게 소멸되므로 널리 퍼지는 데 불리하다. 병원체와 숙주인 우리가 오랜 세월 공존하는 동안 진화의 힘이 작용하여 이런 양극단을 피하고 양쪽의 생존 가능성을 최대화하는 균형점에 도달했다. 잊지 말아야 할 것은 이렇게 끊임없는 투쟁 속에서도 놀라운 적응력으로 인해 미생물이 거의 항상 우리보다 한 발짝 앞서 나간다는 점이다.

미생물은 어떻게 전파될까?

✳

공기로 전파되는 미생물은 숙주가 너무 심하게 앓지 않고 일상생활을 계속할 수 있는 상태라야 유리하다. 그래야 미생물 자손을 다른 취약한 숙주에게 전달하여 감염을 전파시킬 수 있기 때문이다. 따라서 감기 비슷한 증상을 일으키는 바이러스는 심한 전신 증상이 없으면서 우리 콧속에 진을 치고 증식하여 콧물과 함께 신경말단을 자극하여 재채기 반사를 유발한다. 기발한 전략이다. 학교나 버스나 지하철에서 재채기를 하는 순간, 마치 분무기로 물을 뿌린 듯 바이러스를 가득 실은 미세 비말이 공기 중으로 흩어져 꽤 오랫동안 둥둥 떠다니며 많은 사람을 한꺼번에 감염시킬 수 있기 때문이다. 물론 공기로 전파되는 미생물 중에도 독감이나 홍역 바이러스처럼 꼼짝없이 며칠 누워 있어야 할 정도로 심한 증상을 일으키는 것들이 있지만, 이때는 잠복기라 하여 증상이 시작되기 훨씬 전부터 숙주가 수많은 미생물을 주변에 흩뿌리고 다니게 한다.

위장관염을 일으키는 미생물들은 대변을 통해 음식물과 식수를 오염시키는 방법을 택한다. 이 또한 매우 효율적이다. 예를 들어 로타바이러스는 장腸 속에서 활발하게 증식하면서 수많은 장벽세포를 손상시킨다. 장벽세포가 죽어 떨어져 나간 부위는 내막이 벗겨진 채 노출되어 물을 흡수하거나 보존하지 못한다. 결국 장 속의 물이 흡수되지 못하는 것은 물론, 오히려 체액이 장으로 새어 나가 심한 물설사가 생긴다. 바이러스는 설사에 섞여 숙주의 몸을 빠져나간다. 대변 1그램 속에 무려 10^9개의 바이러스가 존재하므로 주변 사람을 쉽게 감염시키는 것은 놀랄 일도 아니다. 특히 개발도상국에서는 아직도 깨끗한 식수를 구할 수 없는 사람이 10억 명에 이르므로 감염은 폭발적으로 번진다.

숙주의 몸을 떠나면 생존하기 어려운 미생물도 있다. 이들은 직접 접촉에 의해 전파되는 방식을 택한다. 악명 높은 에볼라 바이러스도 그중 하나다. 아프리카에서 미지의 동물숙주로부터 인간에게 전파된 에볼라 바이러스는 치명률이 매우 높은 병원체로, 수차례 폭발적인 유행을 일으켰다. 가장 큰 유행은 2014년에서 2016년 사이 서아프리카에서 일어났는데, 무려 1만 1,000명 이상이 사망했다. 이 바이러스는 모세혈관에 구멍을 내는 것이 특징이며, 조직에서 새어 나오는 혈성 분비물과 체액 속에 우글거린다. 환자가 고열과 심한 통증, 전신 출혈, 구토와 설사로 몸을 가누지 못하고 앓는 동안 체액에 섞여 밖으로 나온 바이러스는 열심히 환자를 돌보는 가족과 의료인에게 옮겨 간다. 매독균이나 임질균도 직접 접촉을 통해 전파된다. 이들은 생식기관의 따뜻하고 축축한 환경에서 증식하며, 기회를 엿보다 인간의 기본적인 생식 본능을 이용하여 다른 숙주를 감염시킨다.

살아 있는 매개체를 이용해 숙주 사이를 옮겨 다니면서 큰 성공을 거둔 미생물도 많다. 종종 곤충이 동물의 피를 빨 때 미생물을 섭취한 후 다른 동물에게 옮겨 가 미생물을 몸속에 주입하는 형태로 전파된다. 매개체 전파성 미생물은 매개체와 숙주의 몸속에서 각기 복잡한 생활사를 영위하는 경우가 많기 때문에, 매개체와 숙주 모두 미생물의 진화에 영향을 미친다. 인간 몸속에서 말라리아 원충의 생활사는 유일한 매개체인 아노펠레스Anopheles 모기의 몸속으로 들어갈 가능성을 극대화하는 방향으로 진화했다. 말라리아 원충은 산소를 운반하는 단백질인 헤모글로빈을 먹이로 삼아 적혈구 안에 집락을 이룬다. 48~72시간 후(원충의 종류에 따라 다르다) 적혈구가 터지면 증식한 원충이 혈류로 쏟아져 나오는데, 이때 원충에 의해 형성된 노폐물이 고열, 경직, 무력감 등 말라리아의 특징적인 증상을 일으킨다. 환자는 증상이 너무 심해 꼼짝도 못하고 누워 있을 수밖에 없다. 이때를 틈타 모기는 마음껏 환자의 피를 포식한다. 새로운 원충이 혈액 속으로 쏟아져 나오는 것과 환자를 꼼짝 못하게 하는 증상이 시간적으로 일치하기 때문에 미생물의 생존 가능성이 크게 높아지는 것이다.

말라리아를 비롯해 몇몇 매개체 전파성 미생물은 매개체의 번식에 높은 기온과 많은 강수량이 필요하므로 열대 지방에 국한된다. 하지만 매개체를 까다롭게 가리지 않는 미생물은 훨씬 멀리까지 전파될 수 있다. 모기에 의해 전파되어 치명적인 뇌염을 일으키는 웨스트나일열West Nile fever 바이러스는 최근 대서양을 건넜으며, 1999년에는 뉴욕을 강타했다. 원래 서식지는 다양한 모기 매개체를 마음껏 이용할 수 있는 아프리카, 아시아, 유럽, 호주 대륙이었다. 그들은 주로 조류를 숙주로 삼지만 인간도 바이러스를 옮기는 모기에게 물리면 감염될 수 있다. 미국에 상륙한 바이러스는 한 번도 감염된 적 없는 조류와 인간 집단을 이용하여 파상적으로 대륙을 가로질러 불과 4년 만에 미국 서해안, 카리브해 지역, 그리고 멕시코에 이르렀다(그림 1-1). 아시아와 아프리카의 영장류가 주된 숙주이지만 인간을 감염시킬 수도 있는 지카Zika 바이러스는 2007년에 서진하기 시작하여 2013년에 대서양 너머 브라질에 이르렀다. 2015년에는 남미에서 대규모 유행을 일으켰는데, 증상은 가벼운 감기 정도로 심하지 않았지만, 임산부가 감염되면 태아에게 전파되어 심각한 문제를 일으켰다. 몇 가지 출생결손이 보고되었지만 가장 흔한 것은 소두증小頭症이었다. 이 바이러스는 이제 매개체의 범위를 열대 지방에 살지 않는 모기까지 확장시켜 북미와 유럽으로 퍼질 준비를 마쳤다.[6]

전파의 결과, 전염병

✳

대부분의 병원체는 아슬아슬한 줄타기를 하며 살아간다. 그들은 감염이라는 연속적인 사슬 속에 갇힌 존재다. 사슬이 한 곳이라도 끊어지면 바로 죽은 목숨이다. 그래서 병원체는 면역계에 격퇴당하기 전에 감염시키고, 최대한 개체 수를 늘리고, 계속해서 병든 숙주에서 다른 숙주로 옮겨 다녀야 한다. 병원체가 대규모의 취약한 집단을 만나 감염시키는 데 성공하면 유행병이 시작된다. 모든 조건이 맞아떨어지면 병원체는 숙주 집단의 수많은 개체를 감염시키고 때로는 죽음에 몰아넣는다. 이 과정은 더 이상 감염시킬 숙주가 없을 때까지 계속된다. 취약한 모든 숙주가 죽거나, 병에서 회복되어 면역을 지니면 병원체는 홀연히 사라지지만, 취약한 숙주가 감염 사슬을 이어가는 데 충분할 정도로 많이 생기면 언제라도 돌아온다.

역학자란 전염병이 발생했을 때 탐정처럼 원인을 밝혀내고 전염병의 규모를 예측하는 사람이다. 이때 중요한 숫자는 유행병의 기초재생산수, 즉 R_0다. 이 숫자는 취약한 집단에서 발생한 환자 한 사람이 새로 감염시키는 평균 환자 수를 나타낸다(그림 1-2, 표 1-1). 전염병 초기에 R_0 값을 아는 것은 매우 중요하다. R_0가 1보다 크면 감염자 수가 늘어 큰 전염병으로 번질 가능성이 높기 때문이다. 반대로 R_0가 1보다 작다면 감염은 스스로 지속될 힘을 잃고 사그라든다. 전염병이 번지는 동안 이 수치를 모니터링하면(이때

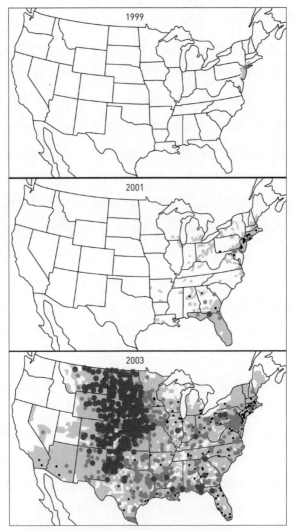

웨스트나일 바이러스 활동이 한 건이라도 감지된 지역

100만 명 중 발생률: • 0.01 – 9.99 ● 10.00 – 99.99 ● ≥ 100.00

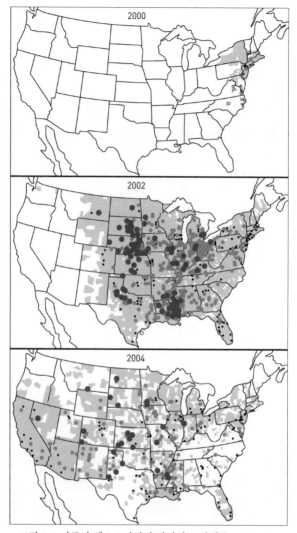

그림 1-1 미국의 웨스트나일열 바이러스 발생률(1999~2004)

출처: L. R. Petersen and E. B. Hayes, Spread of West Nile Fever in the US 1999 – 2004, *New England Journal of Medicine* 351(2004): 2258.

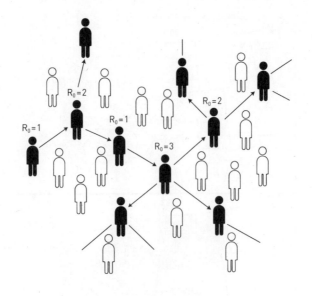

그림 1-2 R_0: 감염병의 기초재생산수

는 증례재생산수인 R이라고 한다) 유행이 얼마나 오래 지속될지 알 수 있다. R은 보통 전염병 초기에는 높은 숫자였다가 점점 많은 사람이 병원체에 면역을 갖게 되면서 차츰 낮아진다. 이 숫자가 1 아래로 떨어지면 모든 사람이 안도의 한숨을 내쉰다. 최악의 상황은 지났다는 뜻이기 때문이다.

R_0는 숙주의 몸을 침입하고, 숙주 세포를 감염시켜 증식하고, 주변 환경으로 탈출할 방법을 발견하고, 다른 취약한 숙주를 찾아낼 때까지 병원체의 생활사를 구성하는 모든 사건을 숫자 하나로 압축해 보여준다. 모든 책략이 성공을 거둘지는 병원체 자체는 물론, 숙주 집단 양쪽이 살

표 1-1 인간과 동물 미생물의 R_0 수치

병원체	숙주	지역	R_0
TB	인간	유럽	4~5
소 TB	주머니쥐	뉴질랜드	1.8~2.0
소 TB	오소리	영국	2.5~10
광견병 바이러스	여우	벨기에	2~5
FMDV	버팔로	남아프리카공화국	5
FMDV	소	사우디아라비아	2~73
천연두	인간	영국	3~11
리슈만편모충	개	몰타	11
HIV	인간	동아프리카	10~12
AHSV	얼룩말	남아프리카공화국	31~68
파동편모충	소	서아프리카	64~388

TB: 결핵균, FMDV: 구제역바이러스, HIV: 인간면역결핍바이러스,
AHSV: 아프리카말병바이러스

아가는 환경의 영향을 받는다. 따라서 전염병의 동역학은 미생물의 전파 경로, 잠복기의 길이, 취약한 집단의 규모와 밀도, 그리고 매개체가 관여한다면 그 지리적 분포 범위에 따라 규정된다. 예를 들어 성매개성 감염병STD, sexually transmitted disease을 일으키는 미생물도 공기나 물을 통해 전파되는 미생물만큼 널리 퍼질 수 있지만, 병 자체는 훨씬 느리게 확산되며 더 제한적인 인구 집단에서 발병한다. 전형적으로 성매개성 감염병의 유행은 젊은 성인 집단에서 시작되며, 성적으로 가장 활발한 집단이 중심이 된다. R_0가 평균 1을 넘으려면 한 환자가 반드시 2명 이상을 감염시켜

야 하지만, 실제로는 감염된 사람의 20퍼센트가 질병의 80퍼센트 이상을 전파시킨다. 성노동자든 문란한 게이 남성이든, 이들 중 20퍼센트가 거대한 성적 네트워크의 중심에 자리잡아 '슈퍼 전파자' 역할을 하는 것이다. HIV는 평균 8~10년에 이르는 무증상 잠복기가 있어서 우리가 바이러스의 존재를 감지하기도 전에 이런 네트워크를 이용하여 지구를 한 바퀴 돌 수 있었다.

모든 전염병에서 감염자는 아주 가벼운 질병에서 치명적인 증례에 이르기까지 다양한 중증도를 나타낸다. 대부분의 병에서는 미생물이 숙주의 몸속에서 집락을 이루지만 질병을 일으키지는 않는 무증상 감염도 나타난다. 무증상 감염이 상당한 비율을 차지하는 병도 있다. 독감 유행 시에 무증상 감염자가 증상이 있는 환자의 2배에 이르는 경우가 있으며, 소아마비도 마비성 질병을 앓는 사람은 감염자 100명 중 1명 미만이다. 무증상 감염자는 자신이 감염된 것을 까맣게 모르기 때문에 질병을 전파시키는 중요한 원인이 된다. 따라서 R_0를 계산하고 유행병의 규모와 진행 상황을 정확히 파악하려면, 반드시 무증상 감염을 검출하고 고려 사항에 넣어야 한다.

　사스 코로나바이러스는 인간에게 새로운 병원체이므로 우리와 함께 진화할 시간이 거의 없었고, 인간 집단에서 퍼지는 데 잘 적응하지 못했다. 심한 질병을 일으켜 환자의 10퍼센트를 죽음에 이르게 했을 뿐 아니라, 짧은 거리를 날아간 후 가라앉는 무거운 점액 비말을 통해 퍼졌기 때문에 밀접하게 접촉한 사람만 감염시켰다. 환자는 잠복기 중에 감염성이 없었으며, 일단 회복되면 바이러스를 전파하지 않았다. 게다가 전 세계적 유행 중에는 사실상 무증상 감염자가 없었으므로 R_0가 비교적 낮은 수준인 2~4에 머물렀다. 하지만 이렇게 불리한 조건에서도 전 세계로 퍼졌다. 슈퍼 전파자와 국제항공여행 탓이었다. 인류가 바이러스의 전파에 대해 아무런 지식도 없었던 수백 년 전에 나타났다면 상황이 어떤 식으로 전개되었을까? 흥미로운 상상이다. 천연두처럼 전 세계에서 수많은 희생자를 냈을까? 아니면 보다 약한 쪽으로 진화하여 오늘날 감기 비슷한 증상을 일으키는 바이러스 중 하나가 되었을까?

숙주 저항성

✸

인간과 미생물 사이의 싸움은 호모 사피엔스가 출현한 이래 맹렬히 계속되었다. 그보다 훨씬 전 영장류 조상들의 시대에도 사정은 비슷했을 것이다. 오늘날의 관점에서 보면 도대체 인간이 어떻게 기발하고도 영리한 미생물과 맞서 싸웠는지 의아할 정도다. 그것은 기나긴 공진화의 역사이며, 그 기록은 우리 유전자에 고스란히 새겨져 있다. 감염병이 인류를 덮칠 때마다 가장 취약한 사람들이 희생되었고, 가장 저항력이 강한 사람만 살아남아 유전자를 향후 세대에게 전했다. 점차 인류는 모든 병원체에 유전적 저항성을 갖추었고, 동시에 많은 미생물이 독성이 약한 쪽으로 진화했다. 결국 대부분의 감염병이 시간이 지날수록 약해졌다. 현재 우리는 오래도록 유행병을 견디고 살아남아 저항성이 내재된 후손을 낳는, 반복된 역사의 산물이다. 그런 조상들이 있었기에 우리가 그 이야기를 전할 수 있는 것이다.

　병원체에 대한 저항성이 어떻게 진화했는지 가장 잘 보여주는 예는 말라리아와 지중해빈혈thalassaemia 및 낫형적혈구빈혈sickle-cell anaemia 사이의 관계일 것이다. 두 가지 모두 돌연변이에 의해 적혈구가 변형되는 유전성 혈액질환으로, 동형접합체(돌연변이 유전자를 양친 모두에게서 물려받은 개체)인 경우 치료하지 않으면 치명적이다. 따라서 이들은 오랜 시간이 지나면서 인류의 유전자에서 완전히 사라졌어야 했겠지만 여전히 남아 있다. 그 이유는 무엇일까? 이형접합체(돌연변이 유전자를 한쪽 부모에게서만 물려받은 개체), 즉 보인자가 말라리아를 견디고 살아남는 데 도움이 되기 때문이다. 사람들이 말라리아로 죽는 동안 지중해빈혈과 낫형적혈구빈혈 보인자들은 살아남았고, 오랫동안 이 과정이 반복되면서 유전자 출현 빈도가 점차 높아져 현재 또는 과거에 말라리아가 창궐한 지역에서는 놀랄 정도로 흔해졌다. 오늘날 사하라 이남 지역 아프리카인 중 최대 40퍼센트가 낫형적혈구빈혈 유전자를 갖고 있으며, 파푸아뉴기니 인구 중 70퍼센트가 다양한 지중해빈혈 돌연변이의 보인자다.

인간의 게놈 속에는 아직 발견되지 않았지만 이런 식으로 미생물에 대한 저항성을 유도하는 유전자들이 많을 것이다. 대부분 천연두, 페스트, 디프테리아 등 치명적인 미생물의 끊임없는 공격에서 살아남기 위해 면역반응을 강화하는 단백질을 부호화하고 있을 것이다. 미생물은 끊임없는 공격으로 우리 면역계를 고도로 복잡하고 정교한 전쟁 기계로 단련시켰다. 우리가 오늘날 새로운 침입자에 신속히 대응하여 침입을 막아내고, 익숙한 병원체의 재공격을 사전에 예방할 수 있는 면역학적 기억을 갖추게 된 것은 이런 투쟁의 역사 덕분이다.

백혈구는 우리 면역계의 근간을 이룬다. 백혈구에는 다형핵구, 대식세포, 림프구 등 다양한 종류가 있지만, 모두 혈액을 따라 몸속 구석구석을 돌아다니며 미생물이 조직을 침입하지 않는지 감시하고, 침입한 경우에는 즉시 방어에 나선다. 미생물이 신체의 물리적 방어벽을 뚫고 들어오는 데 성공했을 때 침입 현장으로 가장 먼저 달려가는 것은 다형핵구와 대식세포다. 현장에 도착하자마자 이들은 사이토카인cytokines이란 화학 물질을 분비하여 국소 혈류를 증가시킨다. 다른 면역세포가 쉽게 달려올 수 있게 길을 넓히는 것이다. 면역세포가 몰려들면 그 부위가 붉어지고, 부풀어 오르며, 통증이 느껴진다. 염증이 시작되는 것이다. 이와 함께 대개 발열, 두통, 근육통, 무기력함 등 비특이적인 감기 유사 증상이 나타난다. 대식세포는 아메바처럼 생긴 큰 면역세포로, 침입한 미생물을 꿀꺽 삼켜 녹여버린다. 그리고 미생물의 단백질을 잔뜩 싣고 근처 림프절로 달려가 림프구들과 정보를 주고받으며 보다 특이적인 면역반응을 유도한다.

림프구는 크기가 작고 전혀 위험해 보이지 않지만 어떤 침입자도 막아내는 강력한 군대를 형성한다. 우리 몸속에는 30억이라는 엄청난 숫자의 림프구가 존재하는데, 각각이 외부에서 유래한 단백질의 특정 부위에 딱 맞게 결합하는 고유한 수용체를 갖고 있다. 이들은 혈액 속을 순환하며 특히 림프절에 많은 수가 모여 있다가 대식세포가 자신이 지닌 수용체에 딱 맞는 외부 단백질을 제시하면 바로 행동에 돌입한다. 엄청난 숫자로 증식하여 침입한 미생물과 맞서 싸울 클론 군단을 만드는 것이다. B 림프구는 세균을 사멸시키는 항체를 생산하고, T 림프구는 바이러스에 감염된 세포에 구멍을 뚫어 세포를 사멸시키는 화학 물질들을 분비한다. 면역기능이 완전히 발휘되면 대부분의 미생물은 완전히 뿌리뽑을 수 있다. 하지만 기막힌 방법으로 면역계의 공격을 피하거나, 우리 몸의 일부처럼 행세하며 면역계를 속이는 미생물도 있다. 예를 들어 결핵균은 대식세포에게 포식된 후에도 파괴되지 않고 살아남으며, 헤르페스바이러스는 수명이 매우 긴 세포 속에 숨어 면역계가 표적으로 삼을 만한 단백질을 전혀 발현하지 않은 채 오랜 세월을 잠복한다. 무증상 감염 형태로 지내다 면역기능이 떨어지면 질병을 일으키는 것이다. 한편 말라리아나 파동편모충 등의 원생동물은 일생 동안 외부를 둘러싼 단백질의 조성을 바꿔가며 면역계의 추적을 한 발짝 먼저 따돌리는 전략을 쓴다. HIV 역시 정기적인 돌연변이를 통해 같은 목표를 달성한다.

면역에 관해 가장 흥미로운 점은 과거에 마주쳤던 병원체를 기억하여 같은 병원체에 다시 감염되지 않는다는 것이다. 이런 능력이 있는 것은 감염증이 완전히 나은 뒤에도 그 병원체를 고스란히 기억하는 소수의 림프구 클론이 남아서 다시 마주쳤을 때 신속하게 반응하기 때문이다. 두 번째로 침입한 미생물은 몸에 들어오자마자 면역계의 강력한 공격에 부딪혀 발붙일 곳을 찾을 수 없다. 홍역이나 볼거리 같은 병을 한 번 앓고 나면 평생 다시 앓지 않는 것은 바로 이 때문이다.

이런 면역학적 기억이야말로 백신의 원리다. 오늘날 우리는 일상적으로 인공 면역을 유도한다. 사멸시키거나 약화시킨 미생물을 주입하여 마치 자연적으로 감염에 걸린 것처럼 신체 반응을 유도하는 것이다. 이렇게 하여 대부분 평생 면역을 얻고 미생물의 생활사를 방해하여 전염병을 예방할 수 있다. 하지만 인간이 예방접종을 하게 된 것은 극히 최근의 일로, 인류 역사의 대부분은 자연적인 전염병이 맹위를 떨쳤다고 할 수 있다. 이제부터 이런 전염병들이 인류에게 어떤 영향을 미쳤는지 알아볼 것이다.

2장

우리는 어떻게
미생물을 물려받았나

호모 사피엔스와 가장 가까운 친척인 유인원(고릴라, 침팬지, 보노보)은 약 600~700만 년 전, 아프리카에서 공통 조상으로부터 갈라졌다. 그 후 현생 인류는 일련의 호미니드 hominid를 거치며 점점 똑바로 선 자세를 취하고, 뇌의 용적이 커지고, 체모가 없어지고, 손을 정교하게 사용하는 등 독자적으로 진화했지만, 그 과정을 보여주는 화석 증거는 여기저기 흩어져 있으며 그마저도 많지 않다. 호미니드 중 하나로, 화석 기록에 따르면 대략 180만 년 전에서 25만 년 전까지 존재했던 호모 에렉투스는 열대 우림을 버리고 동아프리카의 확 트인 평원에서 사냥을 시작했다. 아마도 기후가 건조해지면서 숲이 줄고 사바나의 면적이 늘어 시작되었을 변화로 인해 결국 이들은 아프리카를 벗어나 약

170만 년 전에는 멀리 인도네시아, 중국, 유럽까지 진출했다. 이후 오랜 세월에 걸쳐 이들은 작은 집단을 이루어 이곳저곳을 돌아다니며 과일과 잎사귀와 뿌리를 채집하고 조악한 석기를 사용해 작은 동물을 사냥했다.

모든 동물종은 기나긴 세월 동안 공진화해온 고유한 기생체들을 갖고 있다. 유인원에 가까웠던 우리 조상들도 예외는 아니었다. 그들과 그들의 몸에 사는 기생체는 아프리카 열대 우림의 균형잡힌 생태계의 일부였다. 안정적인 상황이 이어지는 한, 숙주와 기생체는 함께 진화하면서 숙주에게 거의 문제가 되지 않는 상호 공존 관계 속에 살아간다. 당시 그들의 몸에 살았던 기생체가 정확히 무엇이었는지는 알 수 없지만, 그것들이 심하게 감염된 사람을 약화시켰을지는 몰라도 치명적인 상태까지 몰고 갔을 가능성은 거의 없다.

현생 인류는 약 15~20만 년 전 아프리카에서 출현한 후, 5~10만 년 전까지 대규모 이동을 거듭하여 전 세계 곳곳에 흩어져 살게 되었다. 크로마뇽인이라고 불리는 이들은 우리의 진정한 조상으로, 수렵채집 생활을 했으며 프랑스 남부의 유명한 라스코 동굴 벽화에서 보듯 그전의 호미니드들에 비해 기술적, 사회적으로 훨씬 진보한 존재였다. 추위를 벗어나기 위해 동물의 가죽으로 옷을 짓고 주거지를 만들었으며, 정교한 사냥 도구들을 개발하여 잡아먹힐 걱정을 별로 하지 않고 큰 동물들을 사냥했다. 사상 최초로 인류는 먹이사슬의 정점에 서게 되었다.

오늘날 일각에서는 평등사회를 이루었다는 이유로 초기 수렵채집인을 부러워하며, 그들의 생활 방식을 '자연과 조화를 이룬 것'으로 이상화하기도 한다. 반면 17세기 영국의 정치철학자 토머스 홉스Thomas Hobbes는 '자연 상태의 삶'을 '만인의 만인에 대한 투쟁'이라고 규정하며, 수렵채집인의 삶을 '외롭고, 가난하며, 지저분하고, 야만적이며, 짧은 것'이라고 묘사했다. 이번 장에서는 이처럼 서로 다른 의견의 배후에 있는 진실이 무엇인지 알아보고, 미생물이 개인과 집단의 삶에 전체적으로 어떤 영향을 미쳤는지 생각해볼 것이다.

이름에서 알 수 있듯이 수렵채집인은 작은 무리를 지어 살며, 먹을 것을 찾아 끊임없이 여기저기를 돌아다니는 유랑민이었다. 야생 동물 무리가 이동하고 식물이 열매 맺는 주기에 따라 계절별로 옮겨 다니며 사냥을 하고, 덫을 놓고, 물고기를 잡으며, 야생 과일과 뿌리와 잎사귀와 씨앗을 채집했다. 약 1만 년 전, 농업 혁명이 일어날 때까지 이런 활동은 오랜 세월 동안 인류의 일상이었다. 지금도 세계의 오지에는 수렵채집인 부족들이 여전히 남아 있고, 없어졌다 해도 그들의 기억을 생생하게 간직한 사람들이 존재한다.

하지만 까마득한 옛날 수렵채집인의 생활 방식을 직접 남긴 기록은 없으므로(문자는 기원전 3000년경에 발명되었다) 주거 흔적, 동굴 유적, 무덤과 유골을 통해 끌어모은 정보로부터 최선을 다해 추측해보는 수밖에 없다. 호주 원주민,

칼라하리 사막의 산San족, 남아프리카의 부시먼족, 아프리카 열대 우림의 피그미족 등 현재 남아 있는 몇 안 되는 수렵채집인 부족 또한 일부 유용한 정보를 제공하지만, 바깥 세상과 완전히 격리되어 있지는 않기 때문에 이들의 미생물을 연구할 때는 해석에 주의해야 한다. 새로 개발된 연구 방법은 분자유전학적 단서를 이용해 유골에서 미생물 특이적 DNA 또는 RNA 염기서열을 검출하는 것이다. 이 방법은 아직 완전한 수준은 아니지만, 먼 옛날 미생물의 역사에 대해 새로운 통찰을 얻고, 그들이 언제 어디서 인간을 처음 감염시켰는지 정확히 찾아내는 데도 매우 민감한 기법이다.

전형적인 수렵채집인 집단은 30~50명 규모로, 보통 몇 개의 대가족이 합쳐진 것이었다. 집단 사이에는 느슨한 관계망이 형성되어 결혼을 축하하거나 망자의 장례식을 치르기 위해 때때로 만났으며, 이때 정보를 교환했다. 각 집단은 명확한 경계가 있었으며, 집단의 규모는 영토 내에서 먹을 것을 얼마나 구할 수 있느냐에 따라 결정되었다. 1인당 평균 2.5제곱킬로미터의 땅이 필요했으므로 집단 구성원의 수는 매우 중요했다. 구성원 수가 어떤 임계점을 넘으면 먹을 것을 구하기 위해 더 먼 곳까지 가야 하는데, 설사 먹을 것을 구한다 해도 무거운 짐을 보금자리까지 옮길 만한 운송 수단이 없었으므로 자칫 자멸의 길을 밟을 수 있었다. 따라서 집단의 크기가 어느 정도 커지면 때때로 둘로 나뉘어 새로운 지역으로 이주했다.

이처럼 규모가 작았기 때문에 수렵채집인 집단은 사회 및 정치 구조가 단순하고 격식에 매이지 않았으며, 대부분의 거래는 개인적 수준에서 이루어졌다. 또한 사실상 모든 사람이 채집과 음식 장만에 참여했으므로 누구나 자원에 동등한 권리를 지녔다. 계급을 구분할 필요가 없었으며, 사회 전체가 서로 돕는 방식으로 운영되었다. 하지만 주어진 영토 내에서 식량을 얻기 위해 몇 주에서 몇 개월, 심지어 며칠에 한 번씩 새로운 주거지로 옮겨 다니는 것은 고된 일이었다. 건강한 성인이라면 문제없겠지만 병자나 노약자를 지원할 여유는 거의 없었으므로, 고고학적 유적을 보면 때때로 이들을 버리고 떠나기도 했던 것 같다. 또한 어린이들이 많으면 집단 전체의 이동이 힘들어지므로 가족의 크기를 조절하기 위해 유아 살해가 흔히 자행되어 자녀의 터울을 평균 네 살로 맞추었다는 증거가 있다.

수렵채집인은 합리적인 수준에서 건강했던 것으로 보인다. 현재든 먼 옛날이든 대체로 날씬하고 탄탄하며, 분명 가끔은 식량 부족에 시달렸겠지만 전체적으로 영양 상태도 적절했다. 평균 수명은 25~30세, 영아 사망률은 출생 수 1,000명당 150~250명 수준이었다.[1] 오늘날 서구의 기준으로 보면 터무니없게 느껴질 수도 있지만(서구 사회의 영아 사망률은 1,000명당 3~10명, 평균 수명은 70세를 넘는다), 사실 18~19세기까지 역사상 어떤 수치와 비교해도 나쁘지 않은 수준이다. 심지어 현재도 개발도상국 중에는 평균 수명과 영아 사망률이 이와 비슷한 곳이 있다.

유골로 볼 때 수렵채집인이 통상 굶주림이나 영양 부족, 또는 상해로 죽지 않은 것은 분명하다. 그러나 유감스럽게도 뼈는 감염병의 증거를 찾는 데는 그리 유용하지 않다. 미생물은 화석 증거로 남는 일이 거의 없기 때문이다. 결핵, 매독, 한센병 등 뼈와 관절을 침범하는 몇몇 병원체는 꽤 확실하게 진단할 수 있지만, 이것들은 고대 수렵채집인 집단에서 흔한 병이 아니었다. 분명한 증거가 없음에도 많은 전문가는 감염병이 수렵채집인의 가장 흔한 사망 원인이었다고 믿지만, 그 질병들의 성격은 오늘날 감염병에 대한 지식과 현대 분자생물학적 기법을 통한 통찰로 추정할 뿐이다.

오늘날 미생물은 생각할 수 있는 거의 모든 전파 경로를 통해 취약한 숙주 사이를 옮겨 다니지만, 수렵채집 시대의 미생물은 그중 많은 경로를 이용할 수 없었다. 집단의 크기가 작고, 고립되어 있었으며, 늘 여기저기 옮겨 다녔기 때문이다. 구석기 시대에는 오늘날 전형적인 급성 어린이 감염병을 일으키는 공기 매개성 미생물들이 존재하지 않았다고 추정된다. 일단 어떤 집단에 파고들어 자리를 잡으면 집단 구성원 사이에 전파되는 데는 아무런 문제가 없었겠지만, 집단의 인구 자체가 워낙 적은 데다 집단끼리도 여러 날 걸려야 도착할 수 있는 거리에서 채집 활동을 하며 어쩌다 한 번씩 만날 뿐이었으므로 더 이상 퍼지지 못했을 것이다. 미생물 입장에서는 취약한 숙주가 금방 없어지므로 존재를 유지하는 데 필요한 끝없는 감염의 고리를 이어 갈 수 없다. 실제로 오늘날 상대적으로 고립 생활을 하는 남미의 여러 부족에서 홍역, 볼거리, 백일해 등 급성 감염병을 연구해보면 정확히 이런 패턴이 나타난다.[2] 이런 병원체가 외부에서 집단에 전파되면 구성원들은 금방 질병에 걸리지만, 질병이 지역 내 다른 집단으로 퍼지거나 영구적으로 토착화되는 일은 없다.

그러면 최근 밝혀진 대로 15세기 유럽의 탐험가들이 흔한 급성 어린이 감염병을 옮긴 탓에, 서로 고립된 채 수렵채집 생활을 하던 남미 토착민들이 괴멸적 타격을 입은 것은 어찌된 일일까? 이들이 그전까지는 한 번도 이런 미생물에 감염된 적이 없다는 결정적인 증거로 받아들여야 할 것이다. 원주민들은 과거 접촉을 통해 저항성을 기르지 못한 탓에 그야말로 수천 명씩 죽어갔다(5장 참고). 하지만 급성 어린이 감염병 중 수두는 수렵채집인을 감염시킨 드문 예외다. 원인 병원체인 '수두대상포진바이러스varicella zoster virus'는 유인원과 비슷한 조상에게서 인류가 물려받은 오래된 헤르페스바이러스 중 하나다. 입 주변의 포진과 생식기 헤르페스를 일으키는 바이러스 역시 헤르페스바이러스에 속한다. 헤르페스바이러스는 세상에서 가장 외딴곳에 사는 부족에게서도 예외 없이 발견되지만, 인간에게 너무나 잘 적응하여 생명을 위협하는 일은 사실상 없다. 면역계의 공격을 회피하면서 평생 숙주와 밀접한 관계를 유지하는 전략을 통해 서로 멀리 떨어진 작은 집단 사이로 퍼져 나가야 한다는 난제를 해결한 것이다. 평소에는 숨죽이고 있다가 간헐적으로 재활성화되어(피곤할 때면 입가에 물집이 생기는 것을 떠올려보라) 새로운 바이러스를 만들어냄으로써 생존을 이어간다. 수두는 전형적인 급성 어린이 감염병이지만, 병이 나은 후에도 바이러스는 숙주의 몸을 떠나지 않는다. 신경 세포 속에 몸을 감추고 기회를 엿보다 오랜 세월이 지난 후 대상포진의 형태로 다시 나타난다. 대상포진은 작은 물집들이 생기는 고통스럽고 성가신 피부 발진으로, 물집 속에는 새로운 세대의 취약한 아이들에게 수두 유행을 일으킬 수 있는 바이러스가 가득 들어 있다.

인간의 배설물에 의해 음식과 물이 오염되는 것은 특히 위생 수준이 낮은 지역에서 많은 미생물에게 성공적인 전파 경로다. 하지만 수렵채집인은 그날그날 먹을 것을 채집하여 바로 소비했으며, 음식이든 물이든 저장하는 법이 없었으므로 대변에 의한 오염이 큰 문제가 되었을 가능성은 거의 없다. 오늘날 아프리카에서 흔히 보는 크기가 큰 기생충들은 많은 경우 이런 경로를 통해 전파되며, 만성 장출혈을 일으켜 빈혈을 유발한다. 빈혈로 인한 무기력증은 수렵채집인 집단에 심각한 문제가 되었을 것이다. 하지만 이런 기생충들은 난포와 알로 오염된 대변이 어느 정도 쌓여야 전파될 수 있으므로, 한곳에 잠시 머물다가 배설물까지 남겨놓은 채 끊임없이 옮겨 다녔던 수렵채집인이 심한 기생충 감염을 앓는 일은 거의 없었을 것이다. 쥐나이, 벼룩 같은 매개체를 통해 전파되는 미생물, 주혈흡충증

schistosomiasis을 일으키는 기생충이나, 생활사를 영위하기 위해 민물달팽이를 감염시키는 등 중간숙주가 반드시 필요한 미생물도 마찬가지였을 것이다(3장 참고). 이동 시에 임시 주거지와 함께 모든 것이 버려지기 때문이다.

말라리아

✴

지금까지의 이야기를 놓고 보면 수렵채집인은 인류를 괴롭힌 많은 미생물을 힘들이지 않고 피한 것처럼 보인다. 그러나 날아다니는 매개체를 통해 전파되는 미생물은 적은 인구가 분산되어 있다는 문제를 가볍게 극복하고 전파 범위를 넓혔을지도 모른다. 이런 질병 중 오늘날 가장 흔한 것은 말라리아로, 매년 2억 1,200만 명을 감염시키고 약 42만 9,000명의 사망자를 낸다(세계보건기구, 2016년 12월). 아프리카는 인류의 발상지로 추정되며 오늘날 말라리아가 가장 창궐하는 대륙이므로, 학자들은 초기 인류 역시 말라리아에 시달렸을 것이라고 추측한다. 실제로 말라리아의 증거는 기원전 3000년경에 제작된 이집트의 미라에서도 발견되며(3장 참고), 기원전 2700년경에 쓰인 중국의《황제내경》에도 뚜렷이 기록되어 있다. 물론 구석기 시대까지 거슬러 올라가는 기록은 없다. 따라서 말라리아가 오래전부터 존재했다는 것은 분명하지만, 정확한 시기는 알 수 없다.

과거에 '학질ague'(영어 'ague'는 '갑작스럽고 심한 발열'을 뜻하는 라틴어 'febris acuta'를 축약한 말이다)이라 불렸던 이 병은 19세기 이탈리아인들이 수백 년간 자신들의 나라를 휩쓴 질병을 일컫던 말이다. 이제는 널리 알려지면서 어디서나 말라리아라고 불린다(이탈리아어로 'mal aria'는 '나쁜 공기'를 뜻한다). 주로 여름에 폰티노 습지Pontine Marshes(로마 동남쪽에 있었던 광대한 습지. 현재는 간척되어 없어졌다—옮긴이)와 로마 평원Roman Campagna에서 가장 흔히 생긴다고 하여 늪지대에서 올라오는 '미아스마miasma', 즉 나쁜 공기가 병을 일으킨다는 믿음이 생겨났던 것이다.

말라리아는 원충의 종류와 환자의 연령 및 면역력에 따라 다양한 모습을 띤다. 면역력이 없는 숙주에서 급성형으로 나타날 때는 감기와 비슷한 증상으로 시작하여 특징적인 주기적 패턴이 뒤따른다. 발작이 찾아올 때마다 체온이 급작스럽게 상승하면서 환자는 심한 오한을 느낀다. 이가 딱딱 부딪히고 온몸이 걷잡을 수 없이 떨리는 한기 속에서 둥글게 웅크린 채 담요를 몇 겹이고 뒤집어써서 조금이라도 몸을 따뜻하게 해보려는 절망적인 몸부림이 계속된다. 열이 계속 치솟아 39~41.5도에 이르면 탈진한 채 엄청난 땀을 흘리고 마침내 체온이 떨어진다. 심하게 졸리거나, 헛소리를 하거나, 경련을 일으키거나, 혼수 상태에 빠진다면 뇌 말라리아를 의심해야 한다. 원충으로 가득 찬 적혈구가 뇌 혈관 속에 정체되어 생기는 이 증상은 급성기의 가장 흔한 사망 원인으로, 치료하지 않으면 예외 없이 사망에 이른다. 고통스러운 발열과 발작은 뇌를 침범하지 않아도 수주에서 수개월간 계속되지만 면역이 생기면서 점차 가라앉는다. 발열은 말라리아 원충의 종류에 따라 주기성을 띠면서 48시간(삼일열) 또는 72시간(사일열) 만에 찾아오는데, 어떤 원충은 몇 년씩 간격을 두고 재발하는 만성 감염을 일으키기도 한다.

말라리아 창궐 지역에서는 어린이들이 가장 심하게 감염된다. 말라리아에 대한 면역은 천천히 형성되므로 네댓 살까지는 완벽한 보호 효과를 나타내지 못하기 때문이다. 이렇게 느리게 형성된 면역은 원충과 끊임없이 접촉하지 않으면 빠른 속도로 없어져버린다. 따라서 말라리아 토착 지역을 떠났다가 돌아온 사람 역시 심한 감염증에 걸리기 쉽다. 항상 돌아다니며 살았던 수렵채집인들이 이런 상황에 처했을 것은 당연해 보인다. 또한 말라리아 유행은 우기와 함께 시작되어 건기가 되면 사라지므로 우기가 시작될 때쯤에는 남녀노소 불문하고 모든 사람이 심한 감염을 앓는다. 오늘날 말라리아의 전체적인 사망률은 1퍼센트 정도지만, 심한 유행 시 면역이 없는 집단에서는 사망률이 30퍼센트에 이른다.

현재 대부분의 말라리아 사망자는 어린이다. 하지만 수렵채집 사회에서 어린이의 죽음은 활동적인 성인의 죽음에 비해 집단의 생존에 미치는 영향이 훨씬 적었을 것이다. 어쨌든 어린이는 먹을 것을 채집하거나 음식을 장만하는 활동에 참여하지 않았으며, 성인에 비해 훨씬 쉽게 대체 가능했다. 수렵채집인 집단에서 가장 견디기 힘든 타격은 만성 말라리아에 시달리는 성인들로 인한 부담이었다. 1908년 시칠리아섬 서남부의 도시 지르젠티Girgenti(현재 이름은 '아그리젠토'이다—옮긴이)의 지방 장관은 이탈리아의 말라리아에 대해 이렇게 썼다.

> 이 병의 엄청난 유행이야말로 사회적으로 가장 심각한 부담이다. 끈질기게 지속되는 감염증은 끊임없이 신체를 갉아먹는다. 말라리아에 걸리면 쇠약해진다. … 어린이는 성장하지 못하고, 인구 구조 자체가 바뀐다. … 열에 시달려 노동 능력을 상실하고, 기운이 쇠진하며, 결국 매사에 흥미를 잃고 제대로 반응하지도 못한다. 말라리아가 유행하면 사회의 생산성과 부와 행복이 감소하는 것은 불가피하다.[3]

장기적인 장애를 초래해 환자는 물론 사회 전체에 이토록 영향을 미치는 질병이 널리 퍼졌다면, 당연히 수렵채집인 집단의 생존 자체가 위협받았을 것이다.

말라리아는 플라스모듐이라는 원생동물이 일으키는 병이다. 플라스모듐은 두 가지 숙주를 거치며 일차숙주인 척추동물의 몸속에서 영위하는 무성 세대와 매개체인 모기의 몸속에서 영위하는 유성 세대 등 복잡한 생활사를 이어가는 기생체다. 이 기생체는 한때 고인 물속에서 독립생활을 했던 원생동물이 수생생활을 하는 날개 달린 곤충의 유충 속에 기생하도록 진화한 것이 틀림없다. 그 후 오랜 세월에 걸쳐 흡혈곤충과 그 곤충에게 흡혈되는 척추동물 등 두 가지 숙주를 거치는 생활사로 발달했을 것이다.

인간에 말라리아를 일으키는 플라스모듐은 1880년 당시 알제에서 근무하던 프랑스 군의관 샤를 루이 알퐁스 라브랑Charles Louis Alphonse Laveran이 처음 발견했다. 그는 말라리아에 시달리던 병사들의 혈액에서 특이하게 생긴 세포를 관찰했다. 세포 속에는 한 번도 본 적 없는 검은 색소가 들어 있었는데, 몇 개는 현미경으로 보는 동안에도 크게 부풀어올라 터지면서 10여 마리의 아주 작은 미생물을 방출했다. 미생물은 편모를 그야말로 미친듯이 흔들어대며 돌아다녔다. 라브랑은 이것이 말라리아의 원인 병원체라고 확신했지만 다소 회의적인 반응에 맞닥뜨렸다. 불과 1년 전에 상당히 영향력 있는 이탈리아 의사들이 말라리아 간균Bacillus malariae이란 세균을 발견했다고 발표하며, 그것이 원인균이라고 주장했던 것이다. 그러나 결국 그는 로마의 기생충 학자들에게 자신의 주장을 확신시켰고, 1884년 경에는 그들 또한 말라리아 환자의 혈액에서 동일한 기생체를 발견했다. 얼마 안 있어 서로 다른 종류의 플라스모듐이 이틀 및 사흘 간격으로 나타나는 원충의 생활사와 연관되어 있다는 사실이 밝혀졌으며, 발열이 주기적으로 반복되는 현상이 감염된 적혈구에서 새로운 원충이 방출되는 시기와 일치한다는 사실이 널리 알려졌다. 다시 20년 뒤, 인도 의료봉사단에서 근무하던 영국의 의사 로널드 로스Ronald Ross가 이 미생물의 복잡한 생활사를 완전히 밝혀냈다(그림 2-1). 그가 말라리아 원충의 전파에 관심을 가진 것은 런던에서 열대의학의 개척자로 유명한 패트릭 맨슨Patrick Manson을 만나면서였다. 맨슨은 중국에서 일하면서 상피병象皮病, elephantiasis을 일으키는 사상충이 모기에 의해 전파된다는 놀라운 사실을 밝혀냈다. 그는 로스에게 말라리아 원충도 모기에서 찾아보라고 격려했다. 이후 3년간 로스는 방갈로르Bangalore와 세쿤데라바드Secunderabad에서 말라리아 환자의 혈액을 모기에게 먹인 후 플라스모듐을 찾으려는 노력을 계속했다. 모기의 다양한 종種에 대해서는 거의 아는 바가 없었지만 결국 자신이 '얼룩날개'라고 명명한 모기의 위胃에서 원충을 찾아내, 1897년에 〈영국 의학저널〉에 논문 〈말라리아 환자의 혈액을 먹인 두 마리의 모기에서 발견된 특이한 색소세포들에 관하여On some peculiar pigmented cells found in two mosquitoes fed on malaria blood〉를 발표했다.[4] 하지만 원충 생활사의 전모를 밝히려는 순간, 그는 캘커타로 전보 발령이 나고 말았다. 캘커타에는 말라리아 환자가 없어 연구를 계속할 수 없었다. 절망에 사로잡힌 그는 조류의 말라리아를 연구하는 쪽으로 방향을 틀었고, 오래지 않아 모기에 의한 전파 경로를 밝혀냈다. 말라리아 원충은 매개체인 모기의 위 속에서 유성 생식으로 증식한 후 침샘으로 옮겨 가고, 모기가 흡혈하는 동물의 혈액 속으로 뛰어들 만반의 준비를 갖추고 기회를 기다린다.

조류 말라리아의 다양한 생활사가 밝혀지자 인간 원충

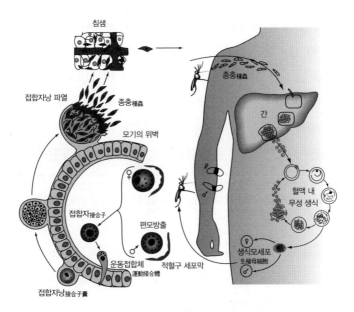

그림 2-1 말라리아 원충의 생활사

의 생활사 역시 비슷하다는 사실이 확인되었다. 이 복잡한
퍼즐의 마지막 조각을 맞춘 사람은 로마대학교 교수 조반
니 바티스타 그라시Giovanni Battista Grassi였다. 암컷 아노펠
레스 모기가 인간 말라리아의 매개체라는 사실을 알아낸
것이다. 당시 연구자들끼리 경쟁이 하도 치열해서 아직도
로스의 연구가 그라시의 발견에 얼마나 많은 영향을 미쳤
는지는 확신할 수 없지만, 노벨위원회는 영향을 미쳤다고
생각했음이 틀림없다. 라브랑과 로스는 노벨상을 받았지만
그라시는 받지 못했기 때문이다.

아노펠레스 모기는 명명된 것만 400여 종에 이르며,

그중 45종이 중요한 말라리아 매개체다. 이것들이 번식하는 데 필요한 조건이 말라리아의 지리적 분포를 결정한다. 병을 옮기는 것은 암컷이다. 알을 낳는 데 필요한 에너지를 얻기 위해 암컷만 흡혈하기 때문이다. 동물의 몸속에 있던 플라스모듐이 모기의 몸으로 들어가 위 속에서 유성 생식을 마치는 데 약 2주가 걸리므로, 암컷 모기는 흡혈한 뒤 2주 이상 생존해야 말라리아 원충을 옮길 수 있다. 이때 모기의 생존에 적합한 기온과 습도가 매우 중요하다. 기온이 16도 미만이거나 30도를 초과하면 말라리아는 전파되지 않는다. 또한 모든 모기는 유충 단계에서 고인 물이 필요하지만, 말라리아 전파 여부를 결정하는 것은 종에 따른 행동 양식이다. 아노펠레스 감비아Anopheles gambiae는 오늘날 아프리카의 주요한 매개체로, 말라리아 원충을 옮기는 데 고도로 적응되어 있다. 수명이 길고, 인간의 혈액을 특히 좋아하여 거주지 주변에 살며, 우물이나 웅덩이 등 물이 고인 곳이면 어디서든 번식한다. 말라리아가 극심한 지역에서 원충을 가득 실은 아노펠레스 감비아에 물리는 횟수는 1인당 연간 1,000회에 달한다.[5]

이렇듯 이동성이 뛰어나고 고도로 전문화된 주입 기계 같은 아노펠레스 감비아 덕에 말라리아 원충은 머나먼 석기 시대에도 이곳저곳 옮겨 다니는 소규모 수렵채집인 집단에 위협적인 존재였을지 모른다. 하지만 아노펠레스 감비아가 인간과 밀접한 연관을 맺은 것은 약 5,000년 전, 아프리카에서 농업 혁명이 싹튼 뒤라는 것이 중론이다(정확히 언제였는지는 알 수 없다). 전문가들은 숲속에서 나무가 넘어져 간간이 햇볕이 드는 곳에 살았던 아노펠레스 모기의 개체 수가 작물을 심기 위해 숲을 없애기 시작하자 폭발적으로 증가했다고 믿는다. 그리고 인간이 고정된 농업 공동체 내에서 비교적 조밀한 집단을 이루고 살게 되자 마침내 모기들은 오로지 인간의 피만 빨고도 충분한 영양을 섭취하고, 인간의 주거지 주변에 필연적으로 생길 수밖에 없는 고인 물 속에서 번식하면서 오늘날의 생활 습관을 진화시켰다.

오늘날 플라스모듐속屬의 원충은 모든 주요 육상 척추동물을 감염시킨다. 공룡의 말라리아 원충에서 진화했을 것으로 생각되는 가장 오랜 형태의 원충은 조류와 파충류를 감염시킨다. 영장류의 원충을 비롯하여 모든 말라리아 원충이 십중팔구 이들로부터 진화하여 약 1억 3,000만 년 전에 다양한 종으로 갈라졌을 것이다.[6] 따라서 유인원과 비슷한 우리 조상들 역시 원시적인 말라리아 원충을 지니고 있었겠지만, 대부분의 전문가는 오늘날 익숙한 원충들이 사하라 사막 이남 지역에서 최초로 주목할 만한 세력을 형성한 후 아프리카 전역으로 퍼졌으며, 거기서 지중해를 건너 아시아와 유럽으로 확산된 후, 훨씬 뒤에 인간 이주자들을 따라 대서양을 건너 신대륙에 상륙했다고 추정한다(5장 참고). 이렇게 말라리아 원충이 새로운 지역으로 퍼지기 전에는 인간이 진화하기 훨씬 전부터 아프리카에 존재해 왔던 흡혈 아노펠레스 모기들이 항상 그 지역으로 건너가 기다리고 있었다.

영장류에 기생하는 25종의 플라스모듐 중 인간을 감염시키는 것은 열대열원충Plasmodium falciparum, 삼일열원충Plasmodium vivax, 사일열원충Plasmodium malariae, 난형열원충Plasmodium ovale, 이 네 가지다. 이들은 서로 다른 동물종의 몸속에서 따로 진화한 것으로 생각된다. 사일열원충, 난형열원충, 삼일열원충은 치명적인 경우가 거의 없지만 만성 감염을 일으킬 수 있다. 난형열원충과 삼일열원충은 간 속에 잠복했다가 최초 감염 후 2~3년 간격으로 다시 나타날 수 있으며, 사일열원충은 평생 재발할 수 있다. 한편 열대열원충은 만성 감염은 없지만 가장 심한 질병을 일으킨다. 오늘날 말라리아로 인한 사망은 대부분 열대열원충 때문이며, 현재 아프리카에서 가장 흔한 유형이기도 하다. 그렇다면 이 원충은 초기 수렵채집인 집단에 어떤 영향을 미쳤을까?

놀랍게도 열대열원충은 강한 독성에도 불구하고 인간 사이에서는 쉽게 전파되지 않는다. 아프리카에서 집중적으로 전파되는 이유는 전적으로 인간의 피를 선호하는 아노펠레스 감비아 모기 때문이다. 이 원충은 파푸아뉴기니, 멜라네시아, 아이티에도 존재하고, 남미 몇 군데에도 유행지가 있지만 이 지역들의 매개체는 효율성이 훨씬 떨어진다. 과학자들은 지금도 열대열원충이 정확히 어느 지역에서 유래했는지 연구 중이지만, 대부분의 증거로 볼 때 서아프리카 지역이 유력하다. 인간과 다른 동물종을 감염시키는 원충들의 유전자 염기서열을 분석하여 근연관계를 측정한 결과다. 원충들의 유전적 차이가 클수록 더 오래 전에 갈라져 따로 진화했을 것이라는 가정하에 분자시계기법 molecular clock technique을 적용한 결과, 열대열원충은 서부고릴라의 플라스모듐과 가장 가까웠다. 그 연구로 종간 전파는 단 한 차례 일어났을 가능성이 대두되었지만, 오늘날 고릴라의 원충은 인간을 감염시키지 않으므로 종간 전파를 일으킨 변종이 한 가지 이상의 돌연변이에 의해 인간을 감염시키는 능력을 갖게 된 것으로 추정한다.[7]

열대열원충이 언제 인간을 처음 감염시켰는지에 대한 두 번째 과학적 연구 역시 분자시계를 이용하여 유전적 차이를 측정했는데, 이 연구에서는 세계 각지에서 채집한 서로 다른 계통의 열대열원충을 비교했다. 그 결과 비교적 최근인 5,000~1만 년 전에 일어난 '집단 병목' 현상이 관찰되었다. 즉, 현재 전 세계에 걸쳐 분포하는 수많은 열대열원충 집단이 당시에는 매우 적은 수, 이론적으로는 단일 계통에서 유래했다는 것이다.[8] 이는 아프리카에서 수렵채집 생활이 화전火田 경작 생활로 바뀐 시기와 일치하며, 열대열원충의 효율적인 전파에 무엇보다 중요한 매개체인 아노펠레스 감비아 모기가 진화한 시기와도 일치한다. 따라서 열대열원충은 수렵채집인 집단에 큰 영향을 미치지 않았을 것이다.

삼일열원충은 인간 말라리아 원충 중 열대열원충 다음으로 널리 분포하지만 아프리카에는 사실상 존재하지 않으며, 매우 다른 역사를 갖고 있다. 한때 아시아에서 유래했다고 생각했지만, 최신 분자생물학적 기법으로 조사한 결과 중앙아프리카의 야생 침팬지와 고릴라에서 이들과 가장 가까운 원충이 발견되었다.[9] 최근 증거들을 보면, 열대열원충과 마찬가지로 단 한 번의 중간 전파 사건 후 아프리카 밖으로 퍼졌다고 추정할 수 있다. 매우 최근, 어쩌면 1만 5,000년 전까지도 삼일열원충이 아프리카에 국한되어 분포했을 것이라고 믿을 만한 간접 증거가 있다. 마지막 빙하기 말, 전 세계 기온이 상승하면서 다른 지역으로 퍼졌다고 추정하는 것이다.[10] 이런 시나리오의 증거는 유전 연구 결과, 서아프리카와 중앙아프리카 사람의 97퍼센트가 더피Duffy 혈액형이 음성인 반면, 세계 다른 지역에서는 사실상 모든 사람이 양성이라는 점이다. 더피 단백질은 삼일열원충에게 반드시 필요한 세포 수용체로, 이 단백질이 없으면 적혈구를 감염시킬 수 없다. 당연히 오늘날 서아프리카와 중앙아프리카에는 삼일열원충 감염이 매우 드물다. 더피 음성 돌연변이는 무해하지만 돌연변이 유전자가 2개인 동형접합체만이 삼일열원충에 저항성을 지닌다. 이 돌연변이가 처음 생겼을 당시, 1개의 돌연변이를 지닌 사람이 배우자를 만나 동형접합체인 더피 음성 자손을 낳을 가능성은 거의 0에 가까웠을 것이다. 이런 일이 일어났다고 해도 다음 세대의 대부분은 더피 양성 배우자를 만날 수밖에 없기 때문에 효과는 계속 희석되었을 것이다. 따라서 더피 음성 돌연변이가 오늘날 아프리카처럼 높은 수준에 도달하려면, 꽤 오랜 시간, 매우 강력한 선택압이 작용해야 한다. 그래서 삼일열원충이 아주 먼 옛날부터 아프리카에 존재했으며, 인간의 생존에 매우 부정적인 영향을 미쳤으리라는 결론을 내릴 수밖에 없는 것이다.

삼일열원충이 처음 인간을 침범한 때가 정확히 언제인지 알 수는 없지만, 더피 음성인 사람이 아프리카에만 존재했기 때문에 대략 3만 년 전, 인류가 아프리카 밖으로 대이동을 한 후에 원충이 오늘날의 형태로 진화했다고 가정하는 것이 합리적이다. 비슷한 논리로 약 5,000년간 삼일열원충이 사람을 감염시켰던 다른 지역에서는 더피 음성 돌연변이가 발견되지 않으므로 이 원충은 그보다 오랫동안 아프리카에 존재했을 것이다. 또한 삼일열원충은 인간에서 만성 감염을 일으킬 수 있어서 끊임없는 전파의 사슬에 의존하지 않으므로, 석기 시대 아프리카의 수렵채집인에게 문제가 되었을 가능성이 매우 높다.

하지만 수렵채집인을 감염시켰을 가능성이 가장 높은 것은 사일열원충이다. 이 원충은 서아프리카에서 침팬지도 감염시킨다. 열대 지방을 벗어나서는 생존할 수 없는 난형열원충과 달리 사일열원충은 열대와 아열대는 물론 온대 지방에서도 전파된다. 또한 일생 동안 숙주의 몸속에서 살아갈 수 있으므로 인구 밀도가 낮고 항상 이동하는 수렵채집인 집단 내에서 생존하는 데 가장 유리하다. 그러나 말라리아가 정말로 수렵채집인 집단에 중대한 문제를 일으켰는지는 여전히 확실하지 않다. 이 주제에 관해서는 아프리카에 현존하는 수렵채집인들 역시 큰 도움이 되지 않는다. 그중 피그미족은 말라리아 발생률이 낮은데, 그 이유는 낫형적혈구 유전자의 빈도가 높기 때문이다. 이는 5,000년 이상 열대열원충과 싸워왔다는 증거다. 반면 남아프리카공화국과 보츠와나의 칼라하리 사막 주변에 사는 산족이나 부시먼족에서는 말라리아에 대한 유전적 저항성의 증거를 전혀 찾을 수 없다. 실제로 말라리아 토착 지역에서 사냥을 하다 심한 말라리아에 걸리는 일도 많다. 하지만 이런 정보를 아노펠레스 감비아라는 효율적인 매개체가 존재하지 않았던 고대의 수렵채집인 집단과 연결시키기는 어렵다.

모든 것을 감안할 때 특정 형태의 말라리아, 아마도 사일열원충 또는 삼일열원충에 의한 말라리아가 구석기 시대 인류의 삶에 영향을 미쳤을 가능성은 높다. 이들 원충은 일반적으로 치명적이지는 않지만, 모든 성인이 활발하게 음식을 구해와야만 생존할 수 있는 수렵채집인 집단에 만성 감염으로 인한 심한 무기력 때문에 분명 심각한 위험을 초래했을 것이다. 하지만 말라리아가 아프리카에서 현재 수준에 도달한 것은 농업 혁명에 의해 고도로 효율적인 모기 매개체가 진화하는 데 이상적인 조건이 제공되어 원충이 전례 없이 번성했기 때문인 것만은 분명하다.

동아프리카의 초원에서 거대한 동물을 사냥하기 시작하면서 인류는 새로운 환경을 맞는다. 거대한 야생 동물 무리와 접촉하면서 그들의 몸에 기생하는, 당시 인류에게는 낯선 미생물들이 종간 장벽을 뛰어넘어 인간을 감염시킬 기회를 잡은 것이다.

  야생 동물을 사냥하여 죽이고, 살을 발라내고, 고기를 먹는 과정에 참여한 사람은 필연적으로 모든 신종 인수공통감염병에 노출되었고, 때때로 중하거나 치명적인 결과를 맞았을 것이다. 예를 들어 광견병 바이러스는 보통 여우, 늑대, 박쥐 등 야생 동물의 몸속에서 생활사를 완성하지만, 사냥하다 광견병에 걸린 동물에게 물리면 치명적인 뇌염이 생길 수 있다. 야생 동물의 살을 발라내는 과정 또한 위험하기는 마찬가지다. 자연 상태에 있는 동물의 장 속에는 파상풍, 보툴리눔 식중독, 가스 괴저 등을 일으키는 하나같이 치명적인 세균이 우글거리기 때문이다. 날고기나 제대로 익히지 않은 고기를 먹으면 촌충 등 기생충 알을 섭취할 위험도 있다. 실제로 북극권에서 사냥을 하며 육식의 비중이 매우 높은 이누이트족은 오늘날까지도 기생충에 의한 건강 부담이 매우 높다. 하지만 이런 인수공통감염병은 자연숙주로부터 직접 전염되며, 인간 사이에서는 전파되지 않는다. 따라서 때때로 집단 내 개인, 심지어 가장 활동적인 사냥꾼들을 감염시킨 것은 분명하지만, 그렇다고 부족 전체의 삶에 큰 영향을 미쳤을 가능성은 거의 없다. 그러나 주로 동물숙주의 몸에서 살며 날아다니는 매개체(체체파리)에 의해 전염되는 파동편모충 같은 미생물은 아프리카 수렵채집인 집단의 건강에 중대한 위협이 되었을 수도 있다.

수면병(파동편모충증)

✳

수면병sleeping sickness(인간 아프리카 파동편모충증human African trypanosomiasis)은 수백 년간 아프리카에 토착화되어 있었고 1374년경 말리의 술탄인 만사 자타Mansa Djata가 이 병으로 사망한 것으로 유명하지만[1], 수면병이 최초로 상세하게 기술된 것은 20세기 초 '니그로 무기력증'이 중앙아프리카를 휩쓴 때였다. 이 병은 매년 3만 명의 새로운 환자가 발생해 심각한 문제였지만, 최근 꾸준한 치료 프로그램이 시행되면서 환자 수가 2009년에는 1만 명 미만, 2015년에는 2,804명으로 보고될 정도로 감소했다(세계보건기구 웹사이트).

수면병은 파동편모충에 의해 발생한다. 파동편모충은 한쪽을 따라 붙어 있는 물결 모양의 막과 끝쪽에 채찍 모양을 띤 편모를 이용하여 혈액 속을 헤엄쳐 돌아다니는 활동성 원생동물이다. 영어 이름인 '트리파노솜trypanosome'은 구멍 뚫는 기구를 뜻하는 그리스어 'trupanon'에서 유래한 것으로, 전체적인 모양이 코르크스크루처럼 생겼다는 뜻이다. 수면병은 발열, 두통, 림프절 종창腫脹, 피부 발진, 관절통 등 비특이적인 증상으로 시작되지만, 병원체가 뇌를 침범하면 무기력, 졸림, 혼수를 유발하기 때문에 수면병이라는 이름이 붙었다. 이 병은 치료하지 않으면 항상 치명적이다. 대부분의 전문가는 수렵채집인이 중앙아프리카의 체체파리 벨트에서는 장기적으로 생존하지 못했을 것이며, 심지어 수면병이 약 5만~10만 년 전, 아프리카를 벗어나는 대이동을 촉발하여 인류가 유럽과 아시아에 정착했다고 믿는다.

수면병을 일으키는 파동편모충은 1902년 영국 리버풀 열대의학대학원Liverpool School of Tropical Medicine의 에버렛 더턴Everett Dutton이 처음 발견했다. 서아프리카의 감비아Gambia에서 일할 때 더턴은 말라리아 약에 반응하지 않는 영국인 발열 환자의 혈액에서 미생물을 발견하고 그 병을 '파동편모충열'이라고 명명했다. 이때 우간다에서 대규모 수면병 유행이 시작되었으나 당시에는 아무도 파동편모충열과의 연관성을 생각하지 못했다. 유행이 점점 악화되자 영국왕립학회는 '수면병 원정대'라는 이름의 조사단을 파견했다. 조사단은 병의 원인에 대해 합의된 의견을 내놓지 못했는데, 이탈리아 출신의 젊은 세균학자 알도 카스텔라니Aldo Castellani는 세균인 연쇄상구균이 원인이라고 확신했다. 그러나 왕립학회 말라리아위원회는 그의 말을 확신하지 못하고 이듬해 추가 조사를 위해 데이비드 브루스David Bruce와 데이비드 나바로David Nabarro를 우간다로 파견했다. 스코틀랜드 출신의 군의관 브루스는 1894년에 아프리카에 창궐했던 소의 소모성 질환인 나가나nagana(줄루Zulu어로 '기운이 없다'라는 뜻)가 현재 트리파노소마 브루세이 브루세이Trypanosoma(T.) brucei(b.) brucei라고 불리는 파동편모충에 의해 생기는 병이며, 글로시나종Glossina spp.의 체체파리에 의해 전파된다는 사실을 밝혀내 명성을 얻었다. 얼마 후 브루스와 나바로는 수면병 환자의 혈액과 뇌척수액에서 파동편모충을 발견하여 발병 원인을 입증했으며, 원숭이에서 동일한 감염 경로를 재현하여 체체파리가 병을 옮긴다는 사실까지 알아냈다. 그 사이에 카스텔라니도 아프리카로 돌아와 파동편모충을 발견했지만, 이것이 완전히 독립적인 관찰인지 브루스의 연구에서 영향을 받았는지는 분명하지 않다. 물론 카스텔라니 자신은 독립적으로 발견했다고 주장했다. 브루스는 자신이 발견한 파동편모충이 서아프리카에서 더턴이 발견한 것과 동일하다고 추론했지만, 결국 이 병원체는 브루스의 이름을 따서 트리파노소마 브루세이 감비엔스T.b. gambiense라고 명명되었으며, 현재는 서아프리카와 중앙아프리카 전역에서 수면병의 병원체로 알려져 있다. 1910년에는 체체파리에 의해 전파되는 세 번째 병원체인 트리파노소마 브루세이 로데시엔스T.b. rhodesiense가 현재의 잠비아 지역에서 발견되었다. 이 원충은 동아프리카에서 수면병을 일으킨다(혼란스러울 수 있으므로 간단히 설명하면, 트리파노소마는 원충의 속명이며, 그 안에 트리파노소마 브루세이라는 종이 있다. 그 아래 3개의 아종이 있는데, 트리파노소마 브루세이 브루세이는 소의 나가나를, 트리파노소마 브루세이 감비엔스와 트리파노소마 브루세이 로데시엔스는 인간의 수면병을 일으킨다).

오늘날 수면병은 아프리카의 중심부를 관통한다. 오랜 세월 동물의 이동, 인간의 이주, 기후 변화에 의해 확장과 축소를 반복했지만 질병 자체는 아프리카 밖에서 발병한 적이 없다. 이렇듯 지역적 분포가 뚜렷하게 제한되는 이유는 매개체인 체체파리가 번식하는 데 아프리카 열대 특유의 고온다습한 환경이 필요하기 때문이다. 체체파리는 암수 모두 동물의 피를 먹고 사는데, 냄새로 대상 동물을 찾는다. 냄새가 나는 쪽으로 약 90미터를 날아가 적당한 대상을 발견하면 달라붙는다. 동물의 혈액 속에 파동편모충이 있든 없든 파리가 흡혈하는 데는 전혀 문제가 되지 않는다. 파리가 전혀 깨닫지 못하는 사이에 장 속에 들어가 활발하게 증식한 원충은 파리의 침샘으로 옮겨 가 다른 동물의 몸속으로 들어갈 준비를 갖춘다. 이상적인 조건에서 체체파리는 항상 동물 무리 주변을 맴도는데, 그 수가 어찌나 많은지 짙은 구름처럼 보일 정도다. 파동편모충 입장에서는 효율적인 매개체가 아닐 수 없다. 체체파리 덕분에 아프리카의 소에서 파동편모충증의 R_0는 무려 388에 이른다. 모기와 달리 체체파리는 번식하는 데 물이 필요 없다. 암컷은 한 마리의 유충을 몸속에 품고 먹이를 주며 키우다가 변태의 마지막 단계에 땅에 내려놓는다. 유충은 즉시 번데기로 변하고, 2주 뒤에는 번데기에서 피에 굶주린 체체파리가 날아오른다. 꼬박 4주가 걸려 단 한 마리의 성체 파리가 탄생하기 때문에 체체파리 집단의 임계 밀도를 유지하려면 이런 생활사가 주기적이고 효율적으로 이어져야 한다.

인간에게 질병을 일으키는 트리파노소마 브루세이의 두 가지 아종은 아프리카 지구대African Rift Valley 양쪽으로 뚜렷한 지역적 분포를 나타내며, 질병 양상도 다르다. 서아프리카의 트리파노소마 브루세이 감비엔스는 수년에 걸쳐 죽음에 이르는 만성 질병을 일으키는 반면, 동아프리카의 트리파노소마 브루세이 로데시엔스는 불과 6개월 만에 사망하는 급성 질병을 일으킨다. 두 가지 질병 패턴이 만나는 곳은 우간다로, 북서쪽에는 트리파노소마 브루세이 감비엔스가, 남동쪽에는 트리파노소마 브루세이 로데시엔스가 분포한다.

트리파노소마 브루세이에 속하는 세 가지 원충 가운데 브루세이 브루세이는 야생 동물과 가축인 소를 감염시키지만 인간은 감염시키지 않고, 동아프리카의 브루세이 로데시엔스는 야생 동물과 인간을 모두 감염시키며, 서아프리카의 브루세이 감비엔스는 주로 인간을 감염시킨다. 세 가지 원충은 비슷해 보이지만, 분자생물학적으로 브루세이 로데시엔스는 동물의 원충인 브루세이 브루세이와 매우 가까워 브루세이 브루세이에서 진화한 것이 분명하다. 사실 브루세이 로데시엔스가 인간을 감염시키는 능력을 갖는 것은 단 한 개의 유전자 차이 때문이다. 한편 브루세이 감비엔스는 나머지 둘과 전혀 다르다. 동물 보유숙주가 발견되지 않았으며, 기원도 불분명하다. 최근 들어 아프리카 남부의 강멧돼지가 보유숙주일지 모른다는 학설이 제기되었을 뿐이다.

체체파리가 야생 동물의 피를 빨아 트리파노소마 브루세이 브루세이를 섭취한 후, 다시 인간의 몸에 주입해도 이 원충은 인간의 혈청과 접촉하는 순간 바로 죽어버린다. 이런 현상의 이유는 정확히 밝혀지지 않았지만, 과거 어떤 시점에 일어난 단일 돌연변이로 인해 브루세이 브루세이는 인간 혈청에 저항성을 갖는 브루세이 로데시엔스가 되어 오늘날 인간을 감염시키기에 이르렀다. 두 가지 원충은 동 아프리카의 평원에서 사자, 영양, 하이에나 등 사실상 모든 야생 포유류의 혈액 속에서 공존하며, 숙주에게 아무런 해를 끼치지 않는다. 하지만 체체파리가 이들을 인간의 몸속으로 옮겨놓으면 오직 로데시엔스만 살아남는다. 이런 돌연변이가 정확히 언제 일어났는지 안다면 로데시엔스가 최초로 인간을 감염시킨 사건이 언제였는지, 수렵채집인들이 수면병에 시달렸는지 등을 확실히 알 수 있겠지만 현재 이런 중요한 정보를 얻을 수 있는 방법은 없다.

대부분의 전문가는 오늘날 로데시엔스가 유행하는 동 아프리카 주요 지역이 수천 년간 이어져왔으며, 이 원충이 5만 년 전, 아프리카에 존재했던 수렵채집인 부족도 감염시켰다고 생각한다. 또한 아프리카 지구대는 브루세이 브루세이에 의해 야생 동물이 감염되는 곳이자 인간의 조상이 주 무대로 삼았던 지역이므로 인간 진화의 초기부터 야생 동물과 인간이 빈번하게 접촉했을 가능성이 높다.[12] 약 180만 년 전, 호미니드가 열대 우림에서 동아프리카의 평원으로 진출하여 최초로 몸집이 큰 야생 동물 무리와 접촉한 결정적인 순간, 그들은 분명 파동편모충이 들끓는 체체파리에 물렸을 것이다. 처음에는 브루세이 브루세이의 혈청 감수성 덕분에 감염되지 않았지만, 큰 동물을 사냥하는 솜씨가 점점 늘면서 체체파리와 원충에 노출되는 빈도 역시 증가했다. 그러다 어떤 순간 우연히 일어난 돌연변이 때문에 혈청 감수성을 극복한 새로운 원충, 브루세이 로데시엔스가 인간의 몸속에서 생존하게 된 것이다.

트리파노소마 브루세이 로데시엔스는 동물과 곤충숙주에 잘 적응하여 질병을 일으키지 않는다. 따라서 그들의 몸속에서 이어온 생활사는 오랜 세월 안정적으로 균형을 유지해왔으나, 어느 날 몸속에 원충이 들끓는 체체파리에게 물려 갑자기 그 생활사에 뛰어들게 된 인간은 그다지 운이 좋지 않았다. 원충은 '어쩌다 한 번씩 만나는' 숙주에게 적응하지 못했으므로 질병은 급속도로 진행됐고 예외 없이 치명적인 경과를 밟았다.

자세한 것은 알 수 없지만, 아프리카 지구대의 서쪽에서 파동편모충의 조상은 분명 매우 다른 진화 경로를 밟았다. 호미니드가 동쪽의 평원을 최초로 탐험하던 때, 서쪽은 아직 울창한 열대 우림이었으며, 브루세이 감비엔스의 조상은 십중팔구 숲속에 사는 유인원의 몸에 기생했을 것이다. 이 원충이 최초로 호미니드나 초기의 인류를 감염시켰을 때는 동쪽 평원의 브루세이 로데시엔스처럼 치명적인 질병을 일으켰을 것이다. 하지만 그 후 진화 과정에서 인간에게 적응한 원충이 출현하고 이 원충이 동물숙주를 통해 널리 퍼지면서 브루세이 감비엔스와 인간은 공진화하며 상호이익을 추구했을 가능성이 있다. 그 결과, 수천 년이 흐르면서 원충은 강한 독성을 잃어버렸고, 이는 오늘날 서아프리카의 수면병이 보다 순한 만성 질병이 된 이유다.

체체파리는 야생 동물과 매우 가까이 존재하므로, 수

렵채집인 집단 중에서 몸집이 큰 동물을 상대하는 숙달된 사냥꾼들이 파동편모충에 노출될 위험이 가장 컸을 것이다. 집단에서 가장 힘이 세고, 가장 건장하며, 가장 능력이 뛰어난 사냥꾼이 갑자기 수면병에 걸려 무기력해지고 차츰 혼수에 빠져 사망할 가능성이 가장 높았다는 뜻이다. 50명으로 이루어진 안정적인 수렵채집인 집단이라면 그렇게 힘세고 건장한 사냥꾼이 10명쯤 되었을 것이다. 한두 명을 잃는 정도라면 큰 문제가 없었을지 모르지만, 수면병 벨트 내에서는 감염된 동물과 정기적으로 접촉하는 모든 사람이 원충에 감염되었을 가능성이 높으므로 결국 집단 전체에 숙련된 사냥꾼이 단 한 명도 남지 않는 상황이 초래되었을 것이다. 이제 그들은 작은 동물을 사냥하거나 과일과 채소를 채집하는 활동에 의존할 수밖에 없다. 여기에 병자나 죽어가는 사람을 보살피는 문제가 더해지고, 돌봐야 할 어린이들이 있는 데다, 충분한 음식을 찾기 위해 끊임없이 이동해야 하므로 이런 집단은 오래 버티지 못하고 사라졌을 것이다. 이런 시나리오를 떠올려 본다면 세 가지 치명적 요인인 파동편모충, 체체파리, 수면병으로 인한 수렵채집인 집단의 매우 낮은 성장률과(연간 0.003~0.01퍼센트로 추정)[13] 많은 수렵채집인 집단이 아프리카 밖으로 탈출을 감행한 이유를 설명할 수 있을지 모른다.

기후가 온화한 지역으로 진출한 수렵채집인들은 치명적인 신종 병원체가 거의 없고, 몸집이 큰 야생 동물을 사냥하여 안정적으로 영양을 섭취하는 새로운 환경을 맞게 된다. 이렇게 하여 우리 조상들은 풍부한 식량원과 사냥 기술을 확보한 채 역사 속에서 상대적으로 건강한 시대에 접어들었다. 하지만 다음 장에서 보듯 아프리카를 제외한 각 대륙에서 몸집이 큰 야생 동물은 인간의 손에 의해 대부분 멸종의 길을 밟았다. 실제로 아프리카에서 몇몇 야생 동물이 보전될 수 있었던 것은, 인간을 내쫓고 그 지역 내 동물의 몸속에서 무증상 감염의 형태로 살아온 파동편모충 덕분이다. 다음 장에서는 야생 동물의 멸종이 우리 조상의 생활 습관에 매우 깊은 영향을 미쳤다는 사실과 함께 이후 인간이 걸머지게 될 크나큰 부담, 감염병을 살펴볼 것이다.

3장

미생물은 종간 경계를 뛰어넘는다

수렵채집인은 아프리카를 벗어나 아시아와 유럽 각지에 정착하면서 치명적인 미생물의 위협에서 벗어나 건강한 삶을 누렸고 인구도 점점 늘었다. 당시 유라시아에는 몸집이 큰 사냥감이 풍부했으며, 사냥꾼들이 창과 곤봉을 점점 능숙하게 다루게 되면서 먹이를 확보하기가 더 이상 어렵지 않았다. 이들은 일정 기간 거의 육식만 하기도 했다. 한 번 사냥하면 일주일 이상 배불리 먹을 수 있었던 것이다. 하지만 사냥터가 점점 좁아지고 사냥감이 드물어지면서 풍족했던 삶은 결국 막을 내린다.

기원전 2만 년경, 마지막 빙하기가 끝나자 날씨는 조금씩 덥고 건조해졌으며, 이에 따라 환경도 크게 변했다. 아프리카와 아시아의 평원이 천천히 사막화되면서 전통적으로 사냥해온 땅이 점차 침식되는 모습을 수렵채집인은 안타깝게 지켜볼 뿐이었다. 한편 온대 지방에서는 드넓은 초원이 점차 숲으로 변하면서 그들이 개활지에서 사냥을 하며 갈고닦은 창 던지기와 곤봉 다루기 기술은 예전만큼 효과를 발휘하지 못했다.

이 기후 변화와 거의 때를 같이하여 지구상에서 가장 큰 동물종들이 점차 자취를 감추었다. 1만 2,000년 전에 이르러서는 매머드와 털코뿔소, 검치호劍齒虎(윗니 2개가 휘어진 칼처럼 생긴 호랑이—옮긴이), 마스토돈, 자이언트 들소, 자이언트 땅나무늘보 등 약 6,500만 년 전 공룡이 멸종된 뒤로 유라시아와 아프리카 대륙을 주름잡던 거대한 동물 중 200종 이상이 멸종되었다. 당시 이 대멸종의 이유로 지구온난화와 미생물에 의한 전염병의 대유행을 들기도 하지만, 이런 요인이 어느 정도 작용했다고 해도 인간의 무분별한 사냥이 주 원인이었음은 의심할 여지가 없다. 각 대륙에서 동물의 멸종이 인간의 정착과 시기적으로 일치하기 때문이다. 아프리카는 기원전 4만 년, 유라시아는 기원전 2만 년에 이르러 몸집이 큰 사냥감이 심각하게 줄거나 거의 멸종 상태에 이른다. 멸종이 가장 급격하게 일어난 곳은 아메리카 대륙이었다.

마지막 빙하기 중에는 해수면이 크게 낮아져 현재의 베링해협이 일시적으로 지협이 되었다. 시베리아와 알래스카가 육지로 연결되자 구대륙의 많은 동물이 아메리카 대륙으로 넘어갔다. 이들은 한동안 크게 번성했지만 인간이 그곳에 발을 디디자 좋았던 시절도 끝나고 말았다. 인간이 정확히 언제 신대륙으로 이동했는지에 대해서는 많은 논란이 있지만, 대략 기원전 5만~1만 5000년으로 추정한다. 어쨌든 정교한 사냥 기술을 갖출수록 인구가 늘던 인간 집단은 더 많은 사냥감을 찾아 아메리카 대륙의 최남단까지 이동하면서 몸집이 큰 동물의 씨를 말려버린다. 한 번도 인간과 접촉한 적이 없는 거대한 초식동물은 손쉬운 사냥감이었으므로 가장 먼저 자취를 감추었을 것이다. 초식동물의 숫자가 줄자 육식동물과 청소동물도 생존하기 어려워졌다. 이렇게 하여 불과 400년 만에 신대륙의 135종에 이르는 토착동물종이 사라졌을 것으로 추정한다.

식량 공급원이 빠른 속도로 줄자 필연적으로 수렵채집인 집단 간에 경쟁이 생겼으며, 결국 그들의 조상들과 마찬가지로 잡식성 생활 습관을 택할 수밖에 없었다. 당시의 고고학적 증거로 볼 때, 이제 그들은 토끼나 사슴 등 작은 동물을 사냥하고, 과일과 곡식과 조개를 채집했으며, 최초로 배를 이용해 낚시를 시작했다. 그래도 규모가 큰 집단은 여전히 먹을 것이 충분치 않았으며 많은 지역에서 대규모 기근으로 인해 인구가 급격히 감소했다.[1]

이렇게 궁핍한 시기는 여기저기 돌아다니며 살던 수렵채집인이 한곳에 정착하여 농사를 짓는 쪽으로 생활 습관을 완전히 바꾸는 계기가 된다. 지금 우리 눈에는 급격한 변화처럼 보일지 몰라도 그 과정은 상황의 변화에 따라 천천히 단계적으로 진행되었으며, 선택의 여지없이 반드시 택할 수밖에 없는 길이었을 것이다. 농경은 지역에 따라 각기 다른 시기에 시작되었으며, 대부분의 지역에서 한참 동안 농경 집단과 수렵채집인 집단이 공존했을 것이다. 하지만 대부분의 수렵채집인 집단은 자발적으로, 또는 강요나 설득, 침략, 심지어 몰살에 의해 보다 성공적인 농경 집단에 밀려 결국 사라지고 만다.

작물을 재배하고 가축을 기르는 일은 전 세계적으로 적어도 9개 지역에서 독립적으로 시작되었으나, 결국 다른 지역도 이곳에서 가축화된 동물을 사들이기에 이른다[2](표 3-1). 오늘날 이라크와 이란에 해당하는 티그리스강과 유프라테스강 사이 비옥한 초승달 지대는 가장 먼저 가축을 기르기 시작한 곳으로 유명하다. 기원전 8500년경, 최초의 농경민들은 바로 이곳에서 에머밀emmer wheat을 심고 염소와 양을 치기 시작했다. 이들이 큰 성공을 거두자 새로운 생활 양식이 인근 아시아 지역을 거쳐 북아프리카와 유럽으로 빠르게 확산되면서 각지에서 조건에 맞는 식물을 재배하고 동물을 사육하게 되었다. 중국에서는 기원전 7500년경에 벼농사와 양돈을 시작했으며, 아프리카 몇몇 지역인 사헬 지대Sahel(사하라 사막 남부의 대초원 지역—옮긴이), 서아프리카 열대 지역, 에티오피아와 파푸아뉴기니에서도 그보다 조금 늦게 농경을 '발명'했다. 흥미롭게도 신대륙에서는 농경이 훨씬 늦게 시작되었는데, 아마도 그곳에는 재배하고 사육하기에 알맞은 식물과 동물종이 적었기 때문일 것이다. 그러나 기원전 3500년경부터 멕시코 지역에서는 옥

표 3-1 세계 각지에서 사육·재배한 동식물

지역	사육 재배종		입증된 가장 오랜 시기
	식물	동물	
독립적 농경 개발			
1. 서남아시아	밀, 완두콩, 올리브	양, 염소	기원전 8500년
2. 중국	쌀, 조	돼지, 누에	기원전 7500년 이전
3. 중미	옥수수, 콩, 호박	칠면조	기원전 3500년 이전
4. 안데스와 아마존 지역	감자, 카사바	라마, 기니피그	기원전 3500년 이전
5. 북미 동부	해바라기, 명아주	—	기원전 2500년
6. 사헬 지대	수수, 아프리카 쌀	뿔닭	기원전 5000년 이전
7. 서아프리카 열대 지역	아프리카 참마, 기름야자	—	기원전 3000년 이전
8. 에티오피아	커피, 테프	—	?
9. 파푸아뉴기니	사탕수수, 바나나	—	기원전 7000년?
다른 지역에서 작물 도입 후 농경 시작			
10. 서유럽	양귀비, 귀리	—	기원전 6000~3500년
11. 인더스 계곡	참깨, 가지	혹소	기원전 7000년
12. 이집트	무화과, 방동사니	당나귀, 고양이	기원전 6000년

출처: 제레드 다이아몬드, 《총, 균, 쇠》(1997)

수수, 콩, 호박을 재배하고 칠면조를 길렀으며, 안데스산맥에서는 감자를 재배했다. 기원전 2500년경에 이르러 북미 동부 지역에서도 작물들을 재배했으나 가축을 길렀다는 증거는 없다.

이론상 한곳에 정착하여 농사를 짓는 생활 습관은 유리한 점이 많다. 어린이와 노약자에게 쉴 곳을 제공하는 집이 있으며, 잉여 농산물을 저장할 수 있어 안정적으로 먹을 것을 확보할 수 있고, 사육·재배하는 동식물에서 옷, 이불, 밧줄, 기타 도구의 재료를 항상 얻을 수 있으며, 가축을 길러 물건을 나르거나 농사를 짓는 데 활용하고, 가축과 함께 살며 온기를 얻기도 한다. 이렇게 좋은 점만 생각하면 이들의 삶이 수렵채집인보다 훨씬 덜 힘들고, 훨씬 건강하게 장수했으며, 인구가 빠른 속도로 늘었으리라 생각하기 쉽다. 하지만 초기에는 전혀 그렇지 않았다. 땅을 파고, 작물을 심고, 수확하고, 가축을 돌보는 일은 수렵과 채집보다 훨씬 더 힘들었다. 고고학적 증거에 따르면 농경 생활 초기의 인류는 수렵채집인 조상에 비해 몸집이 작고, 영양 상태도 불량했으며, 훨씬 많은 질병에 시달리다가 더 일찍 죽었다.[3] 하지만 쟁기와 바퀴 등 결정적인 도구들을 발명하면서 삶은 점점 편해졌고, 훨씬 효율적으로 식량을 생산하게 되었다. 영양 상태가 개선되자 금방 출생률이 상승했다. 수렵채집인 가족에서 평균 네 살이었던 자녀의 터울은 한두 살로 줄었다. 인구가 급격히 늘면서 농업 정착지는 소도시로, 일부는 대도시로 성장했다.

세계 최초의 도시와 소도시들은 비옥한 초승달 지대의 예리코Jericho처럼 초기 농경 중심지에 형성된 공동체에서 비롯되었다. 파국적인 감염병 유행이 이 지역에서 시작된 것은 결코 우연이 아니다. 이런 '역병'은 느닷없이 나타나 마치 먼지를 쓸어내듯 무차별적으로 사람들을 쓰러뜨린 후 홀연히 사라졌다. 도시들이 점점 커지고 점점 많은 사람이 모여 살게 되자, 전염병 또한 점점 자주 찾아오고 점점 맹렬해져서 결국 공동체의 생존을 위협하기에 이르렀다. 인류가 새로이 맞닥뜨린 전염병은 어떤 것이었고, 어디에서 왔을까?

　　항상 옮겨 다니는 수렵채집 생활에서 정착하는 농경 생활로의 전환은 인류사의 큰 이정표인 동시에 새로운 미생물의 시대를 알리는 신호탄이었다. 이제 인류는 처음으로 자연의 모습을 급격히, 그리고 영구적으로 바꾸었다. 경작지를 확보하기 위해 숲을 개간하고 덤불을 정리하면서 자연적으로 균형을 유지하던 생태계가 교란되고, 작물을 재배하고 가축을 기르면서 생물다양성이 줄어들었다. 그러자 작물화된 식물이나 가축화된 동물과 한 번도 접촉하지 않았던 미생물들, 서로 고립된 인간 집단 사이를 뛰어넘을 수 없었던 미생물들에게 새로운 기회가 활짝 열렸다. 많은 미생물이 그 기회를 붙잡았다. 드넓은 경작지에 빽빽이 자라는 밀과 수많은 가축 떼를 접한 미생물은 새로운 숙주의 몸속에서 그야말로 폭발적으로 증식했다. 최초로 사육·재배된 동식물을 감염시켜 전염병을 일으킨 미생물들에 대해 구체적인 정보를 얻을 수는 없지만, 초기 농경민들은 분명 그들로 인해 반복적인 기근을 겪고, 예기치 못한 위기를 맞았으며, 심지어 굶어죽기도 했을 것이다.

동식물의 미생물과 달리, 이 시기 우리 조상들에게 큰 영향을 미친 신종 전염병에 대한 정보는 상당히 풍부하다. 그중 많은 병이 아직까지도 문제다. 이렇듯 미생물에게 전례 없는 전성기가 찾아온 것은 수렵채집인의 주거지에는 존재하지도 않았던 많은 양의 쓰레기, 높은 인구 밀도, 가축과의 밀접한 접촉과 같은 초기 농경사회의 여러 일상적인 생활 양상 때문이었다.

수렵채집인처럼 항상 옮겨 다니지 않게 되자 인간과 동물의 배설물을 포함한 온갖 쓰레기가 영구적인 주거 공간과 주변에 쌓일 수밖에 없었다. 주거 공간조차 이제는 가축과 공유하는 형편이었다. 어떤 위험이 도사리고 있는지도 모른 채 쓰레기는 하염없이 쌓였고, 어느 누구도 수고스럽게 치우려 하지 않았다. 따라서 초기 농경사회는 무엇보다 기생충의 온상이었다. 이 시기의 고고학적 유적에서 발견된 분석糞石(화석화된 동물의 똥)에는 으레 다양한 장내 기생충의 알이 발견된다. 대변-구강 경로로 사람 사이에 전파되는 회충과 십이지장충이나, 돼지고기, 소고기 등 중간숙주를 통해 전파되는 촌충의 알이다.[4] 기생충은 지저분한 생활 환경 속에서 빠르게 전염되었다. 특히 어린이는 한 번 감염되면 평생 기생충을 지니고 살았을 것이다. 하지만 이런 기생충은 때때로 장출혈로 인한 빈혈을 일으키기는 해도 생명을 위협하지는 않아서 집단 전체에 미치는 영향은 미미했을 것이다.

수렵채집인 집단은 넓은 지역에 듬성듬성 분포했기 때문에 숙주를 찾는 데 어려움을 겪었던 미생물 입장에서 인류의 정착형 공동체는 새로운 가능성을 열어주었다. 최초로 형성된 부락들조차 수렵채집인의 임시 정착지에 비하면 인구 밀도가 10~100배에 이르렀기 때문에 결핵균처럼 숙주의 몸 밖에서 짧은 거리밖에 이동할 수 없는 미생물이나, 나균처럼 인체 밖에서는 오래 생존할 수 없는 미생물도 쉽게 퍼져 나갈 수 있었다. 실제로 초기 농경민들의 유골에서는 수렵채집인 조상들에 비해 결핵과 한센병의 흔적이 훨씬 많이 발견된다.[5] 그러나 이 시기 인간 미생물의 유행 양상에서 가장 급격하고도 장기적인 변화는 동물들을 가축화한 데 따른 직접적인 결과였다. 이제 인류는 최초로 많은 동물과 밀접하게 접촉하면서 그들의 젖을 짜 마시고, 도살하여 고기를 먹고, 가죽을 무두질하고, 새끼와 병에 걸린 동물을 보살피며, 주거 공간을 공유했던 것이다. 수많은 동물 미생물 앞에 종간 전파의 기회가 펼쳐졌다. 이전에 단한 번도 감염된 적 없는 인간 집단이 바로 앞에 놓여 있었던 것이다.

천연두, 홍역, 볼거리, 디프테리아, 백일해, 성홍열 등 전형적인 급성 어린이 감염병을 일으키는 미생물은 대부분 동물만 감염시키는 병원체였지만, 과거 어느 시점에 종간 장벽을 넘어 인간을 감염시키기 시작했다. 이 사실은 이제 의심의 여지가 없다. 오늘날 이들은 오로지 인간만 감염시키는 병원체가 되었지만, DNA 염기서열을 살펴보면 과거의 역사를 말해주는 특징적인 증거가 여럿 나타난다. 우선 가장 밀접하게 연관된 병원체들을 가축의 미생물 중에서 발견할 수 있으며, 때로는 분자시계를 이용해 초기 농경 시대에 인간에게 전파된 시점을 정확하게 알 수도 있다. 당시 이 미생물들은 오늘날 인간에서도 그렇듯 주로 어린 동물에게 비교적 가벼운 감염증을 유행시켰을 것이다. 초기의 농경민들은 크게 겁을 내거나, 인간의 끔찍한 질병이 사실은 가축에게서 넘어왔다고 생각하지 못한 채 병든 가축을 돌보다 부지불식간에 감염되었을 것이다.

이리하여 급성 어린이 감염병들은 기원전 5000년경에 신종 전염병으로 인류 역사에 모습을 드러냈다. 21세기의 HIV, 웨스트나일열, 사스, 에볼라 바이러스 감염증, 지카열과 마찬가지다. 지금 우리는 신종 전염병의 원인을 신속하게 파악하여 자연적인 경과에 개입할 수 있지만, 농경 시대 초기의 조상들은 속수무책이었다. 충격과 공포에 어쩔 줄 모른 채 그저 달아나다가 자기도 모르는 새 오히려 병원체를 퍼뜨리는 일도 종종 있었다. 이들이 도망쳐 간 이웃 마을과 도시에서도 얼마 뒤에 똑같은 병이 유행한 것이다.

종간 전파는 하루아침에 일어나지 않는다. 미생물 입장에서도 새로운 숙주를 감염시키고 계속 퍼져 나가려면 효율적인 전략을 개발할 시간이 필요하다. 물론 처음에는 종종 자연숙주로부터 직접 미생물에 감염되는 과정이 필요하다. 하지만 이렇게 인간의 몸속에 들어간 미생물이 적응을 마치고 결국 인간에서 인간으로 직접 전파되는 것은 시간문제일 뿐이다. 결국 전염병이 발생한다. 초기 농경사회에서는 새로운 미생물에 면역이나 유전적 저항성을 지닌 사람이 없었으므로 전염병은 이내 집단 전체로 퍼지고, 심한 증상을 일으키며, 높은 사망률을 기록했다. 오늘날 신종 전염병과 초기 농경사회 전염병의 차이점을 꼽으라면, 미생물이 마음껏 난장판을 벌일 수 있는 취약한 인간숙주의 숫자일 것이다. 오늘날에는 사스 같은 질병이 국제 항공 노선을 이용해 금방 전 세계로 퍼지고, 유행이 시작되었다는 것을 미처 깨닫기도 전에 수백만 명이 위험에 노출될 수 있지만, 초기 농경사회에서는 작고 고립된 공동체 내의 모든 사람이 감염되면 병원체가 더 이상 갈 곳이 없어 유행이 저절로 소멸되었을 것이다. 인수공통감염병을 일으키는 미생물들은 어쩌면 수백 년에 걸쳐 소규모 공격이 여러 차례 무산된 뒤에야 비로소 자연 상태의 동물숙주에서 완전히 벗어나 인간에서 독립적인 감염 주기를 확립했을 것이다. 이 과정에서 가장 중요한 것은 미생물이 감염시킨 집단의 크기다. 미생물마다 감염의 사슬을 계속 이어나가기 위해 필요한 취약한 숙주의 최소 숫자가 정해져 있다. 이런 관계에 대한 대부분의 지식은 홍역에 관한 연구를 통해 알려졌다. 특히 전 세계적으로 홍역 바이러스를 박멸하기로 결정했을 때, 바이러스가 생존할 수 있는 최소한의 (미접종) 집단 크기를 결정해야 했다.

홍역

＊

홍역 바이러스는 인간 사이에서 놀랄 정도로 쉽게 전파된다. 박멸하려는 인간의 노력에 끈질기게 저항하는 만만치 않은 적수이기도 하다. 1960년대에 최초로 백신이 개발되기까지 전 세계 어린이들 사이에서 여러 차례 엄청난 유행을 일으켰다(그림 3-1). 지금도 미접종 인구가 많은 곳에서는 심각한 유행을 일으킨다. 현재 홍역으로 인한 전체 사망률은 1퍼센트 미만이지만, 영양이 불량한 개발도상국의 어린이 사이에서 유행하는 경우 사망률이 40퍼센트에 이르기도 한다. 2015년 세계보건기구는 전 세계적으로 홍역에 의해 13만 4,000명이 사망했다고 보고했다.

홍역 바이러스는 인간의 콧속에서 증식하여 집락을 이룬 후, 상기도를 감염시킨다. 감염된 순간부터 전형적인 홍역 발진이 생기기 전까지 며칠간 비말을 통해 공기 중으로 전파된다. 전염성이 매우 높아 R_0가 15에 이르며, 환자와 접촉한 사람의 약 90퍼센트가 감염된다. 이 모든 것이 자연선택에 의해 숙주에 고도로 적응된 바이러스의 특징이지만, 홍역 바이러스는 우리 조상들과 최초로 접촉했을 때 분명 지금과는 매우 다른 맹수 같았을 것이다. 홍역 바이러

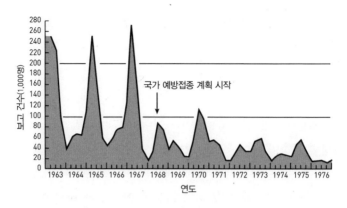

그림 3-1 영국에서 보고된 홍역 증례(1963~1976)

출처: Public Health Laboratory Service, Community Disease Surveillance Centre.

스는 모빌리바이러스morbillivirus과에 속한다. 모빌리바이러스에는 여러 포유동물을 감염시키는 다양한 바이러스들이 있는데, 홍역 바이러스와 가장 밀접하게 연관된 것은 소의 우역 바이러스이며, 그 다음이 개홍역 바이러스다. 이 세 가지 바이러스는 아주 오래 전에 공통 조상에서 유래했을 가능성이 높다. 과학자들은 분자시계를 이용해 우역 바이러스와 홍역 바이러스가 갈라진 시점을 약 2,000년 전으로 추정한다. 이는 바이러스가 농경 시대 초기에 소에서 인간으로 종간 전파되었음을 시사한다. 그러나 혼란스러운 것은 비슷한 방식으로 분석한 결과, 현존하는 홍역 바이러스의 공통 조상이 불과 100~200년 전에 존재한 것으로 나타난다는 점이다. 이에 대한 유일한 설명은 당시 전파력이 훨씬 큰 새로운 계통의 바이러스가 전 세계를 휩쓸어 기존의

모든 계통을 대체했다는 것이다.[6]

백신이 개발되기 전에 우역 바이러스는 유럽, 아시아, 아프리카 전역을 휩쓸며 엄청난 '소 페스트cattle plague'(당시에는 병의 정체를 몰랐기 때문에 가장 무서운 전염병의 이름을 따서 불렀다―옮긴이) 유행을 일으켰다. 이 병이 한번 돌았다 하면 가축이든 야생 소든, 큰 집단일지라도 거의 전멸했다. 1890년대 남아프리카공화국에서는 80~90퍼센트의 소가 폐사했을 정도였다. 홍역과 마찬가지로 우역 바이러스도 상기도에서 감염이 시작되지만, 그 뒤로 장을 공격해 심한 설사를 일으킨다. 결국 감염된 소는 탈수로 폐사한다. 우역 바이러스는 소의 분비물과 배설물을 통해 전염되므로 야생 소의 군집 본능과 축산업의 밀집 사육이 불리하게 작용한 것이 확실하다. 초기 농경 시대에도 우역은 가장 무서운 전염병이었을 것이다. 그러나 현재는 그렇지 않다. 대대적인 박멸 캠페인이 성공을 거두어 2011년에는 마침내 우역 바이러스의 멸종을 선언했기 때문이다. 이는 지구상에서 인류가 완전히 박멸시킨 최초의 동물 바이러스다.

우역 및 홍역 바이러스의 조상은 아마도 여러 차례 인간에게 종간 전파되어 오늘날 우리가 아는 것보다 훨씬 심한 질병을 유행시켰을 것이다(실제로 홍역과 천연두를 감별할 수 있게 된 것은 10세기 들어서다). 하지만 초기 유행은 마을이나 소도시 거주민에 국한되었고, 사람이 죽거나 면역을 획득한 후에는 사라져 다시 새로운 바이러스에 감염된 소에서 인간에게 바이러스가 종간 전파될 때까지는 문제가 되지 않았을 것이다. 이런 초기의 감염 양상은 비교적 최근에 외딴 섬에서 홍역이 유행했을 때와 어느 정도 비슷하게 재현되었다. 페로 제도는 북극권에 가까운 북대서양의 노르웨이와 아이슬란드 사이에 있는 덴마크령의 작은 섬들이다. 1846년 페로 제도의 한 섬에 덴마크에서 온 배가 정박하고 얼마 안 되어 목수 한 사람이 홍역에 걸렸다. 65년만에 처음으로 외부에서 홍역 바이러스가 유입된 사건이었다. 이후 6개월간 7,782명의 주민 중 약 6,000명이 홍역에 감염되었다. 감염을 면한 것은 65세 이상으로, 1781년 유행 때 이미 홍역을 앓았던 사람들뿐이었다. 하지만 취약한 사람들이 모두 병에 걸리자 홍역은 자취를 감추었고, 이후 외부에서 새로운 바이러스가 유입된 뒤에야 다시 발생했다. 이 사건과 함께 다른 섬에서 발생한 비슷한 유행병을 연구한 과학자들은 아이슬란드, 그린란드, 피지 등지의 인구가 적은 섬에서 비슷한 양상을 발견했다. 취약한 사람이 모두 감염되면 유행병은 항상 자취를 감추었다. 그러나 하와이처럼 인구가 훨씬 많은 섬에서는 홍역 바이러스가 감염 주기를 유지하면서 계속 산발적인 유행을 일으켰다. 이런 정보를 이용하여 과학자들은 도시 환경에서 홍역 바이러스가 영구적으로 유지되는 데 필요한 최소 인구수를 약 50만 명으로 추정했다.[7] 공기로 전염되는 대부분의 급성 감염병에도 이와 비슷한 수를 적용한다면, 인류에서 소위 '집단 감염병'이 최초로 자리를 잡은 것은 언제, 어디서였을까?

가장 오래된 문명은 메소포타미아(로마인들이 비옥한 초승달 지대에 붙인 이름)에서 출현했다. 오늘날 바그다드 근처에 있는 비옥한 신자르 평야Sinjar Plain에 산재했던 수렵채집인 정착지에서 최초의 농경 부락들이 생겨났다. 인구가 늘어 부락은 소도시로, 소도시는 도시로 확장되면서 교역과 공업과 정치의 중심지가 되었다. 이곳의 인구가 50만 명에 달한 것은 대략 5,000년 전으로 추정한다. 이 연대는 우역 바이러스에서 홍역 바이러스가 갈라져 나온 시기와 대략 일치하므로, 이때쯤 홍역뿐 아니라 다른 인수공통감염 미생물들이 동물에서 벗어나 인간이라는 새로운 숙주의 몸 속에서 운을 시험해봤다고 추정하는 것이다. 이집트, 그리스, 인도, 중국 등 거대 문명권의 다른 도시들도 잇따라 임계 규모에 도달하면서 미생물 역시 주민들 사이에 자리를 잡고 끔찍한 유행병을 일으키기 시작했다. 기원전 1850년 경에 제작된 이집트의 파피루스, 기원전 1300년경에 쓰인 중국의 의서醫書들, 기원전 1000~500년 사이에 쓰인 구약성경 등 고대 문서를 보면 유행병이 정기적으로 발생하여 수많은 사람들을 쓰러뜨리는 것이 이들 문명권에서 큰 문제였음을 알 수 있다. 출애굽기에는 엄청난 개구리 떼, 파리 떼, 메뚜기 떼, 그리고 이蝨의 창궐에 대한 기록과 함께 '독종毒腫이 발하는' 형태로 이집트를 휩쓴 끔찍한 유행병이 묘사되어 있다.[8] 또한 사무엘상에서 불쌍한 블레셋인들은 은밀한 부위에 '종기'가 생기는 유행병에 시달린다(틀림없이 사타구니 림프절이 터진 것으로, 림프절 페스트였을지 모른다). 그들은 이 병을 이스라엘인들에게서 계약의 궤를 훔친 데 대한 신의 형벌로 해석하지만, 궤를 돌려주자 이스라엘인들도 이 병에 걸리게 된다.[9]

한센병(나병) 또한 구약 성경과 고대 동양의 문헌에 자주 언급된다. 최초의 정확한 기록은 기원전 300~200년경에 쓰인 인도의 '차라카 삼히타Charaka Samhita'이다. 한센병을 일으키는 나균은 인간 사이에서 쉽게 전염되지 않는 세균이지만, 교역로를 따라 인도에서 중국으로 서진西進한 것으로 보이며, 13~14세기에 유행이 최고조에 달해 거의 팬데믹 수준에 이르렀다. 나균은 환자의 면역 상태에 따라 만성 피부 병변을 일으키고 신경을 파괴하며, 특히 얼굴과 손을 변형시키고, 나중에는 내장기관을 침범하여 손상시킬 수 있다. 하지만 중세에 '나병'이라는 용어는 모든 만성 피부질환을 통틀어 가리키는 말이었으며, '나환자'는 전염성이 있다고 간주되어 사회에서 쫓겨나, 격리된 집단에서 살거나 눈에 잘 띄는 옷을 입고 종을 울려 자신의 존재를 알려야 했다. 5장에서 나병이라는 용어 속에 포괄되었던 또 다른 만성 피부 감염병인 '매종梅腫'을 살펴보면서 다시 언급하겠다.

초기 문명을 빈번하게 덮친 맹렬한 유행병에도 불구하고 장기적으로 인구는 꾸준히 늘었다. 도시는 계속 커지면서 점점 붐비고 지저분해졌다. 사실상 병원체를 두 팔 벌려 초대하듯 비위생적인 환경이 마련된 것이다. 지금 보면 고대의 문서에 묘사된 수많은 전염병이 정확히 무엇이었는지 자신 있게 말할 수 있는 경우는 거의 없다. 임상적 특징이 자세히 묘사되지 않아 발진이 특징인 홍역과 천연두 같은 질병을 구분할 수 없기 때문이기도 하지만, 오랜 세월이 지나면서 질병 자체의 특징이 변했을 수도 있기 때문이다. 대부분의 유행병은 심한 인수공통감염병으로 시작되었을 것이다. 그리고 완전히 인간만 침범하는 병원체가 되고 나서야 미생물들은 숙주와 함께 공진화할 수 있었을 것이다. 대략 150년이 소요되는 그 과정이 지나면 보통 이전보다 덜심한 질병이 되었다.

고대 이집트

✳

고대 이집트 의학사는 많은 부분이 파피루스와 방부 처리된 미라의 몸속에 보존되어 있다. 이를 통해 우리는 위대한 초기 문명의 주인공들을 침범했던 미생물의 모습을 엿볼수 있다.

중석기 시대에 현재 이집트에 해당하는 지역에서는 불과 몇천 명의 수렵채집인이 나일 계곡을 따라 서로 고립된 소규모 정착지를 이루고 살았다. 농경의 시작은 기원전 6000년경, 비옥한 초승달 지대에서 염소와 양, 그리고 밀을 수입하면서부터다. 나일 계곡의 환경은 유프라테스강 및 티그리스강 유역과 매우 비슷했기에 농경과 목축은 빠르게 생산성을 확보했다.

이집트는 강우량이 매우 적지만, 1902년 아스완 댐이 건설되기 전까지 매년 나일강이 범람하여 강 양쪽으로 1.5킬로미터 떨어진 곳까지 영양 물질이 풍부한 침전물로 덮였으므로 항상 비옥한 토양이 유지되었다. 나일강은 물론 유프라테스강과 티그리스강 유역에서도 귀중한 물을 보전하기 위해 일찍이 관개 농업이 발달하여 드넓은 벌판에 촘촘한 수로水路 네트워크를 만들어 곡식에 물을 주었다. 현재 파키스탄에 해당하는 인더스 계곡에서도 이와 비슷한 관개 시스템이 발달했으며, 중국에서도 황하가 범람하여 생긴 평야의 논에 물을 대기 위해 비슷한 방법을 이용했다.

이집트에서는 새로 받아들인 농경 생활 방식이 큰 성공을 거둔 덕에 인구가 급격히 증가하여 고대 문명의 발판이 되었다. 최초의 대도시가 출현한 것은 기원전 2500년경이며, 기자의 피라미드와 스핑크스도 같은 시기에 건설되었다. 이 시기 이집트 의사들이 남긴 파피루스 두루마리에는 당시 이집트인이 흔히 앓았던 병과 치료법이 적혀 있다. 기원전 3000년경에 작성된 문서를 기원전 1700년경에 필사한 것으로 추정되는 에드윈 스미스Edwin Smith 외과술 파피루스에는 매년 이집트에서 발생한 유행병을 '올해의 유행병'이라 하여 자세히 기술했다.[10] 전문가들은 이 병을 나일강이 범람할 때마다 모기가 번식하기 좋은 환경이 마련되어 주기적으로 찾아왔던 말라리아일 것으로 추정한다. 당시 늪지대였다고 여겨지는 상上이집트 룩소르Luxor 지역의 게벨레인Gebelein과 아시우트Assyiout에서 발견된 5,000년 전 미라의 연구 결과도 이러한 추정을 뒷받침한다. 반수에 조금 못 미치는 미라에서 열대열원충 감염의 증거가 관찰되었으며, 흥미롭게도 몇 구의 미라에서는 말라리아를 막아주는 선천성 혈액 질환인 지중해빈혈과 낫형적혈구빈혈을 시사하는 흔적이 함께 나타났던 것이다.[11] 말라리아에 노출된 인구 집단에서 이런 유전자가 흔히 나타나려면 수천 년이 걸리므로, 이는 말라리아 원충이 오랫동안 이집트에 존재했음을 의미한다. 또한 미라에서는 장내 기생충이 흔히 발견되었으며, 몇몇 유골에는 결핵의 흔적도 있었다. 그러나 당시 가장 큰 문제가 되었던 감염증은 관개 농업에 사용된 수로를 통해 퍼진 주혈흡충증이었을 것이다.

주혈흡충증

❋

이 오래된 기생충 감염병은 현재까지도 70개국 이상에서 약 2억 명을 감염시키는 중대한 보건 문제다. 이집트는 여전히 주요 발생지이다. 파피루스 기록 중에서도 특히 기원전 1850년경의 카훈Kahun 파피루스와 기원전 1550년경의 에버스Ebers 파피루스에는 주혈흡충증을 묘사한 기록과 그 치료법이 흔히 등장한다. 에버스 파피루스의 기록은 이렇다.

배앓이를 하는 사람에게 또 한 가지 잘 듣는 치료법이 있다. 각 한 개의 *isu*와 *shames*를('isu'와 'shames'는 당시 이집트어로, 의미를 정확히 알 수 없다—옮긴이) 곱게 갈아 꿀에 넣고 끓인다. 이것을 뱃속에 벌레가 있는 사람에게 먹인다. 그러면 혈뇨와 함께 벌레가 나오며, (그 밖에 다른) 어떤 치료법으로도 벌레를 죽일 수 없다.[12]

이 기록이 정말로 주혈흡충증을 가리키는지에 대해서는 논란이 있을 수 있지만, 기원전 1250~1000년 사이에 존재했던 20대 왕조 시대에 제작된 미라 두 구의 콩팥에서 충란이 발견된 것으로 보아 고대 이집트인들이 주혈흡충에 감염된 것은 틀림없다. 또한 기원전 200년경 중국에서 매장된 후 잘 보존된 상태로 발굴된 시체에서도 주혈흡충이 발견된 것으로 보아 이 기생충이 고대에 널리 분포했던 것도 확실하다.[13]

주혈흡충증은 말 그대로 혈액(血) 속에 기생하는(住) 흡충이 일으키는 병이다(주혈흡충을 뜻하는 영어 'schistosome'은 '나눠다'라는 뜻의 그리스어 'schistos'와 '몸'을 뜻하는 'soma'라는 단어가 합쳐진 것으로, 수컷 기생충의 몸체에 홈처럼 파인 구조가 있음을 가리키는 말이다. 이 구조는 암컷을 붙잡을 때 쓰인다). 이 병은 기생충이 몸속에 들어왔을 때 급성 발열로 시작되지만, 가장 심각한 문제인 장기 합병증은 그 뒤로 2~10년에 걸쳐 서서히 나타난다. 기생충 알이 염증을 일으키면서 방광이나 장 주변에 깊이 파인 궤양과 흉터를 형성하는 것이 문제다. 염증 부위에 따라 환자는 만성적인 혈성 설사나 혈뇨에 시달리다가 간부전 또는 신부전으로 사망한다. 또한 이 기생충은 방광암을 일으키는데, 토착화된 지역에서는 지금도 주혈흡충증이 방광암의 가장 흔한 원인이다.

주혈흡충에는 크게 세 가지가 있다. 생활사는 서로 비슷하지만, 중간숙주로 각기 다른 종의 민물달팽이를 이용한다. 만손주혈흡충S. mansoni과 일본주혈흡충S. japonicum 은 장을 표적으로 삼지만, 이집트에서 흔한 방광주혈흡충 S. haematobium은 방광을 특히 좋아하여 혈뇨가 가장 흔하고 특징적인 증상이다. 이 기생충은 주로 청년들을 침범하는 경향이 있다. 에버스 파피루스에는 혈액으로 보이는 분비물이 쏟아져 나오는 음경이 그려져 있기도 하다(그림 3-2). 혈뇨 증상이 어찌나 흔했던지 로마의 역사가 헤로도토스 는 이집트를 가리켜 "남자들이 월경을 하는 땅"이라고 할 정도였다.[14]

방광주혈흡충은 빌하르츠 주혈흡충이라고도 하는 데, 이는 1852년 카이로의 카스르엘에이니병원Kasr el Ainy

그림 3-2 주혈흡충증에 의한 혈뇨를 그린 것으로 보이는
에버스 파피루스의 그림

출처: *Infectious Disease Clinics of North America*, 18, A. A. F. Mahmoud, Schistosomiasis (bilharziasis): from antiquity to the present, 207-218, ⓒ2004 Elsevier Inc 허락을 얻어 수록.

Hospital에서 근무하면서 인체 조직에서 성체를, 배설물에서 충란을 발견했던 독일 의사 테오도르 빌하르츠Theodore Bilharz의 이름을 딴 것이다. 하지만 당시 그는 이 기생충의 복잡한 생활사에 대해 아무런 개념이 없었다. 중간숙주인 민물달팽이를 포함하여 전파 방식과 생활사가 완전히 밝혀진 것은 무려 60년간 논란이 이어진 뒤였다. 한동안 사람들은 매운 음식이나 오염된 물을 통해 기생충에 감염된다고 생각했다. 이외에도 항문을 통해 감염된다거나, 자위 행위 중에 요도를 통해 감염된다는 등 다양한 학설이 제기되기도 했다. 고대 이집트인들도 이 병이 물과 관련이 있다는 사실을 알았으나, 가장 두드러진 증상이 혈뇨였으므로 요도를 통해 감염된다고 생각했다. 심지어 습지에서 사냥할 때 착용하는 음경 보호대를 고안하기도 했다(그림 3-3).

그림 3-3 음경 보호대를 착용한 모습을 그린 고대 이집트의 그림
(19대 왕조, 기원전 1350~1200년경)

출처: *Infectious Disease Clinics of North America*, 18, A. A. F. Mahmoud, Schistosomiasis (bilharziasis): from antiquity to the present, 207-218, ©2004 Elsevier Inc 허락을 얻어 수록.

1800년 이집트에서 발이 묶인 나폴레옹 군대도 주혈흡충증을 앓았으며, 1899년 남아프리카에서 벌어진 보어전쟁Boer War에 참전했던 영국 병사들은 특히 이 병에 심하게 시달렸다. 1914년 1차세계대전이 발발하여 이집트로 군대를 보내게 된 영국 정부는 이 문제를 긴급히 해결해야 했다. 1915년 영국 국방부는 기생충학자인 로버트 톰슨 레이퍼Robert Thomson Leiper 중령에게 전파 경로를 알아내라는 긴급 명령을 내리고 그를 카이로로 파견했다. 그는 오래지 않아 답을 찾았다. 이 작고 흉포한 맹수들은 오염된 물속을 걷거나 수영하는 사람의 멀쩡한 피부를 뚫고 들어오는 것이었다.

흡충은 암수가 따로 있으며, 일단 사람의 몸속에 들어간 뒤에 장이나 방광을 둘러싼 정맥을 뚫고 들어가 정맥속에서 짝짓기를 한다. 그 후 암컷은 방광이나 장 내강으로 들어가 알을 낳고(하루에 수백 개에서 수천 개를 낳는다!), 알은 소변과 대변에 섞여 외부로 방출된다. 외부로 나온 알은 민물 속에서 부화하고, 거기서 태어난 새로운 기생충은 중간 숙주인 민물달팽이를 찾아간다. 민물달팽이의 몸속에서 증식하여 숫자를 불린 기생충은 다시 한번 물속으로 방출되어 다른 인간숙주를 감염시킴으로써 생활사를 완성한다(그림 3-4).

민물달팽이는 천천히 흐르는 민물에 사는데, 이들의 생활 습관이 주혈흡충증의 전 세계적 분포를 결정한다. 나일강 유역과 아프리카 및 중동 각지, 그리고 중국과 일본의

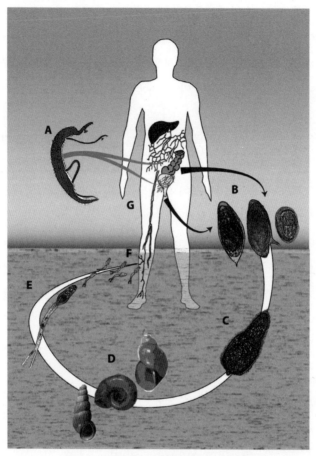

그림 3-4 주혈흡충증-만손주혈흡충의 생활사

출처: *The Lancet* 368, 23 September 2006, Bruno Gryseels and Pierre Wenseleers, 'Human Schistosomiasis', figure 1, page 1107, designed by the Institute of Tropical Medicine Antwerp, ©2006 Elsevier 허락을 얻어 수록.

범례: A: 짝짓기 상태의 성충, B: 충란, C: 유모유충, D: 중간숙주 달팽이, E: 운동성 미충, F: 미충이 인간의 피부를 뚫고 들어감, G: 미충이 혈관을 따라 간으로 이동하여 성숙한 후 짝짓기를 마치고, 장이나 방광 주변 혈관으로 들어가 알을 낳음

논에 특히 많은 관개 수로는 민물달팽이의 이상적인 서식지다. 이들 지역에서 농부들은 맨발로 오염된 물속을 걸어 다니므로 주혈흡충증이 많은 것도 당연하다. 하지만 인간과 민물달팽이는 동일한 기생충의 숙주가 되기에는 너무나 어울리지 않는 한쌍이다. 어쩌다가 진화의 역사 속에서 이런 조합이 탄생했을까? 사실 주혈흡충과 비슷한 흡충들은 2억 년 이상 바다달팽이의 몸속에 기생했다. 물속을 자유롭게 헤엄치는 유충은 기회감염 병원체로, 끊임없이 새로운 숙주가 될 가능성이 있는 생물의 몸속에 침입하려고 시도하면서 오랜 세월에 걸쳐 수없이 숙주를 바꾸었다. 한때 2차 숙주로 바닷새들을 감염시켰고, 이제는 다양한 포유류와 민물달팽이를 숙주로 삼는다. 아마도 인간은 관개 농법을 도입하면서 최초로 민물달팽이와 접촉한 순간에 숙주가 되었을 것이다.[15]

교역과 전쟁은 미생물의 힘

✺

구세계의 인구가 늘고 도시가 확장되자 지역마다 특정한 감염병이 유행했다. 하지만 그 뒤로 교역로가 열리면서 고립된 마을까지 네트워크가 연결되자, 각지의 고유한 미생물이 공유되면서 인접한 지역 사회끼리 감염성 질환이 통합되는 경향이 나타났다. 이런 추세가 계속되면서 결국 미생물은 상선에 가득 실린 옥수수와 와인과 올리브유에 섞여 지중해와 인도양을 가로질렀다. 실크로드를 따라 중국의 사치품을 중동으로 실어 날랐던 카라반caravans은 모르는 새에 반갑지 않은 손님도 함께 데려왔다. 머나먼 곳의 낯선 미생물들을 한 번도 접해보지 않은 사람들에게 퍼뜨린 것이다. '역병'은 한시도 끊이지 않고 인간의 머리 위에 드리운 존재였으며, 결국 구세계 전체가 모든 감염병을 공유하게 되었다.

교역 말고도 미생물을 여기저기로 옮겨놓고, 접촉한 적이 없는 인구 집단에 유행병을 퍼뜨리는 확실한 방법이 또 있었다. 바로 전쟁이었다. 이집트, 아시리아, 페르시아, 그리스, 로마 등 제국이 번성하고 몰락하면서 갈등과 침략과 전쟁이 도처에서 끊이지 않았으며, 그때마다 전염병이 뒤따랐다. 군대는 다양한 지역에서 전혀 다른 배경을 지닌 신병들을 모집하여 좁고 비위생적인 막사에서 재우고, 사람들로 넘쳐나고, 전쟁으로 갈갈이 찢긴 마을에 주둔하며, 끊임없이 이동하는 과정에서 스트레스와 부상, 영양 부족에 시달렸다. 그런 이들이 전염병에 몰살당하거나 시민들에게 전염병을 옮기지 않는 게 오히려 이상한 일이었을 것이다. 전염병 때문에 군사 작전이 무산되거나 전쟁의 향방이 결정되는 일도 비일비재했다. 고대의 군대들을 괴롭힌 미생물이 정확히 무엇이었는지는 대부분 알 수 없지만, 그리스 로마 제국 시대에 소위 '역병plagues'(반드시 고전적인 림프절 페스트인 것은 아니다)으로 알려진 세 가지의 사건은 특히 자주 연구되었다. 고대에 크나큰 영향을 미친 기원전 430년의 아테네 역병, 서기 166년의 안토니누스 역병, 그리고 서기 542년의 유스티니아누스 역병이다.

아테네 역병

✳

고대 그리스의 위대한 도시들 사이에서 벌어진 전설적인 경쟁은 정기적인 갈등으로 분출되었으며, 결국 제국의 몰락을 초래했다. 기원전 480~479년에 페르시아의 황제 크세르크세스Xerxes가 침략하자 도시들이 연합하여 페르시아를 물리치기도 했지만, 이내 해묵은 시기심이 불타올랐다. 기원전 431년, 아테네와 스파르타는 다시 반목했고, 그 결과 일어난 펠로폰네소스 전쟁은 27년간 간헐적으로 계속되었다. 스파르타의 정예 보병은 압도적인 전력을 자랑했지만 아테네 역시 지지 않고 강력한 해군력으로 맞섰다. 당시 아테네를 통치했던 페리클레스는 정면 대결을 피하고 피레우스Piraeus 항구를 포함하여 아테네 주위에 목책을 둘러 도시를 봉쇄했다. 도시의 방벽을 강화하여 스파르타가 먼저 휴전을 제안할 때까지 포위된 채 견디면서 바다를 통해 보급로를 유지한다는 계획이었다. 맞대결을 피하고 도시를 보전한다는 기발한 책략에 모두가 환호를 보냈다. 아무도 끔찍한 결말을 내다보지 못했던 것이다. 스파르타군이 진격해오자 성 밖에 살던 수많은 사람은 난민이 되어 안전한 아테네로 몰려들었다. 통틀어 1만 호에 불과한 이 작은 도시는 삽시간에 북새통을 이루었다. 외부로 통하는 길이라고는 바다밖에 없었다. 미생물이 번식하기에 딱 좋은 환경이 마련된 것이다. 기원전 430년, 유행병은 맹렬한 기세로 퍼지게 되었고, 결국 아테네는 항복하지 않을 수 없었다. 그와 함께 그리스 문명의 황금기와 고대를 지배했던 영향력도 종말을 맞고 말았다.

동시대의 역사가인 투키디데스가 기록한 아테네 역병은 인류 역사상 전해지는 가장 오래된 전염병이다. 투키디데스에 따르면 전염병은 갑자기 시작되어 4년간 기승을 부렸다. 군인, 민간인 할 것 없이 전 인구의 약 4분의 1이 사망했으며, 아테네군은 4,400명의 보병과 300명의 기병을 잃었다. 최전선을 지키던 병력의 4분의 1이 넘는 숫자였다. 페리클레스조차 역병으로 세상을 떠났다. 그의 죽음으로 아테네는 위대한 지도자를 잃었을 뿐 아니라 이미 전쟁과 역병으로 크게 꺾인 사기가 완전히 바닥으로 떨어지고 말았다.

이 전염병의 물리적 증거는 전혀 남아 있지 않다. 원인 병원체를 짐작하려면 최선을 다해 투키디데스가 남긴 기록을 해석하는 수밖에 없다. 그는 분명 연령에 관계없이 모든 사람이 질병에 걸렸으며, 환자는 7~9일 만에 사망에 이르렀다고 썼다.

환자는 몸속에 열이 너무 심해 아주 얇은 담요나 침대보조차 덮지 못했다. 벌거벗고 돌아다니는 것 외에는 방법이 없었으며, 차가운 물속에 뛰어들어서야 가장 편안해했다. 누군가 곁에서 돌봐주지 않는 사람은 실제로 우물에 뛰어들었고, 미친듯이 물을 마셔도 갈증이 가라앉지 않았다. 하지만 물을 마시든, 마시지 않든 결과는 같았다.[16]

투키디데스는 그 밖에도 기침, 재채기, 물집, 구강 궤양, 눈과 목이 아프고 숨쉴 때마다 악취가 나는 등의 증상으로 시작하여 구역질, 경련, 붉은 발진으로 진행되고 결국 설사, 불면증, 괴저, 기억과 시력 상실, 그리고 완전히 탈진하여 죽음에 이르는 경과를 자세히 기록했지만, 그것은 오늘날 알려진 어떤 감염병과도 일치하지 않는다. 많은 전문가가 천연두였을 거라고 생각하지만, 홍역이나 장티푸스를 지목하는 사람도 있다.[17] 어쩌면 포위당한 좁은 도시의 끔찍한 환경 속에서 여러 가지 감염병이 한꺼번에 유행했을지도 모른다.

흥미롭게도 스파르타 군대는 전염병에 걸리지 않았다. 아마도 그들은 이미 그 병원체에 면역을 갖고 있었을 것이다. 아니면 부지불식간에 무기와 함께 그들에게는 친숙하지만 아테네인들에게는 새롭고도 치명적인 어떤 질병을 가져와 원인을 제공했는지도 모른다.

아테네 역병은 수많은 사람의 죽음뿐만 아니라 이 죽음이 살아남은 사람들에게 미친 영향 때문에 더욱 엄청난 충격이었다. 투키디데스는 개인적 태도의 변화를 이렇게 묘사했다.

그들은 부유했다가 갑자기 죽어버린 사람들과, 무일푼이었다가 다른 사람의 재산을 차지한 사람들로부터 인간의 운명이 얼마나 갑자기 변할 수 있는지 똑똑히 보았다.[18]

우연찮게도 그리스 제국은 기원전 323년 알렉산더 대왕이 최전성기에 갑자기 사망하면서 공백 상태에 빠졌다. 인류 역사상 유례를 찾기 힘든 이 젊은이는 마케도니아군을 이끌고 페르시아에 맞서 거대한 제국을 정복한 후, 마침내 이집트에서 인더스 계곡에 이르는 광활한 영토를 지배했다. 하지만 바빌론에서 유프라테스강을 따라 아라비아 접경 지역의 습지를 시찰하는 항해를 마친 후 바로 열이 나기 시작했고, 2주도 안 되어 결국 세상을 떠나고 말았다. 당시에는 전염병도 돌지 않았으므로 33세의 건강한 청년 알렉산더의 죽음은 습지를 여행한 것과 관련이 있다고 보는 것이 합리적일 것이다. 말라리아였을지도 모르지만, 11일을 계속 열에 시달렸다는 기록으로 보아 장티푸스에 더 가까운 것 같다. 어쨌든 제국은 휘하 장군들에 의해 분할되었고, 이후 불안정한 시기가 이어지면서 위대한 그리스의 몰락은 가속화되었다.[19]

안토니누스 역병

✳

세 가지 전염병 중 기록이 가장 부족한 안토니누스 역병은 전성기를 누리던 로마 제국을 강타했다. 당시 로마는 상주 인구가 100만 명을 넘었던 장대한 도시였으며, 마르쿠스 아우렐리우스 안토니누스Marcus Aurelius Antoninus 황제는 서쪽의 영국에서 시작하여 유럽 전체를 아우르고, 중동과 북아프리카에 이르는 거대한 제국을 통치했다. 이 다문화적, 다국적 공간의 어떤 속주屬州에서든 상인들은 마음껏 교역했고, 군대는 끊임없이 행진했다. 미생물 역시 이런 고속도로 같은 네트워크를 이용했다. 어떤 여행자에게든 올라타 그의 발길이 닿는 어디서든 전염병을 일으킬 수 있었던 것이다.

안토니누스 역병의 발원지는 오늘날 바그다드 근처 티그리스 강변에 있는 도시 셀레우키아Seleucia였을 것이다. 당시 이곳에서 일어난 소요 사태를 진압하기 위해 파견된 로마 군대는 도시를 마음껏 유린하고 약탈했으며, 승리에 들떠 개선하는 길에 가는 곳마다 이 전염병을 퍼뜨리고 결국 로마까지 가져왔다. 유행이 최고조에 달했을 때, 로마에서는 이 병으로 하루에 5,000명씩 죽어나갔다. 결국 전염병은 제국 전체에 퍼졌고, 인도와 중국에까지 이르면서 수십 년간 계속되었다. 서기 180년, 마르쿠스 아우렐리우스가 사망할 때까지도 그 기세는 조금도 꺾이지 않았다.

유명한 의사인 갈렌Galen은 《의학 방법론Methodus Medendi》에서 안토니누스 역병이 빈부와 남녀노소를 가리지 않았으며, 환자의 3분의 1에서 2분의 1이 사망했다고 기록했다. 그는 '열성 전염병'의 증상이 맹렬한 고열과 갈증, 구토와 설사 등 아테네 역병과 흡사하다고 지적했으나, 동시에 온몸을 뒤덮은 검은색 궤양성 마른 발진을 정확하게 묘사하면서 '열에 의한 물집 속에서 부패한 혈액의 잔재'라고 했다. 그의 묘사, 특히 발진에 대한 묘사로 보아 그 병이 천연두라는 데는 거의 의심의 여지가 없다. 그렇다면 그 사건은 유럽 최초의 천연두 유행이었을지도 모른다. 하지만 초기에는 두 가지 질병을 구분할 수 없다고 주장하며 그 병은 장티푸스였다고 생각하는 사람도 있다.[20]

로마인들은 이 전염병을 신의 형벌이라고 믿었다. 셀레우키아에서 로마군이 아폴로 신전을 약탈하고 봉인된 고대의 무덤을 열어젖힌 것에 대한 죄책감이 있었던 것이다. 당시의 역사가 암미아누스 마르켈리누스Ammianus Marcellinus는 이렇게 썼다. "로마 병사들이 무덤을 열었을 때 역병이 새어 나와 이란 접경에서부터 라인강과 골족의 땅에 이르기까지 제국 전체에 전염병과 죽음을 가져왔도다."[21]

어쨌든 안토니누스 역병 때문에 로마 제국의 인구는 거의 재앙에 가까울 정도로 줄었다. 모든 기능을 거의 전적으로 인력에 의존했던 제국은 기울기 시작했다. 마을과 들판이 텅 비고, 군대는 부족했으며, 교역과 상업은 정체되었고, 사람들은 혼란에 빠진 채 기운을 잃었다. 결국 역병은 로마 제국이 이후 100년간 끊임없는 침략과 전쟁과 전염병에 시달리며 몰락하는 계기가 되었다. 서기 266년 발레리아누스 황제는 페르시아의 포로가 되면서 제국의 동쪽과 서쪽 끝을 잃었다. 분쟁이 끊이지 않자 견디다 못한 콘스탄티누스 1세는 제국의 수도를 비잔티움으로 옮기고 도시 이름을 콘스탄티노플로 바꾸었다. 이리하여 서기 396년, 로마 제국은 서쪽의 라틴계와 동쪽의 그리스계로 양분되고 말았다.

유스티니아누스 역병

서기 6세기에 수백 년간의 분쟁 끝에 유스티니아누스 황제는 북아프리카, 이탈리아, 스페인을 잠시 재정복하여 로마제국을 재통일했다. 그러나 콘스탄티노플을 덮친 전염병 때문에 로마는 이후 200년간 끊임없이 시달렸다. 유스티니아누스 역병은 로마 제국의 종말을 앞당겼고, 유럽이 상대적으로 고립되면서 이슬람 세력이 확장하는 계기가 되었다. 콘스탄티노플에서 유스티니아누스 역병은 1년간 계속되며 인구의 4분의 1을 쓰러뜨렸다. 가장 심했을 때는 하루에 약 1만 명씩 죽어나갔다. 유스티니아누스 황제는 병에 걸리고도 살아남았지만 전염병은 로마 제국 전체를 휩쓸었다. 유행이 지나고 난 후에는 필수 인력조차 거의 남지 않아 황제는 새로 통일된 영토를 지킬 힘을 잃고 말았다. 양쪽 로마 제국을 합쳐 총 사망자 수는 약 1억 명이었다.

비잔틴 역사가인 프로코피우스Procopius는 전염병이 이집트의 펠루시움에서 시작되어 알렉산드리아와 팔레스타인을 거쳐 콘스탄티노플에 이르렀다고 전한다. 그가 증상을 아래와 같이 자세히 기술한 덕에 대부분의 전문가는 이 병이 림프절 페스트라는 데 동의한다. 림프절 페스트는 사타구니와 겨드랑이에 가래톳bubo(림프절이 크게 부어오르면서 몹시 아픈 증상으로 종종 고름이 잡히기도 함—옮긴이)이 생기는 것이 특징이다.

아침부터 밤까지 열은 그리 심하지 않아 환자도 의사도 위험하다고 생각하지 않았다. 하물며 환자가 죽을 것이라고 생각한 사람은 아무도 없었다. 하지만 첫날부터 많은 사람에게, 둘째 날이나 그 후로는 모든 사람에게 양쪽 사타구니와 겨드랑이에 가래톳이 생겼다. 귀 뒤나 다른 곳에 생기는 사람도 있었다.

이 시기까지 병은 모든 사람에게 똑같이 진행되었으나, 이후로는 사람에 따라 다른 경과를 보였다. 일부는 혼수 상태에, 일부는 격렬한 착란 상태에 빠졌다. 잠들지도 않고 헛소리를 하지도 않는 사람은 가래톳이 썩어가며 극심한 통증 속에서 죽었다. 환자나 죽은 사람을 보살피던 의사나 가족이 병에 걸리지 않은 것으로 보아 접촉한다고 옮지는 않았다. 예상과 달리 환자를 돌보거나 매장한 많은 사람이 그 후로도 살아남았다.

어떤 사람은 바로 죽었으나, 여러 날 시달린 끝에 죽는 사람도 있었다. 어떤 사람은 몸에 완두콩만 한 검은 물집이 잡히기도 했다. 물집이 생긴 사람은 하루를 넘기지 못했다. 피를 토하고 얼마 안 있어 죽은 사람도 부지기수다.

의사들은 어떤 환자가 중하고 어떤 환자가 경한지 구분하지 못했으며, 치료법을 아는 이는 아무도 없었다.[22]

이 사건은 아마도 유럽 최초의 림프절 페스트 유행일 것이다. 유행은 200년간 기승을 부리다 600년 동안 수수께끼처럼 사라졌다. 그리고 흑사병이라는 이름으로 다시 나타났다.

우리는 이런 유행병의 원인이 무엇이었는지 확실히 알지 못한다. 기록을 남긴 사람들도 그 원인을 결코 알 수 없을 것이라고 확신했다. 하지만 이제는 새로운 분자생물학적 기법이 발달하여 아주 사소한 흔적만 있어도 미생물을 추적할 수 있으므로 답을 찾을 가능성이 높아지고 있다. 집단 매장지에 묻힌 전염병 희생자들을 발굴하고 있으니 파국적인 전염병과 팬데믹을 일으켰던 병원체의 정체를 밝혀내는 것도 시간문제일지 모른다.

서기 1200년경에 이르면, 이렇게 끔찍하고 예측 불가능했던 전염병은 거의 사라진다. 그렇다고 전염병이 아예 사라진 것은 아니고, 주기적 양상을 띠고 나타났다. 미생물이 병을 일으켜도 감염의 사슬을 계속 이어갈 수 있을 정도로 취약한 사람이 많은 곳에서만 전염병으로 발전했기 때문이다. 급성 감염병에서 회복되면 평생 면역이 생겼으므로, 마지막 전염병이 물러간 뒤에 태어난 어린이들만 병에 취약한 상태였다. 이에 따라 그림 3-1에서 본 홍역 유행과 비슷한 급성 어린이 감염병의 양상이 확립되었다. 또한 전염병이 돌 때마다 전염병에 가장 취약한 어린이들은 견디지 못하고 사라졌으므로, 세대를 거듭할수록 인구 집단의 저항성이 강해지면서 감염병은 약해졌다. 하지만 급성 감염병은 여전히 큰 위협이었으며, 혼잡함과 빈곤, 비위생적인 환경에 의해 전염병이 확산되기 쉬운 도시와 소도시의 어린이에게 특히 그러했다.

4장

인구 증가,
쓰레기, 빈곤

중세 유럽에서는 사실상 모든 사람이 흡혈하는 기생충에 감염되어 있었다. 집에는 쥐가 들끓었다. 농촌 주민들은 좁고 어둡고 환기도 잘 되지 않는 단층 초가집에서, 그것도 가축과 함께 생활했다. 인구가 늘고, 작은 지역 사회가 소도시로 성장하면서 상황은 더욱 나빠졌다. 쓰레기 처리 시설이 따로 없었기에 사람들은 집과 집 사이로 난 좁은 골목에 모든 것을 내다 버렸다. 그렇지 않아도 어둡고 눅눅한 골목은 진흙과 쓰레기, 인간과 동물의 배설물이 한데 섞여 진창이 되었고, 이 모든 것은 강으로 흘러들어 식수원을 오염시켰다. 이런 환경에서 미생물이 번성하지 않는다면 오히려 이상한 일이다. 끔찍하게 비위생적인 생활 환경 탓에 미생물들은 모든 전파 경로를 쉽게 이용할 수 있었다. 환기가 잘 되지 않는 곳에 많은 사람이 모여 사는 환경은 공기를 통해 전파되는 미생물이 가장 좋아하는 것이었다. 또한 배설물을 위생적으로 처리하는 시설이 없었으므로 위장관을 침범하는 병원체는 음식과 물을 쉽게 오염시킬 수 있었다. 개인 위생이 불량했으므로 사람들의 몸에는 벼룩이나 이 같은 미생물의 매개체가 들끓었다.

당연히 중세 시대의 도시와 소도시의 생활 환경은 건강에 극히 해로웠다. 도시 거주민은 농촌 사람보다 평균 수명이 짧았다. 사실 유럽의 도시들이 인구를 꾸준히 유지하게 된 것은 20세기 들어서다.[1] 하지만 중세 유럽에서는 절대다수가 독특한 신분제에 의해 유지되는 농촌의 영지에 살았다. 사람들은 보통 장원에 속한 소작농이었으며, 영주에게 서비스를 제공하고 토지를 빌려 농사를 지었다. 도시는 곡식, 고기, 땔감 등 소비재뿐 아니라 노동력까지 농촌에 의존했다. 그때도 농촌 젊은이들은 더 높은 임금을 받으리란 기대를 안고 도시로 가곤 했다. 하지만 그들의 희망찬 여정은 도시에 토착화된 급성 감염병으로 인해 죽음으로 막을 내리곤 했다.

이렇게 도시의 환경이 유해했음에도 11~12세기에 유럽의 인구는 폭발적으로 늘어났다. 13세기 중반에 이르자 지나친 인구 증가로 자연 자원이 부족할 정도였다. 기름진 농토는 드물었으며, 일자리 부족이 심각해져 필연적으로 빈곤이 뒤따랐다. 14세기에는 소빙하기가 찾아와 기온이 낮아진 탓에 농업 생산이 급감했으며, 기근이 거의 주기적으로 찾아왔다.

인구가 꾸준히 성장하던 이 시기에 사람들은 교역이나 전쟁, 또는 순례 목적으로 어느 때보다도 더 멀리, 더 자주 여행을 다녔다. 그때마다 미생물 또한 그들을 따라 들르는 곳마다 씨앗을 뿌리듯 여기저기로 퍼졌다. 전례 없이 많은 상선이 지중해를 가로질렀고, 아프리카, 인도, 중동에까지 교역소가 세워졌다. 동시에 국제적인 차원에서뿐 아니라 유럽 도시들간의 소규모 분쟁이 잇따라 군대의 이동도 빈번해졌다. 11~13세기에는 십자군 전쟁이 벌어졌다. 사라센과 맞서기 위해 대규모 기독교군이 유럽을 동쪽으로 가로질러 예루살렘으로 진격했다. 하지만 군대 내에 만연했던 이질, 장티푸스, 천연두 등의 유행병 때문에 중도에 포기하고 발길을 돌리는 경우가 많았다. 그들이 고향으로 돌아가면 그곳에 다시 전염병이 돌았다.

한편 동양에서는 칭기즈칸이 거대한 제국을 일으켰다. 몽골 제국의 영토는 오늘날 중국 전역과 러시아 대부분을 아우르고 서쪽으로 중앙아시아를 지나 이란과 이라크에 이르렀다. 수도인 카라코룸Karakorum은 제국 내부는 물론 그 너머 유럽에 이르기까지 크게 번성한 모든 도시를 연결하는 교역 네트워크의 중심이었다. 중국과 시리아를 연결하는 고대의 실크로드가 다시 열려 수천을 헤아리는 대상隊商, 군대, 우편을 전달하는 파발꾼, 외교사절단이 오아시스에서 오아시스로 이어진 길을 따라 끝없이 먼 거리를 오갔다. 베니스 출신의 마르코 폴로Marco Polo(1254~1324)

가 대장정에 오른 것이 바로 이 시기에 해당하는 1271년이다. 그는 실크로드를 따라 아르메니아, 페르시아, 아프가니스탄까지 간 후 파미르 고원을 넘고 고비 사막을 가로질러 베이징에 이르렀다. 3년 반에 걸쳐 거의 9,000킬로미터를 여행하는 동안 많은 생각을 했겠지만, 자신이 미생물을 여기저기 옮기고 있다는 생각은 한순간도 하지 않았을 것이다. 이처럼 실크로드뿐 아니라 모든 국제 교역로가 열리고, 그 길을 통해 사람과 동물과 음식물과 수많은 물건이 교환되는 순간 필연적으로 미생물의 확산도 촉진되었다.

중세에 이르면 구세계 어디든 대부분의 급성 감염병이 존재했고, 각기 독특한 유행 주기에 따라 주로 어린이를 침범했다. 많은 병원체가 오랜 세월 인간과 공진화한 끝에 독성이 상당히 약해졌지만, 페스트와 천연두는 수세기에 걸쳐 가장 무서운 전염병으로 남았고 중세에도 여전히 치명적인 병으로 손꼽혔다. 긴 역사 속에서 두 가지 병은 다른 모든 전염병을 합친 것보다 더 많은 목숨을 앗아갔으며, 수백 년간 인류의 인구를 정체 상태로 묶어 놓았다.

림프절 페스트

✴

지난 2,000년간 림프절 페스트의 전 세계적 유행이 세 번 있었다. 첫 번째는 서기 542년의 유스티니아누스 역병(3장), 두 번째는 흑사병이었으며, 세 번째는 1860년대에 중국에서 시작되어 아직 진행 중이다.

　'흑사병'이라는 전설적인 이름은 사실 수백 년 후에 붙여진 것으로, 이제는 왜 그런 이름이 붙었는지조차 분명치 않다. 일부 학자들은 사망 직전에 환자의 손가락과 발가락에 괴저가 생겨 검게 변한 것을 가리킨다고 하지만, 다른 사람들은 라틴어로 끔찍한 죽음을 뜻하는 'atra mors'라는 말을 잘못 번역한 것이라고 확신한다. 'atra'는 '끔찍하다'라는 뜻과 '검다'라는 뜻을 갖고 있기 때문이다. 어쨌든 흑사병은 1346~1353년 사이에 유럽 전역과 아시아, 북아프리카를 휩쓸었다. 대도시에서 아주 작은 부락에 이르기까지 비껴간 곳이 없었으며, 이 병으로 전체 인구의 약 절반이 사망하여 역사상 인구가 가장 급감한 사건으로 기록되었다. 흑사병은 동양에서 전해졌는데, 그 기원을 추적해보면, 1347년 맹렬한 유행이 기승을 부리는 상태로 흑해 연안의 항구 도시 카파Caffa에 도착했던 황금 군단Golden Horde(오늘날 러시아에 해당하는 지역에 주둔했던 몽골 제국 동부의 군대)까지 거슬러 올라간다. 당시 몽골군은 제노바 공국의 주요 교역 중심지인 카파를 포위했지만, 병사들 사이에 전염병이 도는 바람에 퇴각할 수밖에 없었다. 퇴각하면서 전염병으로 죽은 시체들을 대포에 넣고 쏘아 성벽 안으로 날려 보냈다고도 하지만, 사실 여부를 떠나 얼마 후 포위 상태를 벗어난 카파에도 전염병이 퍼지기 시작했다. 그곳에 살던 이탈리아인들은 귀국을 서둘렀고, 마침내 12척의 갤리선이 시실리 동해안의 메시나Messina에 도착했다. 그들이 항구에 내리자마자 전염병은 도시를 휩쓸기 시작했다. 엄청난 파국을 몰고 왔으며, 증상 또한 공포스럽기 짝이 없었다. 프란체스코회의 수사 피아자의 미카엘Michael of Piazza은 직접 겪은 일을 이렇게 적었다.

'화상에 의한 수포' 같은 것이 돋아난 뒤에 생식기, 양쪽 허벅지, 팔, 목 등 온몸에 종기가 생긴다. 처음에 종기는 도토리만 했으며, 환자는 극심한 오한에 몸을 와들와들 떨다가 금방 힘이 빠져 서 있지 못하고 누운 채 맹렬한 고열과 엄청난 고통에 시달린다. 이내 종기는 호두만큼 커졌다가 계란 크기, 거위알 크기로 계속 부풀어 오르며 극심한 통증을 일으킨다. 시달리다 못한 환자는 체액의 균형이 깨져 피를 토한다. 병에 침범된 폐에서 목구멍으로 솟구친 혈액은 전신을 부패시키고 결국 산산조각으로 찢어놓는다. 병은 보통 사흘간 계속되며, 늦어도 나흘 이내에 모든 환자가 사망한다.[2]

시실리 역사상 전무후무한 일이었다. 시체가 쌓이자 공포에 질린 메시나 주민들은 우왕좌왕 도시를 탈출하기에 바빴다. 카파에서 사람들을 싣고 온 선원들에게 비난의 화살이 집중되었고, 결국 이들은 섬에서 추방당했다. 그때까지 병의 징후가 없던 선원들은 카파에서 온 다른 갤리선에 몸을 싣고 제노바와 베니스로 흩어지면서 또 다시 죽음의 병원체를 퍼뜨렸다.

이탈리아의 대도시에 도달한 병원체는 지중해 대부분의 항구로 퍼졌다. 그곳에서 다시 오래된 교역로를 오가는 상단에 실려 내륙으로 향하거나, 메시나에서처럼 아무것도 모른 채 그저 역병을 피해 달아난 사람들을 통해 사방으로 확산되었다. 1347~1348년에 역병은 프랑스, 스페인, 지중해의 수많은 섬들로 해일처럼 퍼졌고 불과 3년 만에 유럽 전역을 집어삼켰다(그림 4-1). 대도시부터 외딴곳의 아주 작은 마을까지 죽음의 손아귀를 벗어난 곳이 없었다. 각 지역에서 전염병은 8개월 정도 기승을 부리다 물러나고, 또 다시 유행하기를 반복하며 결국 모든 사람을 감염시켰다. 감염된 사람은 죽거나 회복되었다.

병원균이 영국에 상륙한 것은 1348년 여름이었다. 남해안의 항구 멜콤 레지스Melcombe Regis(현재는 웨이머스 Weymouth에 편입됨)를 통해 프랑스에서 유입된 것이 거의 확실하다. 그해 말, 역병은 런던을 강타하여 6만~7만 명의 주민 중 2만~3만 명이 사망했다. 그 뒤로는 하루 1~1.5킬로미터의 속도로 북진하여 약 500일 만에 영국 전역(500킬로미터)을 집어삼켰다.[3]

흑사병 유행 당시 유럽은 지난 1,000년간 페스트가 발생한 일이 없었으므로 도시에서든 시골에서든 남녀노소를 가리지 않고 맹렬하게 번졌다. 누가 보아도 직접 접촉에 의해 전염되는 것이 분명했으므로 사람들은 서로 접촉하지 않으려고 애를 썼다. 격리 검역Quarantine('40일'을 뜻하는 이탈리아어 'quaranta giorni'에서 유래한 말이다)이 처음 도입된 것

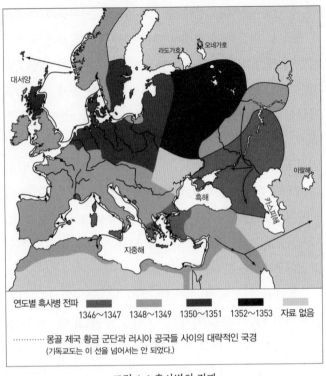

그림 4-1 흑사병의 전파

이 바로 이 시기로, 이탈리아에서 시작되어 나중에는 유럽 전역에서 널리 시행되었다. 흑사병이 유행한 마을은 봉쇄되었고 유행 지역의 항구에서 출항한 배는 목적지에 도착해도 감염 위험이 완전히 없어질 때까지 40일간 사람은 물론 선적된 물품도 내릴 수 없었다. 환자가 발생한 집은 빨간색 십자가 표시를 했고, 그 집에 사는 사람은 집 밖으로 못 나오게 하거나 페스트 하우스(일종의 병원으로, '죽음의 대기실'이라고 불렸다)로 옮겨 격리했다.[4] 물론 궁정에서 그랬듯 부자들은 도시에 역병이 창궐하는 동안 시골로 이동해 감염을 피했다. 천연두에 의해 유럽의 왕가들이 쑥대밭이 된 것과는 달리, 유럽 군주 중 흑사병으로 죽은 사람은 단 한 명뿐이니 이런 예방조치는 어느 정도 효과를 거둔 것 같다. 스페인의 알폰소 11세는 지브롤터에서 아랍과 전쟁 중이었는데 흑사병이 돌았을 때도 군대를 떠나지 않았다가 변을 당했다.[5] 한편 교황 클레멘스 6세는 아비뇽에 유행병이 창궐하자 주치의의 조언에 따라 외부와의 접촉을 일절 끊고 서재 양쪽에 커다란 모닥불을 피운 후 그 중간에 홀로 앉아 있는 방식으로 스스로를 격리시켜 살아남았다.[6]

유럽의 페스트는 1353년에 마침내 가라앉았지만, 이후 300년간 끊임없이 예측불허의 유행을 일으켰다. 유행은 종종 도시를 중심으로 일어났으며, 주변 시골 지역은 비교적 무사했으나 환자의 치명률은 별반 차이가 없었다. 당시 가장 인구 밀도가 높았던 프랑스와 이탈리아에서는 어느 지역에서든 페스트가 유행하여 가장 큰 타격을 입었다. 영국은 상대적으로 피해가 덜했다. 인구 밀도가 낮은 섬나라여서 유행을 지속할 만한 규모의 인구가 없었고, 대륙에서 병원체가 유입되어야 유행할 수 있었기 때문이다.

마지막 대유행은 1665~1666년에 영국에서 일어난 르네상스 페스트(런던 대역병Great Plague of London이라고도 함)로, 이후 유럽 북부에서는 페스트가 완전히 자취를 감추었다. 유명한 일기 작가인 새뮤얼 피프스Samuel Pepys는 대역병

기간 내내 런던에 머물렀기에 1665년 여름 사망자 수가 급증하는 모습을 지켜보았다. 그해 8월, 그는 일기에 이렇게 적었다.

> 이번 주 런던에서는 7,496명이 사망했으며, 그중 6,102명이 페스트 때문이었다. 하지만 사람들은 사실상 사망자 수가 약 1만 명은 될 것이라며 공포에 사로잡혀 있다. 워낙 사망자가 많기 때문에 가난한 사람은 죽은 줄도 모르는 경우가 많고, 퀘이커Quaker 교도 같은 이들은 자기들끼리 알아서 처리할 뿐 보고조차 하지 않기 때문이다.[7]

영국의 수도는 흑사병 유행 당시에도 300년 전과 비슷한 크기였지만, 인구는 무려 10배가 늘어 훨씬 붐비고 지저분했다. 페스트의 기세가 꺾이지 않자 부자들은 건강한 환경을 찾아 도시를 떠나고 빈곤층만 남았다. 겨우 페스트를 견디고 살아남았지만 굶어 죽은 사람도 많았다. 도시는 상당 기간 무정부 상태였다. 사람들을 보살피고 격리된 집들을 감시하는 임무를 맡아 거리로 나선 이들도 많았는데 진짜 목적은 뇌물을 받거나, 물건을 훔치거나, 심지어 페스트로 저항할 수 없는 환자들을 살해하려는 것이었다. 시체는 거리에 던져졌고, 시체로 가득한 수레를 끌고 간 사람들이 구덩이를 파서 묻고 돌아올 때까지 시체는 방치되었다. 사기꾼과 돌팔이 의사들도 판을 쳤다. 물론 최후까지 맡은 일에 헌신하다가 결국 페스트에 걸려 스러져간 의사, 약제

사, 간호사들도 수를 헤아릴 수 없었다. 가죽 방호복, 향신료를 가득 채운 새 부리 모양의 마스크, 향을 피워 올리는 지팡이가 자신을 지켜주리라 믿고 사혈을 하거나 가래톳을 절개하던 외과의사들의 사망률이 가장 높았던 것은 당연했다.

페스트가 항상 그렇듯 겨울이 오자 유행은 잠잠해진 것 같았지만, 부자들이 이제 돌아가도 안전하리라 생각할 때쯤인 1666년 봄, 유행은 다시 불붙기 시작했다. 최악의 고비는 넘겼다지만 1666년 말, 유행이 완전히 가라앉을 때까지 런던에서는 또 2,000명이 목숨을 잃었다. 공식 사망자 수는 68,595명, 사망률은 15퍼센트였다. 그러나 피프스가 지적했듯이 부자들은 오래 전에 도시를 떠났고, 보고되지 않은 사망자가 많았기 때문에 실제 사망자 수는 이보다 훨씬 높았을 것이다.

물론 중세 유럽인들은 이렇게 끔찍한 고통과 죽음의 원인이 보이지 않을 정도로 작은 미생물이란 사실을 꿈에도 몰랐기 때문에 행성들이 매우 희귀한 배열로 늘어선다든지, 유해한 기운을 품은 공기 때문이라든지, 신의 노여움 때문이라는 등 다양한 설명을 내놓았다. 페스트의 진정한 원인이 밝혀진 것은 20세기 초, 홍콩에서 세 번째 팬데믹의 시초가 된 유행이 발발했을 때였다. 사실 페스트는 19세기 중반부터 외부에 알려지지 않은 채 중국 윈난성을 중심으로 계속 확산되었고, 1894년에는 마침내 광둥성에 도달하여 10만 명의 주민 중 약 40퍼센트를 휩쓸어버렸다. 하지만 본격적인 연구는 병원체가 영국령 항구 도시인 홍콩을 침범하여 전 세계의 상업적 이익이 위기를 맞고 나서야 시작되었다. 당시 세균학은 바야흐로 전성기를 맞고 있었다. 루이 파스퇴르Louis Pafteur와 로베르트 코흐Robert Koch가 미생물들의 정체를 속속 밝혀내며 감염병의 세균설(8장 참고)을 설파했다. 두 사람은 급박한 요청을 받아 기꺼이 페스트의 정체를 밝히는 일에 뛰어들었다. 또한 알렉상드르 예르생Alexandre Yersin은 젊고 숫기 없는 스위스 출신 미생물학자로, 파스퇴르 밑에서 교육받은 후 극동 지방 곳곳에서 경험을 쌓았다. 한편 고압적인 태도로도 유명한 기타자토 시바사부로Kitasato Shibasaburo 교수는 베를린에서 코흐와 함께 결핵과 파상풍에 대한 획기적인 연구 결과를 내놓아 명성이 자자했다. 1894년 6월, 예르생이 홍콩에 도착했을 때 기타자토는 이미 5명의 조수를 거느린 채 실험실을 꾸려놓고 있었다. 그는 환자의 혈액에서 '페스트 간균'을 발견했다고 주장하며, 유명 의학저널 〈랜싯Lancet〉에 발표할 논문을 준비 중이었다.[8] 어느 누구의 도움도 받지 못한 채 손수 초막草幕을 지어 실험실을 마련한 예르생은 환자의 혈액에서 아무것도 발견하지 못했다. 가래톳 조직에서 병원체를 찾아보고 싶었지만 페스트 사망자의 시체를 기타자토가 독점하는 바람에 조직을 구할 길이 없었다. 두 사람 간의 경쟁이 어찌나 치열했던지 양보나 협조는 꿈도 꾸지 못할 형편이었다. 결국 예르생은 영안실 직원에게 뇌물을 주고 겨우 조직을 얻어냈고, 그 덕분에 승리의 개가를 올릴 수 있었다. 기타자토의 논문이 발표된 직후 그는 페스트의 진정한 병원체를 밝힌 논문을 발표했다. 하지만 논란은 그 뒤로도 수십 년간 계속되었다. 처음에 사람들은 유명한 세균학자인 기타자토가 옳을 것이라고 믿었지만, 서서히 연구에 문제가 있음을 깨달았다. 결국 예르생이 옳았으나 세균이 그를 기려 명명된 것은 그가 세상을 떠난 지 오랜 뒤인 1970년의 일이다. 이제 그 병원체는 예르생의 이름을 따서 '예르시니아 페스티스Yersinia pestis'라고 불린다.[9]

홍콩에서 페스트가 유행했을 때 기타자토를 비롯한 대부분의 의사는 병원체가 흙 속에 숨어 있다가 직접 접촉에 의해 인간을 감염시킨다고 믿었다. 페스트가 창궐하는 도시에는 죽은 쥐가 유난히 많이 눈에 띈다는 기록에 주의를 기울이고 직접 조사에 나선 사람은 예르생뿐이었다. 그는 쥐가 페스트 감염을 옮기는 주요 매개체일 것이라고 제안했지만, 그 사실을 확실히 밝힌 사람은 파스퇴르 연구소에서 그의 후임자였던 폴-루이 시몽Paul-Louis Simond이었다. 역시 은둔형 연구자였던 시몽은 3년 뒤 인도에서 페스트균이 쥐벼룩을 통해 인간을 감염시킨다는 사실을 비롯하여 병원체의 생활사를 완전히 밝혀냈다.

페스트의 정체에 관한 논란이 한창일 때, 병원체 자체는 홍콩을 출항하는 배에 몸을 싣고 인도, 중동, 아프리카, 유럽, 러시아, 일본, 호주, 북남미, 인도네시아, 마다가스카르로 거침없이 퍼져 나갔다. 대부분의 지역에서 유행은 오래지 않아 통제되었지만 미국에 발판을 마련한 병원체는 아직까지도 완전히 소멸되지 않았으며, 인도에서는 대규모 유행을 일으켜 1,000만 명이 넘는 사람을 죽음으로 몰아넣었다. 1905년에는 페스트균의 역학을 밝히고 걷잡을 수 없는 전파를 차단하기 위해 인도 페스트연구위원회The Indian Plague Research Commission가 결성되었다. 이들은 시몽의 연구를 반복하여 페스트균이 주로 설치류를 감염시키지만 쥐벼룩을 이용하여 인간의 몸에 침입한다는 사실을 확인했다. 이때부터 페스트가 창궐하는 도시에서는, 항생제가 출현하여 무시무시한 역병이 마침내 치료 가능한 질병으로 전환되기 전까지, 쥐를 잡는 것이 방역 활동의 중심이 되었다.

자연에서 페스트균은 게르빌루스쥐, 마멋, 얼룩다람쥐 등 굴을 파고 사는 설치류를 감염시키며, 이들을 흡혈하는 벼룩에 의해 퍼진다. 설치류의 페스트균에 대한 민감성은 종마다 다른데, 저항성을 지닌 동물 집단은 발병하지 않은 채 보균 상태를 유지할 수 있다. 그런 동물 집단은 오늘날에도 곳곳에 존재하면서 페스트균의 보유숙주 역할을 하는데, 이들을 페스트 감염원 집단plague focus(이 말은 현재 진행 중인 팬데믹을 비롯하여 페스트 유행을 이해하는 데 핵심적인 개념임에도 공식적인 번역어가 정해져 있지 않다. 이 책에서는 '페스트 감염원 집단'으로 옮겼다. 때때로 plague focus가 지역을 가리키는 경우가 있는데, 이때는 페스트 감염원 지역으로 옮기면 될 듯하다. 관심 있는 분들의 제안과 질정을 바란다─옮긴이)이라고 한다(그림 4-2).

그림 4-2 현재 전 세계 페스트 감염원 집단 지도

출처: *Medical Microbiology*, 16th edn, 2002, David Greenwood, Richard C. B. Slack, John F. Peutherer, Fig. 35.1, 332. ©2007 Elsevier Ltd 허락을 얻어 수록.

캘리포니아, 남아프리카공화국, 아르헨티나 등지의 감염원 집단은 대부분 홍콩에서 유래한 페스트균이 세 번째 팬데믹을 일으켰을 때, 그 지역의 설치류를 새로운 숙주로 삼아 생겨났다. 1890년대 후반 페스트균은 샌프란시스코의 중국인 이민자 사이에서 소규모 유행을 일으켰다. 아시아 지역에서 출발한 상선에 실려온 쥐들을 통해 넘어온 것으로 추정된다. 즉시 얼룩다람쥐가 감염되었고, 그 뒤로 다른 설치류로 퍼져 이제 미국에는 잠재적 보유숙주인 설치류가 50종이 넘는다. 이 거대한 페스트 감염원 집단들은 캐나다에서 멕시코에 이르기까지 미국 한복판을 가로지르기 때문에 페스트균은 언제라도 기회만 생기면 인간을 감염시킬 만반의 준비를 갖춘 셈이다.

히말라야, 유라시아, 중앙아프리카의 페스트 감염원 집단은 아주 오래된 것으로 추정된다. 대부분의 전문가가 최초의 팬데믹인 서기 542년의 유스티니아누스 역병(3장 참고)이 중앙아프리카의 페스트 감염원 집단에서 유래했다는 데 동의한다. 하지만 흑사병의 기원은 그리 분명하지 않다. 어떤 학자는 아프리카에서 유래했다고 생각하지만, 대부분 히말라야의 페스트 감염원 집단에서 유래하여 몽골군의 침입 때 전파되었을 것이라고 믿는다. 몽골군은 가죽을 얻기 위해 마멋(보균 상태일 가능성이 있는)을 사냥했다고 전해진다.

흥미롭게도 최근 유전 연구에 따르면, 페스트균은 불과 1,500~2만 년 전에 가장 가까운 미생물인 가성결핵균 Y. pseudotuberculosis에서 갈라져 나왔다. 결국 페스트균은 사람뿐 아니라 설치류에게도 비교적 새로운 병원체인 셈이다.[10] 가성결핵균은 쥐를 비롯해 수많은 포유류의 위장관을 감염시키는 미생물로, 음식과 물을 통해 전파되므로 오늘날 우리가 알고 있는 독성이 강하고 벼룩을 통해 전파되는 페스트균으로 진화하는 과정에서 몇 차례의 대규모 유전적 변화를 거쳤을 것이다. 가성결핵균도 때때로 설치류의 혈액 속을 순환하므로 쥐의 피를 빠는 벼룩의 몸에 들어갈 수는 있지만, 벼룩의 장에서 살아남아 증식하여 집락을 이룬 후, 벼룩이 다른 생물을 물었을 때 그 생물의 몸속에서 증식하여 퍼지지 못한다면 막다른 골목에 처하고 만다. 2만 년으로 잡더라도 무작위 돌연변이에 의한 진화만으로 이런 혁명적인 변화가 일어나기에는 너무나 짧은 기간이기 때문에, 대부분의 전문가는 페스트균이 다른 세균에서 유래한 플라스미드를 받아들였을 것이라고 생각한다.

인간에서의 유행은 페스트균이 보유숙주의 몸을 탈출하여 다른 야생 설치류를 감염시키는 데서 시작된다. 이런 사건은 보통 우호적인 기후 속에 먹이가 풍부하게 존재하는 조건에서 개체 수가 급속히 불어날 때 발생한다. 갑자기 규모가 커진 페스트 감염원 집단의 설치류는 먹잇감을 찾기 위해 더 넓은 지역을 돌아다니므로 다른 동물종과 접촉하여 벼룩을 옮길 가능성이 커진다. 접촉한 동물 중에는 페스트균에 취약한 종이 있게 마련이다. 특히 쥐는 감염되면 불과 며칠 만에 죽는다. 바로 이런 동물들이 인간에게 대유행을 일으키는 데 결정적인 역할을 하는 것이다.

오늘날 유럽 대부분의 지역에서는 시궁쥐Rattus norvegicus가 가장 흔한 종이다. 러시아에서 유래한 이 쥐는 강인하며 척박한 환경에도 잘 견딘다. 하지만 영국에 유입된 것은 마지막 페스트 유행이 끝난 뒤이므로 병원체를 옮겼을 가능성은 없다. 유력한 용의자는 집쥐라고도 불리는 곰쥐Rattus rattus인데, 시궁쥐와 달리 그리 강인한 종은 아니다. 곰쥐는 인도의 히말라야 산기슭에서 유래했지만, 아주 오래 전에 열대 지방 전역으로 퍼져 서력 기원경에는 북아프리카 지역에 완전히 자리를 잡았다. 국제 교역로가 열리자 쥐들도 이동했다. 배에 몰래 올라타 지중해를 건너고 모든 주요 항구에서 번식하기 시작했다. 그 뒤로는 육로를 따라 도시에서 도시로, 마을에서 마을로 옮겨 다니는 상단의 짐 속에 숨어 유럽 대륙 전역에 퍼졌고, 마침내 중세 어느 시기에 영국에 상륙했다. 곰쥐는 주로 기온이 낮은 지역에서 인간과 함께 사는 길을 택했다. 집이나 창고, 헛간의 초가지붕에 둥지를 틀었으며, 영역을 지키는 동물이므로 시골에서는 집집마다 무리지어 살았다. 하지만 어지간한 규모 이상의 도시에서는 곰쥐도 영역을 지키는 일이 드물었다. 사람으로 붐비고 불결하기 짝이 없는 주거 지역은 그야말로 쥐떼로 들끓었다. 따라서 중세에 곰쥐는 페스트균의 중간 숙주는 물론 벼룩(쥐 한 마리에 평균 세 마리의 벼룩이 살았다)을 통해 인간에게 균을 옮길 완벽한 조건을 갖추고 있었다.

일단 한 마리라도 감염되면 페스트균은 벼룩을 통해 삽시간에 쥐떼 전체로 번진다. 쥐들은 빠른 속도로 죽어간다. 페스트균에 감염된 벼룩은 쥐가 죽자마자 살아 있는 쥐의 몸으로 옮겨 가므로 아무리 개체 수가 많은 쥐떼라도 10~14일 정도면 전멸한다. 이제 구름처럼 불어난 벼룩떼는 그야말로 피에 굶주린 악귀로 돌변한다. 쥐벼룩은 평소 인간의 피를 그리 좋아하지 않지만 그런 것을 따질 여유가 없다. 그리고 치명적인 병원체가 인간의 몸에 침입하는 데는 벼룩에게 딱 한 번 물리는 것으로 충분하다.

벼룩에는 2,500종이 있는데, 모두 페스트균을 옮기는 것은 아니다. 하지만 쥐벼룩Xenopsylla cheopis은 이런 임무를 수행하기에 더할 나위 없이 적합한 생물이다. 배부르게 피를 빨아 부풀어 오른 상태에서 다른 동물의 피를 빨아도 위 입구에는 밸브 같은 구조가 있어 내용물이 역류하지 않는다. 하지만 페스트균이 섞인 피를 빨면 사정이 달라진다. 벼룩의 위에서 증식한 세균이 공 모양으로 뭉쳐 밸브를 무력화하기 때문이다. 벼룩은 다른 동물의 피를 빨면서 위 속에 들어 있던 것들을 토해낸다. 그 속에는 페스트균이 많을 때는 2만 5,000마리까지 들어 있다. 이렇게 먹고 토하기를 반복하다 보니 허기를 면할 길이 없다. 절망감에 빠진 벼룩은 미친듯이 다른 동물을 물어 굶어죽을 때까지 세균을 퍼뜨린다.

따라서 페스트 환자는 직접 접촉에 의해 병을 옮기지 않는다. 심지어 벼룩도 사람에서 사람으로 병을 옮기지는 않는다. 페스트균은 인간의 혈액 속에서 벼룩의 위 내용물이 역류할 정도로 높은 농도까지 증식하지 않기 때문이다. 하지만 쥐벼룩은 인간 벼룩과 달리 숙주의 몸에 달라붙은 채 숙주와 함께 이동한다. 따라서 페스트 환자를 방문한 사람이 자기도 모르게 페스트균을 보유한 벼룩을 몸에 지닌 채 집으로 돌아가면, 사람들뿐 아니라 그 집에 사는 쥐까지 감염시킨다. 이렇게 모든 일이 처음부터 다시 시작되어 약 24일 뒤에는 새로운 질병의 진원지가 된다. 벼룩은 특히 시원하고 습도가 높은 환경에서 쥐나 인간 같은 숙주가 없어도 한동안 생존한다. 따라서 긴 항해 중 배 안에 있던 쥐들이 모두 죽어도 페스트균은 새로운 항구에 도착할 때까지 벼룩의 몸속에서 생존할 수 있다.

벼룩은 보통 얼굴, 팔, 다리 등 노출된 부위를 문다. 일단 몸속에 들어간 페스트균은 각각 목, 겨드랑이, 사타구니의 림프절로 이동하여 증식한다. 물론 면역계가 감지하고 방어에 나서지만, 페스트균은 면역계의 공격을 저지하는 다양한 전략을 갖고 있다. 대식세포가 균을 포식한 후 녹여버리려고 해도 꿈쩍도 않고 오히려 그 안에서 증식하며, 면역계를 속여 주요 면역세포들을 무력화하는 억제 사이토카인들을 과잉 생산한다. 이렇게 시간을 끌면서 병원체는 엄청난 숫자로 불어나고 결국 림프절이 커다랗게 부풀어 오른다. 특징적인 가래톳이 생기는 것이다. 앞서 말했듯이 가래톳이란 고름이 잡혀 엄청난 크기로 부풀어 오른 채 극심한 통증이 동반되는 림프절을 가리킨다. 면역계의 공격이 성공을 거두어 병원체를 림프절 속에 묶어둘 수 있다면, 특히 가래톳이 터지고 악취가 나는 고름이 흘러나온다면 환자는 살아남을 가능성이 있다. 그러나 대개 균이 한발 빠르다. 림프절을 벗어나 혈관 속으로 들어간 후, 혈관을 공격하여 주요 장기의 출혈을 일으킨다. 특히 피부 출혈이 일어나면 옛사람들이 '신의 징표'라고 불렀던 검은 얼룩이 생긴다. 이런 징후가 나타나면 거의 예외 없이 사망하기 때문에 붙은 이름이다.

이렇게 섬뜩한 경과는 4~5일간 지속되는 고전적 림프절 페스트를 묘사한 것이다. 하지만 발병한 지 불과 몇 시간 만에 죽는 사람도 많다. 벼룩이 물 때 세균이 곧바로 혈관으로 주입되면 미처 가래톳이 생길 새도 없이 급작스럽게 병이 진행하여 죽음에 이르는 것이다. 페스트균이 림프절을 벗어나 폐를 침범하여 폐렴을 일으키는 경우도 있다. 이런 환자는 기침과 함께 피 섞인 가래를 뱉는데, 그 속에는 페스트균이 득실거리므로 공기 중으로 퍼지는 비말을 통해 병이 전파될 수 있다. 비말을 흡입한 사람은 원발성 폐 페스트가 생기는데, 이 병은 빠른 속도로 진행하며 예외 없이 치명적이다(그림 4-3). 즉, 고전적 림프절 페스트와 달리 폐 페스트는 사람 사이에 직접 전염된다. 대개 유행하는 경우 많으면 환자의 약 25퍼센트 정도가 폐 페스트에 걸리지만, 폐 페스트만 유행하는 경우도 있다. 가장 최근의 예로 1910년과 1920년 만주의 페스트 유행을 들 수 있다. 사망률은 놀랄 정도로 높지만, 비말은 무게 때문에 멀리 퍼지지 못하므로 기껏해야 몇 미터 이내에 있는 사람만 감염되고, 희생자들이 워낙 빨리 사망하므로 유행은 보통 좁은 지역에 국한되며 비교적 통제하기 쉽다.

흑사병으로 시작되어 무려 300년간 지속되다가 런던 대역병으로 막을 내린 역사적 전염병이 고전적 림프절 페스트 유행이었다는 데 대부분의 학자들은 동의한다. 하지만 페스트의 병원체가 밝혀진 것은 흑사병이 유행하고 600년이 지난 뒤이므로 흑사병이 림프절 페스트였다는 것은 당시 목격자들의 기록, 특히 특징적인 가래톳에 대한 묘사를 근거로 추정한 것에 불과하다. 최근 몇몇 과학자와 역사학자가 가래톳이 페스트에서만 생기는 것이 아님을 지적하며 이런 가정에 의문을 제기했다. 더욱이 흑사병이 유행하

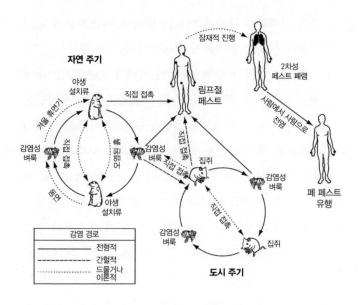

그림 4-3 페스트 주기

출처: Neal R. Chamberlain, Ph.D., A.T. Still University/KCOM.

던 시대의 사람들은 환자가 전염력이 매우 높을 것이라는
데 조금도 의심을 품지 않았다.[11] 이런 사실을 확실히 보여
주는 1차적 기록 또한 적지 않다. 다음은 1348년 흑사병이
아비뇽을 덮쳤을 때 교황 클레멘스 6세의 주치의였던 기
드 숄리아크Guy de Chauliac가 남긴 기록이다.

역병은 전염력이 매우 높았다. 특히 피를 토하는 경우에
는 더욱 그러했다. 한 장소에 모이는 것은 물론 서로 쳐다
보기만 해도 병이 옮았다. 따라서 사람들은 아무도 돌보

지 않는 상태에서 죽어갔고, 사제도 없이 매장되었다. 아버지는 아들을 찾지 않았고, 아들도 아버지를 찾지 않았다. 자선 따위는 찾아볼 수 없었고 희망은 자취를 감추었다.[12]

'피를 토한다'라는 묘사는 두말할 것도 없이 폐 페스트를 시사한다. 사람 사이의 직접 접촉을 막는 검역이나 격리 조치는 쥐와 벼룩에 의한 전염을 막는 데는 아무런 소용이 없지만 때때로 그런 조치에 의해 유행이 통제되는 것처럼 보이는 경우도 있었다. 이런 사실과 함께 가장 자세한 목격담조차 죽은 쥐에 관한 언급이 없다는 점을 생각해보면 확실히 좀 더 자세히 들여다볼 필요가 있을 것이다.

이제는 유명해진 사건이지만 1665년 9월, 역병이 돌기 시작한 영국 더비셔Derbyshire주 에이암Eyam 마을의 사례는 격리 조치에 대한 당시의 믿음을 생생하게 보여준다. 널리 회자되는 전설에 따르면, 페스트균은 런던에서 배달된 옷 한 상자를 통해 마을에 유입되었다. 런던에는 이미 역병이 기승을 부리고 있었으므로 옷에는 감염된 벼룩이 들끓었을 것이다. 떠돌이 양복장이였던 조지 비카스George Viccars는 옷 상자를 열었다가 바로 페스트에 걸려 죽고 말았다. 한 건의 증례를 시작으로 전염병은 마을 전체를 휩쓸었고, 겨울이 되자 완전히 자취를 감춘 것처럼 보였다가 1666년 봄에 더욱 맹렬한 기세로 다시 유행했다. 떠날 수 있는 사람은 모두 마을을 버리고 떠난 뒤였다. 교구목사였던 윌리엄

몸페슨William Mompesson은 남아 있는 사람들에게 마을을 봉쇄하자고 설득했다. 어느 누구도 나가거나 들어오지 않는다면 유행병을 마을에 국한할 수 있어 적어도 주변 지역에 옮기지는 않으리라는 희망에서였다. 이리하여 1666년 5월부터 12월까지 마을은 바깥 세계와 완전히 단절되었다. 유일한 통로는 마을 위쪽에 세워둔 경계석들이었다. 자발적 봉쇄에 고마움을 느낀 주변 지역 사람들은 이곳에 식량과 의약품을 놓고 갔다. 사람들은 그저 역병이 물러가기를 기다리며 가족들이 사라지고, 아이들이 고아가 되고, 연인들이 사별하는 모습을 지켜볼 뿐이었다. 전염병은 8월까지 계속 심해지다가 서서히 가라앉아 12월이 되어서야 더 이상 환자가 생기지 않았다. 1년 동안 350명의 주민 중 259명이 세상을 떠났다. 그해에 주변 마을에서는 환자가 보고되지 않았다. 에이암 마을 내에서 병원체가 계속 퍼지는 것을 막지는 못했지만, 격리 조치에 의해 마을 밖으로 퍼지는 것을 막는 데는 성공한 것처럼 보였던 것이다.

이 병이 페스트가 아니었다고 생각하는 사람들은 격리만으로는 병원체를 지닌 쥐가 다른 마을로 드나드는 것을 막을 수 없다고 주장한다. 하지만 에이암은 외딴 지역이므로 페스트균이 마을에 유입된 것처럼 감염된 벼룩도 쥐보다는 사람이나 물건을 통해 다른 마을로 퍼질 가능성이 더 높았을지 모른다. 전염병으로 아내를 잃은 몸페슨은 전염병이 마을을 황폐화하는 과정을 자세한 기록으로 남겼다. 오늘날 마을을 지나는 역사 탐방로를 따라 걷다 보면 그

슬픈 과거가 절절히 느껴진다. 집집마다 남겨진 정확한 기록을 토대로 전체를 재구성해보면 병원체는 약 32일의 잠복기를 거쳐 사람에서 사람으로 직접 전염되었고, 환자는 잠복기 후반 18일간 전염력을 가진 것으로 보인다. 발병하면 5~7일간 증상이 지속되다 사망하거나 회복했다.[13] 이런 시나리오가 정확하다면 이 병은 분명 페스트와 거리가 멀다.

흑사병과 잇따른 전염병들의 원인이 곰쥐와 벼룩에 의해 매개되는 페스트균이 아니라고 확신하는 전문가 중에는 다른 가설을 주장하는 사람도 있다. 지금도 그렇지만 중세 유럽에는 페스트 감염원 집단이 없었다. 따라서 병원체는 팬데믹 초기에 어디선가 유입된 후, 그 지역의 설치류 속에서 계속 생존해야 했을 것이다. 또한 시궁쥐는 18세기에야 유럽에 정착했기 때문에, 병원체를 매개할 유일한 설치류는 곰쥐였을 것이다. 하지만 곰쥐는 따뜻한 날씨가 생존에 필수적이므로, 남유럽 일부 지역을 제외하고는 유럽 어디서든 흔히 볼 수 있는 종이 아니었다. 배의 짐칸에 몸을 숨기고 북유럽의 항구 도시들로 퍼졌다고 해도 소빙하기의 겨울철 혹한을 뚫고 내륙 깊숙이 진출하지는 못했을 것이다. 하지만 다른 학자들은 흑사병이 교역로를 따라 유럽 전체로 퍼진 것은 분명하며, 곰쥐 역시 해안에서 내륙으로 수송되는 곡식과 같은 경로를 이용했다고 주장한다. 북부의 요크York를 비롯해 영국 곳곳의 고대 로마군 숙영지에서 곰쥐의 뼈가 발견되기도 했다.[14] 물론 이것이 곧 곰쥐가 널리 분포했다는 증거는 아니다.

흑사병이 페스트가 아니었다는 주장 중 더욱 신빙성 있는 것은 쥐벼룩이 번식하려면 기온이 18도 이상이어야 한다는 사실이다. 이를 근거로 일부 학자들은 중세 시대 유럽 북부에서 벼룩은 여름에만 활동했으며, 겨울에는 병원균을 옮길 수 없었을 것이라고 주장한다. 그렇다면 벼룩이 매개하는 페스트균이 불과 3년 만에 유럽 전역을 집어삼킬 수는 없었으리라는 것이다. 쥐/벼룩 가설은 당시 아이슬란드에는 아예 쥐가 존재하지 않았을 것이라고 추정된다는 점에서 더욱 신빙성이 있다. 쥐가 살지 않는다 해도 아이슬란드는 1402년과 1494년에 영국에서 온 배에 의해 시작된 대역병으로 섬 전체가 괴멸적 타격을 입었으며, 전염병의 기세는 극지의 혹독한 겨울에도 전혀 꺾이지 않았다.

마지막 주장은 당시 기록된 사망률이 페스트로 보기에는 너무 높다는 점이다. 전문가들은 흑사병에 의해 인구의 30~40퍼센트가 사망했으며, 일부 유행 시에는 사망률이 60~70퍼센트에 달했다는 데 의견이 일치한다. 이런 사망률은 가장 최근 유행 시 사망률이 기껏해야 2퍼센트 수준이었던 데 비해서는 물론, 고전적인 페스트와 비교해도 지나치게 높다는 것이다. 하지만 페스트 유행 시, 사람 사이에 전염되며 예외 없이 치명적인 폐 페스트 발생자 수에 따라 사망률은 크게 달라진다.

어쨌든 이런 증거들은 흑사병이 과연 정말로 페스트였는지에 대해 합리적 의심을 불러일으키기에 충분하다. 그렇다면 어떻게 설명해야 할까?

흑사병이 페스트가 아니라고 생각하는 전문가 중에는 당시 팬데믹이 오늘날과 매우 다른 페스트균의 조상격인 세균 또는 탄저균에 의해 일어났을 것이라고 주장하는 이도 있지만, 대부분은 에볼라 바이러스와 비슷하지만 아직까지 밝혀지지 않은 출혈열 바이러스가 주범이라는 설명을 선호한다.[15] 그들은 이 에볼라 유사 바이러스가 아프리카에서 다른 영장류로부터 초기 인류에게 넘어온 고대의 인수공통감염병이었다고 추정한다. 또한 아테네 역병, 유스티니아누스 역병은 물론 그 즈음에 발생한 다른 유행병들을 일으킨 후에 초기 중동 문명의 도시들에서 명맥을 유지하다가 흑사병으로 터져 나왔다고 생각한다. 이런 주장은 구체적인 증거가 없다는 점에서 지나치게 멀리나간 것 같지만, 사실이라고 가정한다 해도 한 가지 의문이 남는다. 흑사병 유행 후 300년간 아시아와 북아프리카에서 림프절 페스트가 기승을 부리는 동안 이 바이러스는 왜 유럽에만 머물렀을까? 팬데믹 상태가 이어진 300년 동안 다른 미생물이라고 활동을 멈추지는 않았을 것이므로, 어쩌면 여러 가지 유행병이 연달아 찾아왔다고 추정하며 페스트 회의론자들이 지적하는 석연치 않은 점들을 해명할 수 있을지도 모른다. 당시 사망한 사람의 유해에서 페스트균 특이 DNA를 발견한다면 해답을 찾을 수 있을 것이다. 2010년에 몇몇 과학자들이 그런 연구를 수행했고, 유럽 북부, 중부, 남부의 흑사병과 이후 전염병 희생자들의 집단 매장지에서 의심의 여지가 없는 페스트균 DNA를 발견하여 대참사의 원인을

둘러싼 논란에 종지부를 찍었다.[16]

서유럽을 휩쓴 역병이 마지막 유행을 일으킨 것은 1720년 프랑스 남부 마르세유에서였다. 여기서 당시 팬데믹을 둘러싼 마지막 질문이 나온다. 르네상스 역병 이후로 왜 유행은 자취를 감추었을까? 이 점에 대해서도 여러 가설이 제기되었지만 특별히 신빙성 있는 단 하나의 가설은 존재하지 않는다. 우선 300년이란 세월은 어떤 인구 집단에서든 유전적 저항성이 생기기에 충분한 시간이라는 가설이 있다. 오늘날 유럽인의 약 1퍼센트에서 발견되는 유전자가 페스트에 저항성을 나타낼지 모른다는 몇 가지 증거도 있다(우연의 일치로 이 유전자는 HIV 감염에 보호 효과가 있다).[17] 하지만 페스트균 자체의 독성이 감소했다는 징후는 전혀 없다. 1720년 마르세유에서 유행했을 때는 전체 인구의 절반 가까이 사망했으며, 1907년 샌프란시스코에서는 160명의 환자 중 78명이 사망했다. 이렇게 높은 독성은 페스트균이 일차적으로 설치류를 숙주로 삼으며, 인간은 막다른 숙주로서 간헐적으로 감염시킬 뿐이므로 인간과 상호 적응할 기회가 적었기 때문일 것이다. 실제로 인도 페스트연구위원회는 벼룩의 위 속에서 빠른 속도로 증식하여 숫자가 크게 늘어나는 세균만 위 배출을 막아 인간을 감염시킬 수 있다는 사실을 발견했는데, 이는 그 자체로 독성이 높은 균주가 자연선택되는 결과를 낳을 것이다.[18]

1450년 전후 시작된 소빙하기의 기온 변화 역시 유행을 가라앉히는 데 일조했을 것이다. 페스트는 일반적으로 북유럽의 겨울을 견디지 못했다. 쥐와 벼룩이 따뜻한 곳을 필요로 했기 때문일 것이다. 이때쯤 나무와 짚 대신 벽돌과 타일로 집을 짓기 시작했으며, 특히 런던에서 이런 추세가 두드러졌으므로 쥐들이 따뜻한 보금자리를 잃었으리란 점을 주목할 필요가 있다. 실제로 18세기에 이르면, 곰쥐 집단 대부분이 사라지고, 보다 강인한 시궁쥐가 대세가 된다. 이와 함께 인구 전체의 건강과 영양이 개선되었다는 것이 유럽의 페스트의 유행이 막을 내린 데 대한 최선의 설명일 것이다.

전 세계적으로 흑사병 사망자는 약 2,500만 명으로 추산된다. 영국에서만 140만 명이 목숨을 잃었다. 이토록 엄청난 피해가 단 3년 만에 발생했다는 사실은 살아남은 사람에게 헤아릴 수 없을 정도로 깊은 영향을 미쳤다. 그 참혹한 사건을 생생하게 상기시키는 징후들을 아직도 문학 작품 속에서 얼마든지 찾아볼 수 있다. 유명한 자장가인 〈동그란 발진Ring-a-ring of roses〉과 로버트 브라우닝의 시 〈하멜린의 피리 부는 사나이The Pied Piper of Hamelin〉는 모두 흑사병에서 영감을 얻은 것이며, 100편의 짧은 이야기를 모은 조반니 보카치오Giovanni Boccaccio의 《데카메론Decameron》 역시 1348년 플로렌스에서 페스트 유행이 절정에 달했을 때 쓰인 작품으로, 당시 역병의 생생한 묘사로 시작된다.

흑사병이 실제로 역사의 향방을 바꾸었는지에 대해서는 많은 논란이 있다. 지구상 어디서든 대규모 전염병이 발생하면, 감염에 대한 공포까지 전염되기 때문에 엄청난 혼란이 빚어진다. 심지어 오늘날 HIV의 유행조차 사람들이 불가피한 일로 받아들이게 될 때까지 엄청난 공포와 공황, 부정, 분노, 희생양 찾기, 비합리적인 비난, 의기소침, 무력증 등의 경과를 거쳤다. 미생물이라는 존재는 물론, 어떻게 싸워야 할지까지 아는 데도 그랬다. 어느 날 갑자기 전염병이 덮쳤는데 그 이유도, 어떻게 해야 할지도 모른다면 어땠을까? 부유하고 건강한 사람은 달아나고, 시신은 방치되어 썩어가고, 도둑과 사기꾼들은 때를 만난 듯 설쳐대고, 쟁기질할 사람이 없는 들판과 돌볼 사람이 없는 가축은 버려졌다. 하지만 최악의 순간이 지났을 때 살아남은 사람들은 계속 살아가기 위해 할 수 있는 것들을 묵묵히 해나갔다.

대부분의 역사가는 기근과 궁핍의 시대에 찾아온 흑사병이 사회적 및 경제적 변화를 앞당기고 가속화하여 결국 근대를 열어젖혔다는 데 동의한다.[19] 봉건제의 붕괴에 대해서는 많은 문헌이 있는데, 흑사병이 직접적인 원인이 되었다고 주장하는 사람이 있는가 하면, 이미 변화가 한창 진행 중이었다고 믿는 사람도 있다. 진실이 어느 쪽이든 살아남은 농노들은 분명 덕을 보았다. 인구가 크게 감소한 후 300년간 회복되지 않았기 때문에 남은 사람들은 갑자기 훨씬 많은 땅을 차지하게 되었고, 일거리도 넘쳐났다. 동시에 식량 생산이 급증하면서 물가가 떨어지고 생활 수준이 높아졌다. 하지만 페스트가 마침내 물러가자 마치 빈틈을 채우기라도 하듯 다른 병원체들이 설쳐대기 시작했다. 특히 사람 사이에 전염되는 질병들이 끊임없이 문제가 되었는데, 가장 두려운 병은 천연두였다.

천연두

＊

감염된 사람의 3분의 1이 사망할 정도로 치명적인 천연두 바이러스Variola major는 가장 오래된 인수공통감염병에 속하지만 정확히 언제 어디서 어떻게 인간에게 전파되었는지에 대해서는 많은 논란이 있다. 아마 논란은 영원히 해결되지 않을 것이다. 일부 학자는 원숭이 두창이 인간에게 나타난 것이 천연두이며, 머나먼 옛날 아프리카 적도 지방에서 우리 조상에게 넘어왔다고 주장한다. 소를 가축화했을 당시에 우두 바이러스가 진화했다고 생각하는 학자도 있다. 하지만 최근 분자생물학적 분석에 따르면, 천연두 바이러스와 가장 가까운 바이러스는 낙타 두창과 게르빌루스쥐 두창을 일으키는 바이러스들이었다. 이 세 가지 바이러스가 비교적 가까운 과거에 공통 조상에서 갈라져 나왔다는 뜻이다.[20] 홍역 바이러스와 마찬가지로, 천연두 바이러스 역시 인류가 충분히 크고 밀집된 집단을 이룬 뒤로는 오로지 인간만 감염시키는 병원체가 되었다. 이런 기회를 처음으로 제공한 것은 유프라테스강, 티그리스강, 나일강, 갠지스강과 인더스강 계곡 일대에서 관개 농업을 시작했던 초기 문명들이었을 것이다. 이들 지역에는 낙타와 게르빌루스쥐가 흔했으므로, 고대의 설치류 두창 바이러스가 약 5,000~1만 년 전쯤 인간과 낙타에게로 중간 전파되었을 가능성이 있다. 매우 오래된 천연두의 증거도 이들 지역을 중심으로 나타난다. 산스크리트어로 된 인도의 의학문헌에는 천연두 비슷한 병이 언급되어 기원전 1500년 경부터 천연두를 알고 있었을 가능성을 시사한다. 기원전 3730~1555년 사이에 쓰인 고대 이집트의 파피루스에도 천연두로 추정되는 기록이 있다.[21] 하지만 가장 설득력 있는 증거는 기원전 1570~1085년 사이에 제작되었을 것으로 추정되는 이집트 미라 세 구에서 천연두로 짐작되는 피부 병변이 발견된 것이다. 그중 한 구(람세스 5세의 미라로, 그는 기원전 1157년에 30대 초반의 나이로 급사했다)의 병변에서 채취한 검체를 전자현미경으로 검사한 결과, 천연두 바이러스와 비슷한 바이러스가 검출되었다.[22]

이때 유럽은 인구가 너무 적어 천연두 유행이 지속될 수 없었다. 간헐적으로 북아프리카에서 바이러스가 넘어와 소규모 유행이 일어났을지도 모르지만, 병원체가 유럽에 확실히 정착한 것은 그리스 제국이 성립된 뒤였다. 실제로 유럽 대륙에서 일어난 최초의 대규모 역병은 기원전 430년의 아테네 역병이었고(3장 참고), 그 뒤로는 특히 프랑스와 이탈리아의 인구 밀집 지역을 중심으로 계속 바이러스가 존재했다. 하지만 여전히 인구가 무척 적은 데다 넓은 지역에 흩어져 살았던 영국에서 천연두는 유럽 대륙에서 해역을 건너 어쩌다 한 번씩 찾아오는 불청객에 불과했을 것이다. 바이러스가 영국에 확실한 교두보를 마련한 것은 1066년의 노르만족 침략과 12세기와 13세기에 걸친 십자군의 귀환 이후였다.

투르Tours의 주교 성 그레고리우스는 서기 580년 프랑스와 이탈리아를 덮친 대유행 중 천연두에 관한 최초의 기록을 남겼다.

이 병의 특징은 극심한 열에 시달린 뒤 온몸에 수포와 작은 농포가 돋는 것이다. … 물집이라고는 하지만 작은 소포小胞들은 흰색으로, 딱딱하고 탄력이 없으며 매우 아프다. 환자가 살아남으면 수포는 터져 진물이 흐르는데, 진물이 마르면서 옷과 달라붙으면 통증이 말도 못하게 심하다. … 특히 병에 걸린 채 분만을 했던 에보린Eborin 백작부인은 수포가 어찌나 심했던지 손과 발은 물론 몸에서 성한 구석이 없을 정도였으며, 눈 주변의 수포 때문에 눈을 뜰 수조차 없었다.[23]

천연두 바이러스는 공기를 통해 전파된다. 숨을 들이쉴 때 환자의 몸속으로 들어간 바이러스는 림프절에서 증식한 후 혈류를 타고 주요 장기를 침범한다. 장기에서 2주간 증식을 거듭한 끝에 엄청난 수의 바이러스가 다시 혈류로 쏟아져 나오면서 최초의 증상이 나타난다. 열이 나고 목이 아프며 두통과 팔다리가 쑤시는 것은 여느 병에서 쉽게 볼 수 있는 증상이지만, 4일 정도 지나면 특징적인 발진이 돋으면서 무시무시한 정체가 드러난다. 가장 심하고 치명적인 출혈성 천연두에서는 출혈로 인해 여러 농포들이 검게 변하면서 하나로 합쳐지지만, 더 흔한 형태는 바이러스가 활발히 증식하는 농포를 신체의 면역계가 공격하면서 농포의 모양이 계속 변하는 것이다. 경계가 명확한 붉은 반점으로 시작된 피부 병변은 작은 물집이 되었다가 고름이 차면서 은색으로, 다시 노란색으로 변한다. 8일 째가 되면 농포가 터지면서 바이러스가 우글거리는 고름과 진물이 흐르며, 병변이 마르면서 딱지가 앉는다. 딱지가 떨어지면 으레 보기 흉한 흉터가 남으며 때로는 실명하기도 한다. 긴 진행 과정 중 환자는 보통 의식이 명료하지만 극심한 통증에 시달린다. 농포뿐 아니라 내부 장기도 손상되며, 입과 목에는 화농성 궤양이 생기기 때문이다. 궤양에서 흐르는 점액성 비말은 바이러스가 가득하지만, 비교적 무겁기 때문에 널리 퍼지지 않으므로 주로 가족이 문제가 된다. 하지만 조건이 맞으면 바이러스는 주변 환경 속에서 오랫동안 생존하며, 농포에서 나온 진물과 딱지 속에 엄청난 숫자로 존재하므로 옷이나 침구에 묻은 채, 심지어 먼지에 실려서도 다른 사람을 감염시킬 수 있다.

천연두의 R_0는 5~10이다. 접촉 시 면역력이 없는 사람은 절반 정도 감염된다. 아주 고약한 것 같지만, R_0가 15에 이르고 접촉한 사람의 90퍼센트를 감염시키는 홍역에 비하면 약과다. 두 바이러스 모두 농경 시대 초기에 인간에게 넘어왔을 것으로 추정하지만, 천연두 바이러스는 인간에게 잘 적응하지 못해 아직도 독성이 매우 강하다. 이런 현저한 차이는 두 바이러스의 유전적 구성으로 설명할 수 있다. 홍역 바이러스는 게놈이 RNA로 되어 있어 원래 돌연변이율이 매우 높은 반면, 천연두 바이러스는 안정적인 DNA 바이러스로 숙주에게 적응하는 데 훨씬 긴 시간이 필요하다. 흥미롭게도 1900년대 초, 남미에서 출현한 변종 소 두창 바이러스는 치사율이 1퍼센트 정도인 경증 천연두를 일으킨다. 이 변종은 오랜 세월을 두고 인간에게 적응했으며, 어쩌면 독성이 강한 균주를 대체했을지도 모르지만, 현재 야생 상태의 천연두 바이러스가 완전히 박멸되었기 때문에 확인할 방법은 없다.

그리 효율적으로 전파되지 않는 데다, 잠복기 중 모르는 새에 전염되거나 사람 및 동물의 몸속에 드러나지 않게 숨는 일도 없다면, 도대체 천연두 바이러스는 무슨 수로 전 세계를 휩쓸며 유럽에서 매년 40만 명을 죽음으로 몰아넣고, 20세기에만 전 세계적으로 3억 명의 희생자를 낼 수 있었을까? 인간의 도움이 없었다면, 결코 그렇게 맹위를 떨치지 못했을 것이다. 다시 한번 바이러스와 함께 우리의 생활 습관을 돌아보아야 하는 것이다.

천연두는 사람에서 사람으로 전염되는 전형적인 질병으로, 18세기 후반 사회가 산업화, 도시화되면서 유행이 최고조에 달했다. 당시 상황을 들여다보면, 도시 지역에서도 부유층과 빈곤층 간의 차이가 유난히 두드러진다. 19세기 영국의 유명한 소설가 찰스 디킨스는 쓰레기를 처리할 방법은 물론 환기구조차 없는 춥고 눅눅한 공동주택에서, 그나마 방 한 칸을 여러 가족이 나누어 사용했던 런던 빈곤층의 어려움을 생생하게 묘사했다. 빈곤층에 대한 체계적인 지원책이 없었기 때문에 오물이 넘치는 거리는 가진 것 없고 갈 곳 없는 사람으로 들끓었다. 당시의 거의 모든 감염병이 그랬듯 천연두에 대한 예방책은 환자 격리와 피신뿐이었다. 하지만 그것은 부자들이나 선택할 수 있는 방법이었다. 궁핍한 사람들은 최악인 환경 속에서 전염병의 타격을 고스란히 견뎌야 했다. 그러나 천연두 바이러스는 어디나 존재했기 때문에 부자나 유명한 사람이라고 완전히 피할 수 있는 것은 아니었다. 유럽 왕가의 가계도를 슬쩍 훑어보기만 해도 군주나 후계자가 천연두에 희생되어 역사의 방향이 바뀐 경우가 한두 번이 아니다. 영국에서 천연두가 유행할 당시, 여왕이었던 엘리자베스 1세는 재위에 오른 지 겨우 4년째로, 막 햄프턴 코트 궁정 생활이 몸에 익은 참이었다. 전의典醫가 천연두 유행일 가능성이 있다고 이야기하자 여왕은 부랴부랴 짐을 싸라고 명령했지만, 오후에 전의가 급한 전갈을 받고 달려가 보니 여왕은 이미 특징적인 발진이 돋은 채 혼수 상태에 빠져 있었다. 후계자도 정해지지 않은 데다 유럽은 극심한 혼란 상태였으며, 스코틀랜드 여왕인 메리가 프랑스에서 돌아와 코앞에서 왕권을 노리고 있었기 때문에 여왕이 서거하기에는 참으로 공교로운 때였다. 다행히 그녀는 회복하여 그 후 41년간 영국을 통치했지만, 그런 운이 따르지 않은 군주도 많았다.

세월이 흐르면서 바이러스는 더욱 기승을 부렸다. 17세기 말 유럽에서 페스트가 물러가고, 한센병이 꾸준히 줄면서 천연두는 가장 흔한 사망 원인으로 떠올랐다. 런던에서는 모든 사망자의 5퍼센트가 천연두 때문인 적도 있었다. 왕족이라고 역병을 완전히 피하지는 못했다. 부왕이 처형당하고 11년 뒤인 1660년, 찰스 2세가 프랑스에서 귀국했을 때 스튜어트 왕조는 어떤 문제도 없을 것 같았다. 하지만 한 세대가 지나기 전에 왕조 자체가 없어지고 말았다. 바이러스 때문이었다. 찰스 2세는 천연두로 남동생 헨리와 여동생 메리를 잃었고 자식도 없었기 때문에 동생인 제임스 2세가 왕위를 계승했다. 제임스도 아들이 없었다. 하나뿐인 아들을 천연두로 잃었던 것이다. 3년 뒤, 그는 가톨릭 신자라는 이유로 국민의 신망을 잃어 왕위를 스스로 포기했다. 그의 딸 메리 2세와 남편이자 사촌인 윌리엄 3세 William of Orange가 그 뒤를 이었다. 왕위를 계승하고 얼마안 되어 아기가 없던 메리는 천연두로 세상을 떠났고, 윌리엄 혼자 8년간 국가를 통치했다. 그는 어린 시절 천연두로 양친을 잃었으나 자신은 살아남았다. 윌리엄의 뒤를 이은 것은 메리의 자매인 앤이었는데, 그녀 역시 유일한 아들을 천연두로 잃었다. 그녀가 죽자 스튜어트 왕조는 계보가 끊기고 말았다. 유럽에서 천연두에 시달린 왕가는 영국 왕실만이 아니었다. 스튜어트 왕조가 사라진 지 80년 내에 오스트리아의 황제 요제프 1세, 스페인 왕 루이스 1세, 프랑스 왕 루이 15세, 스웨덴 여왕 울리카 엘레오노라Ulrika

Eleonora, 러시아 차르 표트르Tsar Peter 2세가 천연두로 목숨을 잃었다. 19세기 들어 천연두 유행은 더욱 빈번해지고 규모도 엄청나게 커졌다. 이런 양상이 변한 것은 종두법이 개발되고, 이어서 예방접종이 도입되면서였다(8장 참고). 하지만 천연두 바이러스는 이미 수많은 미생물과 함께 유럽을 벗어나 전 세계로 퍼진 뒤였다. 그 시작은 신세계를 휩쓸며 천연두 바이러스를 한 번도 겪어본 적 없는 사람들을 차례로 몰살시킨 것이었다.

5장

미생물,
세계를 정복하다

마지막 빙하기 말, 해수면이 상승하면서 시베리아와 알래스카를 연결하던 베링 지협이 물속에 잠겨 북남미 대륙이 아시아와 분리되었다. 약 1만 4,000년 전, 아시아를 떠나 지협을 건넜던 몽골 인종의 후손들은 구세계인은 물론 그들의 미생물과도 연결이 끊겨 고립되었다. 지금까지는 구세계에서 감염병을 일으킨 미생물들의 진화 과정을 추적해보았다. 이제 신세계의 원주민은 어떤 변화를 겪었는지 알아보자.

15세기 후반 구세계와 다시 연결되었을 때, 아메리카 대륙에는 약 1억 명의 원주민이 있었다. 외딴곳에서 흩어져 상대적으로 고립 생활을 하던 공동체도 있었지만, 두 거대 문명이 강대한 힘을 자랑하며 융성했다. 페루의 잉카 문명과 중부 멕시코의 아즈텍 문명이다. 이들은 각기 인구가 2,500~3,000만 명에 이르렀다. 이 정도 인구라면 유럽이나 아시아인들에게 친숙한 급성 감염병이 유지되는 데 필요한 규모와 밀도를 훨씬 뛰어넘지만, 유럽인들이 침공하기 전까지 아메리카 대륙에는 그런 병이 아예 존재하지 않았던 것 같다. 시베리아에서 건너온 수렵채집인의 후손들은 헤르페스 바이러스처럼 현재 인류가 유인원 비슷한 조상에게서 물려받은 고대의 미생물, 기생충(3장), 그리고 어쩌면 열대 피부병인 매종 등에는 익숙했을지 몰라도, '새로운' 급성 감염병을 일으키는 미생물을 겪어본 적이 없었다.

신대륙에 집단 삼염병을 일으키는 미생물이 없었던 이유는 명백해 보인다. 구세계에서 이들 미생물은 가축화된 동물에서 사람으로 종간 전파되었지만(3장 참고), 수렵채집인에 의해 야생 동물이 빠른 속도로 자취를 감춘 신대륙에는 가축화하기 적합한 동물종이 거의 없었던 것이다. 실제로 남북 아메리카 전체에서 길렀던 가축이라고는 칠면조, 오리, 기니피그, 라마, 알파카뿐인데, 어느 것도 미생물을 종간 전파시킬 정도로 큰 무리를 지어 살지 않는다. 6만 년 전쯤 늑대를 길들인 것으로 추정되는 개는 수렵채집인이 베링 지협을 건널 때 함께했을 가능성이 매우 높지만, 종간 전파를 일으킬 만한 미생물을 지니고 있지는 않았던 것 같다.

15세기에 새로운 땅을 찾아 이용하려는 욕망에 의해 구세계와 신세계가 만난 사건은 상호이익이 될 가능성이 매우 높았다. 유럽과 아시아는 칼로리 높은 감자와 옥수수, 비타민이 풍부한 고추와 토마토 등을 도입하여 영양 부족과 기근을 몰아낼 수 있었고, 신대륙 원주민들은 구세계의 가축을 도입하여 채식 위주의 식단을 보강하고 기근에 취약한 농업 구조를 극복할 수 있었을 것이다. 상품 교역과 인적 교류에는 필연적으로 미생물의 교환이 뒤따랐다. 하지만 양쪽 세계의 미생물 교환은 공정하게 쌍방향으로 이루어지지 않았다. 유럽 침략자에서 원주민 집단에게 거의 일방적으로 전파되었으며, 그 결과 원주민들은 대재앙을 맞았다. 여기서 다시 한번 오랜 세월 노출된 끝에 얻어진 유전적 저항성이 없는 인구 집단에 새로운 미생물이 도입되면, 얼마나 걷잡을 수 없는 결과가 빚어지는지 생생하게 확인할 수 있다. 유럽과 아시아인들에게 가벼운 질병을 일으킬 뿐이었던 미생물들이 아메리카 원주민에게는 무시무시한 전염병을 일으켰고, 때때로 지역 공동체 전체를 소멸시켜 버렸던 것이다.

아메리카 원주민 입장에서 크리스토퍼 콜럼버스가 자신들의 대륙에 발을 디뎠던 1492년은 급성 감염병을 일으키는 미생물이 상대적으로 드물었던 삶과, 헤아릴 수 없이 많은 미생물에 의해 떼죽음을 당하는 삶 사이의 분수령이었던 셈이다. 그들 앞에 벌어진 일은 유럽과 아시아에서 수천 년 전에 벌어졌던 일을 그대로 재생한 것이었으나, 재생 속도는 빨리감기 버튼을 누른 것과 비슷했다. 먼 옛날 미생물들은 번성할 기회를 잡기 위해 인구 집단이 일정한 규모와 밀도에 도달하기를, 새로운 교역로가 열리기를 기다렸지만, 15세기에 대서양을 건너 신대륙으로 쏟아져 들어온 미생물들은 앞에 놓인 수많은 연약한 인간들을 폭풍처럼 쓸어버렸다. 경험을 통해 단련된 유라시아인들의 면역계 앞에서, 미생물이 일으키는 질병의 중증도는 사망률이 10퍼센트 선이었던 천연두와 디프테리아를 필두로 홍역, 성홍열, 백일해를 거쳐 가벼운 독감, 볼거리, 풍진, 그리고 감기에 이르기까지 다양했다. 그러나 이전에 이러한 적들을 만난 적이 없는 면역계에게 이 미생물들은 하나같이 엄청난 재앙이었다. 그 결과 이후 120년간 아메리카 원주민의 인구는 무려 90퍼센트가 줄고 말았다.[1] 부족이 전멸하면서 문화와 언어가 영원히 사라지기도 했다. 실제로 히스파니올라Hispaniola(오늘날 아이티)에는 콜럼버스가 당도했을 때 약 800만 명의 원주민이 살았으나, 40년 뒤에는 단 한 명도 살아남은 사람이 없었다. 유카탄 반도의 한 마야 원주민은 유럽인이 도착하기 전, 좋았던 시절을 그리며 (약간 이상적이긴 해도) 이런 글을 남겼다.

그때는 병이 없었다. 뼈가 쑤시는 사람이 없었다. 고열에 시달리는 사람도 없었다. 천연두도 없었다. 가슴이 타들어가듯 아프거나, 배가 아픈 사람도 없었다. 결핵도 없었다. 두통도 없었다. 그때는 모든 인간의 삶에 질서가 있었다. 이곳에 이방인들이 도착한 뒤로 모든 것이 바뀌어버렸다.[2]

카리브해에 처음 발을 디뎠을 때, 콜럼버스는 사탕수수를 재배하기에 더없이 좋은 땅과 값싸고 풍부한 노동력이 얼마든지 있음을 간파했다. 그러나 16세기 초반에 이르자 유럽의 설탕 수요는 카리브해 스페인 집단농장의 생산 능력마저 앞지르게 되었다. 토지도 노동력도 크게 부족했다. 이때 쿠바 총독 디에고 벨라스케스Diego Velazquez는 멕시코에 부유하고 융성한 문화권이 있다는 소문을 들었다. 그는 즉시 에르난도 코르테스Hernando Cortes가 이끄는 조사단을 파견했다(그 뒤로 벌어진 일은 너무나 유명하지만, 미생물이 역사의 방향에 어떻게 영향을 미치는지 생생하게 보여주는 예로서 다시 한번 되돌아볼 필요가 있다). 코르테스는 겨우 16명의 기병과 600명의 보병만 거느리고 아메리카 대륙을 향해 닻을 올렸다. 1519년 멕시코 해안에 상륙한 그는 기지를 건설한 후 정보를 수집하고 현지 원주민과 적극적으로 동맹을 맺었다. 그 후 소규모 부대를 이끌고 아즈텍 제국의 수도인 테노치티틀란Tenochtitlan으로 향했다. 황제였던 몬테수마Montezuma는 코르테스를 아즈텍의 고대 예언에 나오는 피부가 하얀 신神인 케찰코아틀Quetzalcoatl이 환생한 것으로 믿고 열렬히 환영했다. 하지만 코르테스는 그리 신처럼 행동하지 않았던 것 같다. 우호관계는 금방 깨지고 그는 황급히 해안가에 구축해둔 기지로 퇴각했는데, 그 과정에서 병력의 절반 이상을 잃고 말았다. 이듬해인 1520년, 그는 원주민 중에서 동맹군을 모집하고 반격을 준비하면서 대부분의 시간을 보냈다. 바로 그때 천연두가 아즈텍의 수도를 덮쳤다. 사람들은 바이러스에 전혀 면역을 갖추지 못해 하루에도 수천 명씩 죽어갔다. 한 원주민은 천연두의 습격을 한탄하며 이런 글을 남겼다.

질병은 무서운 속도로 번지며 엄청난 인명 피해를 입혔다. 얼굴, 머리, 유방을 가리지 않고 온몸이 병으로 뒤덮힌 사람도 있었다. 피해는 말로 다 할 수 없다. 수많은 사람이 병으로 죽어갔다. 그들은 걷지도 못하고 침대에 누워 있을 수밖에 없었다. 움직이지 못했다. 꿈쩍도 하지 못했다. 자세를 바꿀 수도, 돌아누울 수도 없었다. 엎드리지도, 바로 눕지도 못했다. 어쩌다 조금만 몸을 움직여도 고통에 못 이겨 비명을 질렀다. 몸은 성한 곳이 없었다. 겹겹이 쌓이며 온몸을 뒤덮은 고름집 때문에 죽어간 사람의 수를 헤아릴 길이 없다.[3]

1521년 코르테스가 다시 돌아가 테노치티틀란을 포위하자 그렇지 않아도 천연두로 만신창이가 된 주민들은 굶주림에까지 시달리게 되었다. 결국 도시는 불과 75일 만에 함락되고 말았다.

1532년 프란시스코 피사로Francisco Pizarro가 잉카 제국을 침략했을 때 비슷한 역할을 했던 전염병 또한 천연두였을 것이다. 잉카 제국에 천연두가 처음 유행한 것은 1520년대로, 인구의 3분의 1이 사망했으며 왕가는 거의 전멸 위기를 겪었다. 전제 군주였던 우아이나 카파크Huayna Capac

황제는 백성들에게 태양신으로 숭배되었으나 수많은 군부 지도자, 지방 영주들 및 그 가족과 운명을 같이했다. 하지만 제국이 완전히 혼란에 빠진 채 파벌에 따라 둘로 갈라져 내전에 돌입한 것은 황제의 아들이자 후계자였던 니난 쿠유치Ninan Cuyuchi 마저 사망했기 때문이었다. 혼란 속에서 피사로는 겨우 62명의 기병과 106명의 보병만 거느린 채 진격했다. 카하마르카Cajamarca에 들어섰을 때 그들은 아타우알파Atahualpa 황제가 이끄는 8만 명의 정예 부대와 마주쳤다. 심장이 얼어붙는 듯했다. 하지만 알고 보니 아타왈파는 그들을 환영하기 위해 친히 군대를 이끌고 나온 것이었다. 스페인 부대는 단 한 명의 병사도 잃지 않고 황제를 사로잡았다. 피사로의 한 부대원은 스페인 국왕에게 이런 편지를 보냈다.

저희 모두 공포에 사로잡혔습니다. 숫자가 너무 적은 데다 내륙 깊숙이 들어와 지원군을 기대할 수 없었기 때문입니다. 우선 체스판처럼 서로 다른 색깔의 옷감으로 지은 옷을 입은 인디언 부대가 앞으로 나왔습니다. 그들은 다가오면서 땅 위의 갈대들을 베고 그 자리를 깨끗이 쓸어 길을 냈습니다. 그 뒤로 각기 다른 옷을 입은 3개의 부대가 노래를 부르고 춤을 추며 전진해왔습니다. 그 뒤로는 갑옷을 입고, 커다란 금속 방패를 들고, 금과 은으로 된 관을 쓴 수많은 사람이 다가왔습니다. 몸에 지닌 장비마다 금과 은을 얼마나 많이 썼던지 햇빛에 반짝이는 모습이 감탄을 자아냈습니다. 이윽고 그 사이에서 모든 모서리와 끝을 은으로 장식한 정교하기 이를 데 없는 가마를 타고 아타우알파가 모습을 드러냈습니다. 80명의 귀족이 가마를 어깨 위에 둘러멨는데 모두 진청색 제복을 입고 있었습니다. 아타우알파는 매우 화려한 옷을 입고, 머리에는 왕관을 쓰고, 목에는 커다란 에메랄드가 주렁주렁 달린 칼라를 두르고 있었습니다.[4]

일단 황제가 포로로 잡히자 전투는 끝나고 말았다. 피사로는 엄청난 몸값을 요구하여 값진 것들을 최대한 얻어냈다. 하지만 원하는 것을 얻고 나자 황제를 처형해버렸다.

이들뿐만 아니라 다른 스페인 군대가 아메리카 원주민을 상대로 승리를 거둔 데는 많은 이유가 있다. 대부분의 원주민이 한 번도 백인을 본 적이 없었다는 사실도 매우 중요했다("커다란 집에 사는 수염 기른 사람들이 괴물 같은 바다 동물 위에 올라탄 채 바다를 건너왔다"[5]). 오죽하면 아즈텍 사람들이 코르테스가 나타난 것을 오래된 예언이 실현된 것으로 생각했을까? 말을 타고 돌격하거나, 불을 내뿜는 총, 면도날처럼 잘 드는 칼로 펼치는 전혀 다른 유형의 전투 방식 또한 돌도끼와 투석기, 활과 화살이 전부인 원주민들에게 엄청난 공포를 일으켰을 것이다. 하지만 그런 점을 모두 인정한다고 해도 저항력 없는 원주민들을 거의 괴멸시킨 병원체들이 수적으로 압도적인 열세였던 스페인군이 쉽고 빠른 승리를 거두는 데 큰 역할을 했음은 의심의 여지가 없다. 아메리카 원주민의 운명은 천연두에 의해 결정 되었다. 느닷없이 온몸이 흉측하게 변하는 질병이 돌기 시작해 하루에도 수천 명씩 죽어가는 모습을 본 그들은 사기가 꺾이고, 혼란에 빠져 망연자실했다. 스페인군에게 더없이 좋은 시점에 찾아와준 전염병의 효과는 원주민의 병력을 크게 감소시키고 지휘관들의 목숨을 빼앗아 사기를 떨어뜨린 데서 그친 것이 아니었다. 원주민은 인구의 3분의 1이 죽어가는데 스페인 병사들은 멀쩡한 모습을 보고(대부분 어린 시절 감염에 걸려 면역을 갖고 있었다) 양측 모두 천연두를 원주민들의 악행에 노한 신이 내린 형벌로 생각했던 것이다. 그 끔찍한 비극은 스페인의 우월성을 확인하는 것 같았으며, 원주민들은 그저 묵묵히 받아들일 수밖에 없었다.

천연두의 유행 뒤로 홍역, 풍진, 독감, 디프테리아, 성홍열, 발진티푸스, 백일해, 이질, 볼거리, 수막염 등 구세계의 수많은 병원체가 대서양을 건너오는 것은 시간문제였다. 코르테스가 발을 디딘 지 50년 만에 멕시코 중부 지역에 살았던 아메리카 원주민의 인구수는 3,000만 명에서 300만 명으로 무려 90퍼센트 감소했다.

그전까지 고립되었던 사람들이 외부에서 유입된 질병으로 죽는 일은 16세기와 17세기에 절정에 달했다. 대략 1700년경이 되면 유럽과 아시아의 미생물이 아메리카 대륙에 퍼지고, 일부 아메리카의 미생물이 유럽과 아시아에 퍼지는 일이 완결된다. 그 후 신대륙의 감염병 양상은 안정화되었다. 수세기 전 유럽과 아시아에서 확립된 것처럼 어린이 감염병이 주기적으로 유행하는 형태를 띠게 된 것이다.

규모는 작지만 이와 비슷한 사건은 오스트랄라시아 Australasia(오스트레일리아, 뉴질랜드, 서남 태평양 제도를 포함하는 지역—옮긴이)의 호주 원주민과 마오리족, 태평양 제도민들, 아프리카 남부의 코이산족 등 고립된 채 살았던 수많은 사회에서 고스란히 반복되었다. 가장 빈번하게 문제가 된 질병은 홍역이었다. 이로 인해 인구가 급감했으며, 몇몇 부족은 결코 회복하지 못했다. 부족 전체와 그들의 문화, 그리고 언어가 영원히 사라진 것이다.

노예 무역

❈

짧은 시간에 원주민의 숫자가 급격히 줄자 카리브해 일대에서 막대한 이익을 창출하던 유럽의 사탕수수 농장들은 값싼 노동력이 절실했다. 그들이 찾아낸 해결책은 아프리카에서 노예를 잡아오는 것이었다. 국제적 인신매매인 노예 무역은 16세기 초에 시작되어 1640~1680년에 정점에 달했다가, 1820년경 대부분의 국가에서 법으로 금지되었다. 이 시기에 1,200만~2,000만 명의 아프리카인이 아메리카 대륙에 유입되었는데, 대부분 서아프리카에서 잡혀와 카리브해 주변 사탕수수 농장으로 팔려갔다.

16세기에 '백인의 무덤'으로 불렸던 서아프리카는 말라리아와 황열을 비롯해 치명적인 병원체가 들끓었다. 노예 무역과 함께 이 미생물들이 아메리카 대륙에 상륙하는 것은 시간문제였다. '새로운' 병원체들은 아메리카 원주민과 유럽인을 구분하지 않고 맹렬히 공격했으나, 아프리카에서 잡혀온 노예들은 보통 말라리아에 걸리지 않았다. 오랜 역사를 통해 유전적 저항성을 갖고 있었던 것이다. 그들 또한 '유럽의' 병원체에는 취약했지만, 아메리카 원주민만큼 취약하지는 않았기에 머지않아 카리브해 주변을 비롯한 많은 지역에서 원주민 수를 앞지르게 되었다.

말라리아 원충과 황열 바이러스가 아메리카 대륙에 유입된 과정은 급성 감염병의 병원체들이 유입된 과정에 비해 직접적인 것은 아니었다. 두 질병 모두 모기라는 매개체가 필요했기 때문이다. 말라리아 원충은 건강해 보이는 보균자의 혈액 속에서 일정 기간 생존할 수 있으므로 아프리카 노예들을 통해 여러 차례 아메리카 대륙으로 유입되었을 것이다. 그러나 사람에서 사람으로 전파시킬 마땅한 모기 매개체를 발견할 때까지는 신대륙에 제대로 발붙일 수 없었다. 물론 모기도 아프리카에서 넘어왔겠지만, 말라리아가 퍼져 나간 속도로 보아 원충은 아메리카 대륙의 자생종 모기를 이용했을 가능성이 훨씬 크다. 1650년경이 되면 말라리아는 카리브해 주변과 열대 기후에 속하는 대륙 본토의 저지대에 완전히 토착화되었고, 이곳을 근거지로 삼아 대륙 전체로 퍼졌다. 말라리아는 20세기 초에 미국에서 완전히 자취를 감추었지만, 남미 몇몇 지역에서는 오늘날까지도 심각한 문제로 남아 있다.

황열 바이러스도 1600년대 중반쯤 신대륙에 확실히 자리잡는다. 황열은 비교적 가벼운 감기 증상(두통, 발열, 근육통, 구역 및 구토)에 그치기도 하지만, 5~20퍼센트의 환자는 치명적인 출혈열을 일으킨다. 이 병을 가리키는 말은 지역에 따라 다양했는데, 그것들을 한데 모아 보면 치명적인 증상들이 고스란히 드러난다. 우선 '황열'은 간 기능 부전으로 인한 황달을 가리키는 말이다. 스페인어 명칭 '검은 구토vomito negro'는 위장관 출혈로 인해 검게 변한 피를 토하는 증상을 지칭한다. 한편 영국 선원들이 지어낸 '옐로우잭yellow jack'은 황달을 의미하는 것이 아니라 항해 중 황열이 돌았던 배가 항구에 들어올 때 노란 검역기를 내걸도록 한 데서 유래했다.

서아프리카의 열대 우림에서 황열 바이러스는 원숭이를 감염시키며, 다른 원숭이에게 전파된다. 숲의 천개天蓋 영역에 살면서 나무 구멍에 고인 빗물을 이용해 번식하는 모기가 매개체다. 하지만 숲에서 일어나는 자연적인 감염 주기는 원숭이에게 아무 문제를 일으키지 않는다. 원숭이들은 바이러스를 몸속에 지니고도 건강하게 살아가는 보유숙주일 뿐이다. 하지만 사람이 숲속에 들어가면 언제라도 바이러스를 전파하는 모기에게 물려 치명적인 질병에 걸릴 수 있다. 숲을 개간하는 작업은 특히 위험하다. 나무들이 넘어지면서 천개부에 서식하는 모기와 모기 유충으로 가득 찬 물이 지면으로 내려오기 때문이다. 인간이 바이러스에 감염되면 모기에 의해 인간에서 인간으로 직접 전염될 수 있는데, 이런 감염 주기를 소위 '도시 주기urban cycle'라고 한다. 이집트숲모기Aedes egypti는 사람의 피를 빨고, 사람의 집에 보금자리를 마련하며, 물탱크 속에서 번식하기 때문에 황열을 옮기는 데 최적화되었다. 놈들은 바이러스를 몸속에 들이면 평생(1~2개월) 보유하며, 심지어 후손에게 물려주기까지 한다.

말라리아와 달리 황열 환자는 죽든지, 완전 회복하든지 둘 중 하나다. 건강한 보균자 따위는 없다. 따라서 바이러스는 노예선에 실려 서아프리카에서 아메리카 대륙으로 넘어올 때 모기의 몸을 이용했을 것이다. 모기는 대서양을 횡단하는 6~8주 동안 생존할 수 있으며, 배의 물통에서 행복하게 번식하면서 바이러스를 노예와 선원들에게 옮겼을 것이다. 그리고 목적지에 도착하면 바이러스를 몸속에 가득 실은 채 검역 중인 배에서 항구로 유유히 날아가 전염병을 퍼뜨리고 질병을 통제하려고 동분서주하는 사람들을 비웃었을 것이다.

1647년에 신대륙 최초로 바베이도스Barbados에서 황열 유행이 보고되었다. 하지만 노예 무역이 증가하면서 바이러스는 카리브해의 섬들과 남미로 퍼진 후 방향을 북쪽으로 틀어 미국 대서양 연안의 항구 도시들로 진격했다. 처음에는 노예를 가득 실은 배가 도착할 때 새로운 모기들이 유입되면서 유행이 시작되었지만, 얼마 뒤 모기들이 고온다습한 남부에 정착하면서 토착 원숭이 집단을 감염시키자 황열 역시 토착병이 되었다. 미국 최초의 유행은 당시 수도였던 필라델피아에서 시작되었다. 당시 황열로 무려 4,000명이 사망한 것은 메릴랜드에 새로운 수도를 건설하기로 결정하는 데 큰 영향을 미쳤다.[6] 기세가 한창일 때, 바이러스는 찰스턴에서 보스턴까지 대서양 연안의 모든 항구를 침범한 후 미시시피강을 따라 뉴올리언스와 멤피스에 이르렀다. 1878년의 대유행 때는 멤피스 인구의 10분의 1이 사망했다.

황열은 말라리아와 함께 아메리카 대륙의 열대 지역, 특히 카리브해 연안의 인구 감소에 결정적인 역할을 했다. 아메리카 원주민은 극히 취약했으며, 아프리카 출신의 노예들은 말라리아뿐 아니라 황열에도 저항력이 있다는 것이 통념이었지만, 일단 유행이 시작되면 그들 중에서도 많은 수가 쓰러졌다. 유럽인도 예외가 아니어서 남쪽 지방에 눈독을 들였던 프랑스와 영국은 황열 때문에 번번이 좌절을 맛보았다. 실제로 나폴레옹은 1801년 노예들의 반란을 진압하기 위해 산토 도밍고Santo Domingo로 파견한 군대가 황열로 떼죽음을 당하기 전까지, 그 섬을 수도로 하는 신세계 제국을 꿈꾸었다. 수천 명의 병력을 잃은 탓에 반란을 진압한 후 바로 이동하여 뉴올리언스를 점령한다는 계획이 수포로 돌아가자, 그는 신대륙에 대한 꿈을 완전히 접고 프랑스 영토였던 루이지애나주를 1,500만 달러라는 헐값으로 미국에 팔아버렸다. 프랑스가 파나마 지협을 가로지르는 운하 건설 계획을 포기한 것도 황열 때문이었다. 1880년에 공사를 시작한 후 20년간 황열에 시달리며 갖은 애를 썼지만, 결국 파나마 운하는 황열이 통제된 1913년에야 미국인들의 손으로 완공되었다. 전 과정을 통틀어 들어간 비용은 3억 달러가 넘었으며, 약 2만 8,000명이 목숨을 잃었다.

오래도록 아무도 황열이 어떻게 전파되는지 설명하지 못했다. 의견은 둘로 나뉘었다. '전염론자contagionist'들은 유행이 항상 감염된 승객을 실은 배가 도착하면서 시작되었다는 점을 들어 황열이 감염병이라고 주장했으며, 검역법 강화를 촉구했다. 한편 '환경론자environmentalist'들은 항구의 지저분하고 비위생적인 환경을 비난하며 검역은 아무런 효과가 없다고 주장했다. 양쪽 모두 부분적으로 옳았다. 하지만 양쪽 모두 검역법을 아무리 강화해도 소용없으며, 번식을 위해 고온다습한 조건을 필요로 하는 곤충이 결정적인 역할을 한다고는 꿈도 꾸지 못했다. 감염 주기의 전모가 드러나기까지는 오랜 세월이 걸렸다. 모기가 황열의 매개체라는 가설은 이미 1847년에 제기되었지만, 아바나Havana에서 활동하던 카를로스 핀라이Carlos Finlay 박사가 환자에서 건강한 자원자에게 모기를 이용해 질병을 전파하는 데 실패하자 기각되고 말았다. 그의 실험이 실패한 것은 시점의 문제였을 것이다. 황열 바이러스가 환자의 혈액 속을 돌아다니는 것은 황달이 나타나기 전 잠깐 동안이다. 또한 바이러스는 모기의 몸속에서 일주일간 성숙된 후에야 전염될 수 있으므로 전파에 성공하려면 모기가 흡혈한 시점이 매우 중요하다.

황열은 계속 기승을 부렸지만 적극적으로 연구에 나

서는 사람은 없었다. 그러다 1898년 스페인-미국 전쟁 중 카리브해에 투입된 군대가 황열로 큰 희생을 치르자 어쩔 수 없이 미군이 발벗고 나섰다. 전투로 목숨을 잃은 병사가 968명이었던 데 반해, 황열로 희생된 병력은 5,000명이 넘었던 것이다.[7] 미군은 세균학자인 월터 리드Walter Reed를 단장으로 하고, 4명의 의사가 참여한 조사팀을 아바나에 파견했다. 이들은 모기 가설을 검증하기 위해 스스로 실험 동물이 되기로 했다. 먼저 리드의 조수인 제임스 캐롤James Carroll과 세균학자인 제시 러지어Jesse Lazear가 나섰다. 황열 환자의 피를 빨린 모기에게 일부러 물린 후 캐롤은 황열에 걸렸지만 회복했고, 러지어에게는 아무 일도 일어나지 않았다. 사실 러지어는 조사단에서 모기가 문제라고 믿는 유일한 사람이었다. 공교롭게도 그는 실험 후 황열 환자의 혈액을 채취하다가 또 모기에게 물렸다. 이번에는 심한 황열이 발생했다. 결국 그는 12일 후 사망하고 말았다.

리드는 포기하지 않고 모기가 황열을 옮긴다는 사실을 확실히 입증할 때까지 인간을 대상으로 실험을 계속했다. 하지만 원인 병원체는 알 수 없었다. 이때 아바나의 수석 위생관으로 근무하던 윌리엄 고거스William Gorgas가 시 전역에서 모기 박멸 운동을 펼쳐 3년 만에 완전히 황열을 몰아내는 쾌거를 거두었다. 그의 성공으로 공중보건학계는 모기 구제만으로 황열을 박멸할 수 있다고 확신하게 되었다. 그러나 원숭이가 보유숙주이며, 정글 환경에서 몇 가지 다른 종류의 모기가 바이러스를 전파할 수 있다는 사실이 아프리카에서 밝혀지자 이런 인수공통감염 병원체를 완전히 없앨 수 없다는 사실을 깨닫게 된다. 이후에는 황열을 예방하는 것이 목표가 되었고, 1927년에 바이러스가 분리되자 즉시 백신이 개발되었다. 백신은 미국에서 황열을 몰아내는 데 큰 도움이 되었지만, 황열은 아직도 서아프리카의 중요한 보건 문제다. 전 세계에서 발생하는 연간 20만 명의 환자와 3만 명의 사망자가 거의 대부분 이 지역에 집중된다.

콜럼버스의 기념비적인 항해 이후 미생물의 주된 흐름은 분명 동쪽에서 서쪽 방향이었지만, 반대 방향으로 흘러간 것들도 있었다. 콜럼버스의 귀환과 함께 유럽에는 세 가지 신종 질병인 매독, 발진티푸스, 영국 발한병English sweats이 출현했는데, 원인 병원체가 신대륙에서 건너왔는지는 사실 분명치 않다. 가능성이 가장 큰 것은 매독이지만, 발진티푸스와 영국 발한병 역시 신대륙에서 유입되었을 가능성은 충분하다. 수수께끼에 둘러싸인 영국 발한병에 대해서는 이야기할 거리가 별로 없다. 특이하게도 이 병은 주로 여름에 시골 지역의 부유층 남성을 침범했다. 이를 근거로 일각에서는 인수공통감염 병원체가 집쥐나 시궁쥐에서 인간으로 종간 전파된 후 사람에서 사람으로 퍼지면서 유행했다고 주장한다. 사망률 또한 높았던 이 병은 영국과 유럽 본토에서 약 70년간 기승을 부리다가 갑자기 완전히 사라졌다.

영국 발한병과 달리 발진티푸스는 없어지지 않고 토착

화되었으나, 원인균이 대서양을 동쪽에서 서쪽으로 건넜는지 그 반대인지 확실하지 않다. 일각에서는 이 병이 콜럼버스의 귀환 즈음에 스페인에서 처음 나타났으며, 그 후 이탈리아로 퍼져 이탈리아-프랑스 전쟁 때 프랑스군에서 대유행을 일으켰다고 주장한다. 이런 가설은 아메리카 대륙이 기원임을 시사하며, 북미하늘다람쥐American flying squirrel가 보유숙주라는 사실에 의해 뒷받침된다. 그러나 발진티푸스의 병원체가 원시 시대부터 유럽과 아시아인을 감염시켰으며, 다른 미생물들과 함께 신대륙으로 넘어갔다고 믿는 사람도 있다. 어쨌든 발진티푸스는 1837년에 유행한 장티푸스와 완전히 다른 병이기 때문에 어떤 이론이 옳은지 입증할 길은 없다. 발진티푸스는 다음 장에서 병원체의 정체가 뚜렷하게 밝혀지는 19세기의 감염병들을 논의하면서 다시 살펴볼 것이다.

매독

*

매독은 1494년 유럽에 처음 등장할 때부터 극적인 사건들을 일으켰다. 매독 유행이 프랑스군을 덮친 시기는, 프랑스의 샤를 8세가 왕권을 빼앗을 목적으로 이탈리아를 침공하여 나폴리 공국을 함락시킨 후였다. 샤를 8세가 최초의 매독 환자 중 하나였다는 말도 있다. 사실이라면 그는 매독에 걸린 수많은 전제 군주 중 최초인 셈이다. 부르고뉴 공국의 역사가들에 따르면 이러했다. "왕은 극심하고 흉물스러우며 끔찍한 병에 걸려 깊은 고민에 빠졌다. 프랑스로 돌아온 신하들 중 몇몇도 같은 병으로 심한 고통을 겪었다. 그들이 돌아오기 전까지는 아무도 이런 고약한 병에 대해 들어본 적조차 없었다. 사람들은 이 병을 '나폴리병'이라고 불렀다."[8] 샤를 8세는 3년 뒤, 문지방에 머리를 심하게 부딪혀 뇌졸중으로 사망했으므로 만성 합병증을 겪지는 않았다.

틀림없이 신종 질병은 샤를 8세가 나폴리를 포기하고, 그의 군대가 흐트러진 모습으로 퇴각한 데 직접적인 영향을 미쳤을 것이다. 고국에 돌아온 병사들은 병원체를 사방으로 퍼뜨렸다. 점차 매독은 유행병이 되어 유럽 전역으로 들불처럼 번져 갔다. 15세기 말에 이르면, 런던에서 모스크바까지 매독에 시달리지 않는 지역이 없었다. 그 뒤로도 아프리카와 중국으로 거침없이 퍼져 나갔다. 영국인들은 이 병을 '천연두(소두창)smallpox'와 구별하기 위해 '대두창great pox'이라 불렀지만, 다른 곳에서는 재앙을 몰고 왔다고 믿는 나라를 비난하는 이름을 붙였다. 이탈리아인들은 '프랑스병', 프랑스인들은 '나폴리병', 폴란드인들은 '독일병', 러시아인들은 '폴란드병'이라는 식이었다. 중동으로 넘어가면 매독은 '유럽 농포병'이 되었으며, 인도에서는 '프랑크병Franks(근동 지방에서 서유럽 사람들을 부르던 말—옮긴이)', 중국에서는 '광둥 궤양', 일본에서는 '당나라 염증'으로 변했다.[9] 현재 매독을 가리키는 'syphilis'라는 말은 30년쯤 뒤 이탈리아의 학자이자 의사로, 매독 환자였던 지롤라모 프라카스토로Girolamo Fracastoro가 만든 것이다. 그는 시필루스 Syphilus(물론 매독을 가리키는 이름이다)라는 어린 양치기 소년에 대한 시(《Syphilus sive morbus gallicus》, '시필루스, 즉 프랑스 병'이란 뜻—옮긴이)를 한 편 썼다.

> 그는 처음에 보기에도 끔찍한 가래톳으로 나타난다네.
> 희한한 통증이 생겨 한숨도 못 자고 밤을 지새우곤 하지.
> 이 병의 이름은 그에게서 따온 것이라네.[10]

1490년대 후반에 이르면, 의사들은 새로운 병이 출현했다는 데 의견이 일치했다. 성행위를 통해 선파되는 생식기 궤양은 익히 보아왔지만, 전신 질환이 그런 식으로 전파되는 것은 처음이었다. 오늘날 우리가 아는 매독에 비해 그들이 경험한 병은 훨씬 심하고 급속하게 진행되었다. 피부, 구강, 목 안, 음부에 궤양이 생기면서 고열이 나고, 두통과 뼈 및 관절의 통증이 극심했으며, 대두창이란 말에서 알 수 있듯이 발진이 어찌나 다양하고 심했던지 천연두를 떠올릴 정도였다(그림 5-1). 환자들은 극심한 고통 속에서 종종 초기에 사망하기도 했다. 오늘날과는 전혀 다른 경과였던 것이다.

1547년에 다소 예스러운 영어로 쓰인 이 기록으로부터 매독이 성행위를 통해 전파된다는 사실이 초기부터 널리 인정되었다는 것을 알 수 있다.

그림 5-1 바살러뮤 스테버Bartholomew Steber의 책
《매독Syphilis》(1497년 또는 1498년)의 표지

이런 장애 또는 질병은 다양한 이유로 발생할 수 있다. 두창이 있는 사람이 전날 누웠던 시트나 침대에 눕거나, 함께 누워도 생길 수 있고, 두창이 있는 사람을 스친 바람을 맞거나, 그가 앉았던 자리에 앉거나, 두창이 있는 사람과 자주 술을 마셔도 생길 수 있다. 특히 두창이 있는 사람이 다른 사람과 색욕의 죄를 저질렀을 때 생긴다.[11]

매독은 매독균(트레포네마 팔리둠)Treponema pallidum이라는 세균에 의해 생긴다. 매독균은 운동성이 매우 높으며, 코르크스크류 모양으로 생겨 나선균(스피로헤타)spirochaete

이라고 한다. 성행위를 통해 전파되거나, 태반을 통해 모체에서 태아에게로 수직 전파된다. 성인에게 나타나는 첫 번째 증상은 비교적 통증이 없는 생식기 궤양, 즉 경성하감 chancre이다. 병원체는 여기서부터 혈류를 타고 각종 장기로 퍼진다. 그 후 발열, 림프절 종창, 피부 발진, 구강 및 생식기 궤양 등 2기 매독 증상이 나타난다. 사산과 유산이 반복되기도 한다. 그 뒤로 병원체는 아무런 증상을 일으키지 않은 채 몸속에 잠복하는데, 잠복기는 길면 25년에 이른다. 그 사이에도 균은 끊임없이 증식하여 간이나 뼈, 뇌 등 내부 장기에 고무종gumma이라는 궤양을 형성한다. 고무종은 천천히, 그러나 쉬지 않고 자라면서 주변 조직을 파괴한다. 동시에 매독균은 혈관과 뇌를 침범하여 심장 발작, 뇌졸중, 실명, 청력 소실, 성격 변화, 지능 저하 등 다양한 3기 매독 증상을 나타낸다. 매독균은 페니실린에 잘 들어서 현재는 초기에 완치할 수 있지만, 후기까지 방치해서 조직 파괴가 생기면 당연히 회복할 수 없다.

유럽에서 매독이 출현한 시기와 1493년 콜럼버스 원정대가 히스파니올라에서 귀환한 시기가 일치한다는 데는 누구도 이의를 제기하지 않지만, 두 사건이 실제로 관련이 있는지는 뜨거운 논쟁거리다. 매독균은 흔히 리스본의 선원들로부터 퍼지기 시작했다고 전해진다. 신대륙에서 돌아온 핀타Pinta호(콜럼버스가 신대륙 발견 당시 타고 갔던 3척의 배 중 하나—옮긴이)의 선장 알론소 핀손Alonso Pinzon과 선원들을 치료했던 스페인 의사 루이 디아스 데 이슬라Ruy Diaz de

Isla에게 그것은 의심의 여지없는 사실이었다.

크리스토퍼 콜럼버스 제독은 섬에 머무는 동안 주민들과 관계를 가졌다. 그가 그 섬을 발견하고 돌아온 후, 원래 전염력이 강한 이 병은 아주 빨리 퍼졌으며 머지않아 그의 함대에도 환자들이 생겨났다.[12]

1494년 유럽으로 돌아오자마자 콜럼버스의 선원 중 일부는 샤를 8세가 나폴리를 공격할 때 용병으로 참여했다. 혼란스러운 군사 작전이 펼쳐지는 와중에 그들이 군대 내에서나 비전투원들 사이에서 병을 유행시켰을 가능성은 충분하다.

비교적 최근까지도 매독균이 아메리카 대륙에서 유래했다는 주장인 '콜럼버스 가설'은 근거가 있다고 여겨졌다. 콜럼버스 이전 시대 아메리카 원주민들의 유골에서 뼈와 치아에 매독의 특징적인 징후들이 나타난 반면, 1492년 이전 유럽인의 유골에서는 이런 소견을 발견할 수 없었기 때문이다. 하지만 1990년대 중반, 영국의 한 수도원에서 1300~1450년 사이에 살았을 것으로 추정되는 수도사들의 유골이 발견되었는데, 여기서 매독을 시사하는 징후들이 보고되었다. 이때는 콜럼버스의 항해보다 훨씬 전이므로 결국 콜럼버스 이전에 유럽에도 매독균이 존재했음을 시사한다. 이를 매독의 유래에 관한 '콜럼버스 이전 가설'이라 한다.[13] 하지만 뼈를 육안으로 관찰하는 것만으로 매독의 증거가 확실하다고 할 수는 없다. 한센병이나 매종 등 다른 질병에서도 비슷한 뼈의 변형이 나타날 수 있기 때문이다.

매종은 개인 위생이 불량한 환경에서 특히 잘 나타나는 만성 피부감염증을 통칭하는 말로, 매독균과 유사한 나선균들에 의해 생긴다. 매종을 일으키는 균들은 피부와 점막에 깊이 패인 고무종성 궤양을 일으키지만, 만성 단계에 이르면 뼈와 관절을 침범할 수도 있다. 세계 각지에서 베젤bejel, 핀타pinta, 부바스bubas, 딸기종framboesia 등 다양한 명칭으로 불리는 매종 유사 감염증은 밀접 접촉에 의해 주로 어린이들 사이에서 전파된다. 매종은 원시 시대부터 인간을 괴롭혔을 것으로 추정된다. 앞서 3장에서 언급했듯이 중세 유럽에서는 끔찍한 변형을 일으키는 만성 피부질환을 뭉뚱그려 '나병'이라고 불렀으며, 환자들은 사회에서 버림받고 종종 나환자촌을 벗어나지 못한 채 살았으므로 유럽에서 그 역사를 정확히 파악하기란 불가능하다. 하지만 흑사병이 물러간 후 나병도 줄어들기 시작했다. 이런 현상의 정확한 이유는 분명치 않지만, 페스트로 인구가 거의 40퍼센트 줄어 주거 공간이 덜 붐비게 된 데다 상대적으로 음식과 땔감과 의복이 넉넉해진 덕일 것이다. 소빙하기가 찾아왔지만 전반적인 생활 수준이 개선되면서 충분한 의복과 땔감으로 따뜻하게 지낼 수 있었으므로 예전처럼 서로 끌어안고 잘 필요가 없었다. 매종 나선균처럼 밀접한 피부 접촉에 의해 전파되는 미생물은 외부 환경에 취약하여 인간의 몸을 벗어나면 생존할 수 없으므로 생활 양식이 이렇게 변한 것은 세균 입장에서 대재앙이었을 것이다. 일부 학자들은 이런 변화 때문에 세균 스스로 전파 방식을 바꾸어 어린이들의 직접 피부 접촉에서 성인들의 보다 친밀한 성적 접촉을 선택한 결과 매독이라는 병이 생겼다고 추정한다.[14]

이런 이론은 콜럼버스 이전까지 유럽에서 매독에 의해 뼈가 변형된 유골이 발견되지 않는다는 사실과 정확히 들어맞는다. 전파 방식의 변화가 1494년의 프랑스-이탈리아 전쟁과 같은 때 일어났다면, 당시 군대를 덮친 독성이 강한 '신종' 질병이 매독이었을 가능성은 충분하다. 이제 우리는 매독균의 DNA 염기서열을 모두 알고 있으므로,[15] 이 문제를 쉽게 해결할 수 있다. 세계 곳곳에서 수집한 나선균 균주 26종의 DNA 염기서열을 분석한 결과, 성적으로 전파되는 매독 균주들은 가장 최근에 진화했으며, 남미에서 매종을 일으키는 균주들과 가장 가깝다는 사실이 밝혀졌다. 매종은 나선균에 의한 인간 질병 중 가장 오래된 형태로, 중앙아프리카에서 남태평양에 이르는 지역에 존재하는 균주들은 인간이 아닌 유인원을 감염시키는 균주들과 가장 가깝다. 이런 소견들을 근거로, 과학자들은 매독균의 진화와 전파 과정이 다음과 같은 순서로 진행되었을 것이라고 추정한다.

1) 구세계의 유인원(우리의 조상들 포함) 사이에서 새로운

균주가 나타나 처음에는 구세계, 나중에는 신세계의 인간 사이에서 성적 접촉과 관련 없는 감염병으로 널리 퍼졌다.

2) 신대륙이 발견되면서 매종을 일으키는 나선 균주가 구세계로 재유입되었다. 이 균주가 오늘날 매독을 일으키는 모든 균주의 조상이다. 매독균은 차차 전 세계로 퍼졌다.[16]

매독균은 첫 번째 팬데믹을 일으켰을 때만 해도 독성이 매우 강해 심한 증상을 일으켰다. 하지만 점점 독성이 감소하여 17세기에 이르면 오늘날의 특성들을 나타낸다. 따라서 매독은 처음에 무시무시한 공포를 몰고 왔음에도 인간 역사에 큰 영향을 미치지 못했다. 매독이 세계사에 미친 전반적인 영향에 관심이 있는 사람들은 기괴한 행동을 벌였던 역사적 인물들이 어쩌면 3차 매독으로 뇌 손상을 입었을지 모른다는 추정에 주목한다. 예를 들어 첫 번째 부인인 아라곤의 캐서린Catherine of Aragon에게서 아들을 얻지 못한 영국 왕 헨리 8세의 기행이 사실은 매독 때문이었다는 것이다. 그는 후계자를 얻겠다는 일념으로 6번이나 결혼을 했고, 교황이 이를 승인하지 않자 로마 교황청과 관계를 끊고 영국 성공회를 출범시킨다. 그런 과격한 결정의 배후에 매독균이 있었을까? 러시아의 첫 번째 차르(제정 러시아 때 황제의 칭호—옮긴이)였던 이반 4세Ivan the Terrible(극단적인 공포 정치를 펼쳐 뇌제雷帝라고 불렸다—옮긴이)도 흔히 회자된다. 그는 늘그막에 보인 과대망상적 행동으로 유명한데, 신경 매독이었다고 주장하는 사람들이 있다. 어쩌면 미생물은 유럽인의 도덕적 태도를 변화시키고, 청교도주의가 나타나는 데도 영향을 미쳤을지 모른다.[17]

콜레라

✳

영국 동인도회사는 비단과 고급 면직물, 염료, 설탕, 향신료 등의 사치품 시장을 개척하기 위해 1600년에 설립되었다. 사업은 크게 융성했지만, 1857년 세포이 항쟁 후에는 영국 정부가 관리하면서 이후 90년간 인도의 각 주를 대영제국에 합병시키고자 노력했다. 영국이 통치하기 전 인도에서 콜레라균은 원래 발상지인 벵골만 일대에 국한되었다. 거대한 갠지스강이 인도양으로 흘러드는 벵골만 지역에서는 아득한 옛날부터 콜레라가 계절적으로 유행했으며, 많은 군중이 모이는 힌두교 성지참배와 축제 때 유행하기도 했다. 하지만 영국인들이 복잡한 교역로를 구축하고 군대의 이동이 빈번해지자 마침내 콜레라균은 전 세계를 무대로 활약할 기회를 잡았다.

콜레라균은 쉼표처럼 생긴 세균으로, 물속에서 살며 채찍처럼 생긴 편모를 활발하게 움직여 헤엄친다. 인간에서는 보통 대변에 오염된 식수를 통해 유행을 일으킨다. 하지만 오염된 물을 마시더라도 강한 산성 환경인 위에서 많은 균이 비활성화되기 때문에 목적지인 소장에 도달하여 병을 일으키려면 애초에 많은 수의 균이 몸에 들어와야 한다. 즉, 감염량感染量이 높은 것이다. 살아서 소장에 도달한 균은 소장벽에 달라붙은 후 A와 B 아단위亞單位로 구성된 강력한 독소를 분비한다. B 아단위가 독소를 장점막에 단단히 결합시키면, A 아단위는 점막 세포 속으로 들어가 장에서 수분을 흡수하는 기능을 차단함과 동시에 필수 전해질인 나트륨과 칼륨 이온을 함유한 체액을 오히려 장 속으로 배출시킨다. 결국 엄청난 양의 물이 장을 통해 아래로는 설사, 위로는 구토로 쏟아져 나오면서 복근이 고통스러울 정도로 심하게 경련을 일으킨다. 콜레라의 설사는 얼마나 심한지 그야말로 '쌀뜨물' 같은 대변이 때로는 시간당 1리터가 넘게 쏟아진다. 환자는 삽시간에 탈수되며, 즉시 수분을 보충하지 않으면 쇼크에 빠져 몇 시간 내에 사망한다. 제대로 치료받지 않은 심한 콜레라의 사망률은 약 50퍼센트에 이른다.

콜레라균은 위생 상태가 불량하여 식수가 오염된 곳이라면 어디서든 대규모 유행을 일으킬 수 있다. 실제로 19세기에는 전 세계 거의 모든 대도시가 이런 상태였다. 전 세계가 일촉즉발의 위기에 있었던 셈이다. 1817년 우기 때, 벵골 지방에 이례적으로 많은 비가 쏟아져 홍수가 나자 흉작과 함께 심한 국지적 콜레라 유행이 찾아왔다. 공교롭게도 이때 영국군의 대규모 이동이 겹친 탓에 유행은 사방으로 퍼졌다. 군대와 무역상들은 인도 아대륙은 물론, 서쪽

멀리 러시아 남부까지 콜레라균을 전파했다. 더 큰 문제는 세계 곳곳을 돌아다니는 선박들이었다. 결국 콜레라는 전 세계적 유행으로 번져 중국, 일본, 동남아시아, 중동, 아프리카 동해안을 휩쓸고 1824년 초에야 가라앉았다. 당시 부대를 이끌고 인도의 빈디야 산맥Vindhya Pradesh에 진주했던 헤이스팅스 후작Marquis of Hastings은 이런 기록을 남겼다.

> 무서운 질병이 갑자기 덮쳐 수많은 불쌍한 병사들이 앓아 눕는 바람에 행군은 끔찍하기 이를 데 없었다. 환자 수송용 마차에 실린 채 죽어간 사람이 부지기수였고, 빨리 수송하면 목숨을 건질지도 모르는 사람을 태우기 위해 시체를 마차 밖으로 던져버릴 수밖에 없었다. 어제 해 진 뒤로 죽은 병사만 500명이 넘는다.[18]

지금까지 콜레라가 전 세계적으로 유행한 것은 일곱 차례인데, 그때마다 발상지에서 더 먼 곳으로 퍼졌다(그림 5-2). 두 번째 팬데믹(1826~1832) 때는 유럽을 휩쓴 후 아일랜드 이민자들을 태운 배에 실려 캐나다로 건너갔다. 미국은 두 번째 팬데믹 때도 환자가 많았지만, 세 번째 팬데믹 (1852~1859) 때 더 큰 타격을 입었다. 남미는 다섯 번째 팬데믹(1881~1896) 때 엄청난 피해를 보았다. 이렇게 전 세계적 유행이 거듭되는 동안에도 갠지스 삼각주에서는 여전히 크고 작은 유행이 잇따랐다. 일곱 번째 팬데믹은 1961년에 시작되어 아직도 완전히 가라앉지 않았다. 물론 콜레라 유행 시에 가장 큰 피해를 입는 것은 빈곤층이지만, 그렇다고 이 병이 그들에게만 국한되는 것은 전혀 아니다. 콜레라 유행은 언제 어디서든 일어날 수 있다. 완벽하게 건강했던 사람이 하루도 안 되어 쭈글쭈글해진 채 끔찍한 죽음을 맞고, 가족과 친구들은 눈앞에서 그 모습을 보면서도 발만 동동 구를 뿐 아무것도 해줄 수 없다면, 콜레라란 병이 그토록 큰 공포와 불안을 몰고 다니는 이유를 쉽게 이해할 수 있을 것이다.

19세기 유럽과 미국에서 콜레라 유행이 반복되자 각국 정부는 보건위원회를 구성하여 대처에 나섰지만, 식수가 감염원으로 확인된 것은 1854년 런던의 콜레라 대유행 때 영국 의사 존 스노우John Snow가 기민하게 유행 원인을 찾아낸 때였다. 스노우는 마취과 의사였지만, 1832년 영국 북동부의 탄광 도시 뉴캐슬Newcastle에서 도제徒弟로 일할 때 유행을 목격한 뒤로 오래도록 콜레라에 관심을 갖고 있었다. 당시 사람들은 콜레라가 독기毒氣, 즉 유해한 기운을 품은 공기에 노출되어 생긴다고 믿었으나, 스노우는 콜레라 '독'이 공기로 전파되지 않는다고 확신했다. "그런 생각에 반대되는 증거는 한두 가지가 아니다. 환자와 친하게 지내는 수많은 사람이 병에 걸리지 않으며, 반대로 환자와 전혀 접촉한 적 없는 수많은 사람이 병에 걸리지 않는가?" 사망한 환자의 장을 검사한 후 그는 '소화관 점막의 국소적 침범'을 알아차렸고, 이런 결론을 내렸다.

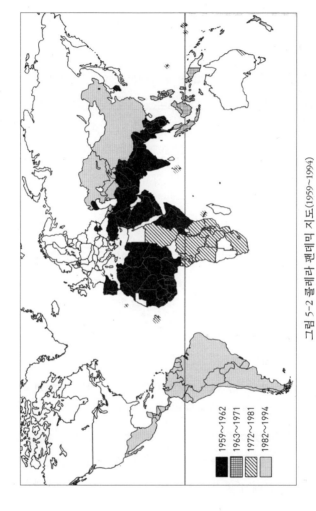

그림 5-2 콜레라 펜데믹 지도(1959~1994)

1959~1962
1963~1971
1972~1981
1982~1994

출처: R. L. Guerrant, Lessons from diarrheal disease: demography to molecular pharmacology. J Infec Dis 169(6): 1206~
1218, 1994, University of Chicago Press 허락을 얻어 수록.

이 병은 환자의 소화관 점막에서 유래한 무언가에 의해 다른 사람의 소화관 점막으로 옮겨 가는 것이 틀림없다. 그렇다면 반드시 그것을 삼켜야 할 것이다. 지역 사회에 속한 사람들이 함께 먹는 무언가에 의해 전파되고, 처음에는 몇 안 되는 사람만 병에 걸려도 시간이 지나면 점점 많은 사람이 앓게 되므로 결국 콜레라 독은 일종의 성장 과정을 통해 증식하는 것이 분명하다. … 이런 증식은 소화관에서 일어난다. 질병의 확산 규모로 볼 때, 콜레라 환자의 토사물이나 대변을 극소량 삼키는 경우가 매우 많을 것이다.[19]

스노우는 콜레라가 수인성 전염병이라는 논쟁적인 가설을 입증하는 데 나섰다. 1854년 콜레라 대유행이 런던을 덮쳤을 때, 환자 하나하나를 추적하며 전파 경로를 세심하게 지도 위에 그렸다. 당시 런던의 모든 하수도는 한곳에 모인 후 바로 템스강으로 흘러들었고, 상수도 서비스를 이용하는 시민은 몇 개의 회사 중 하나를 선택할 수 있었다. 모든 회사가 템스강에서 물을 끌어왔지만 취수 지역은 각기 달랐다. 몇몇 회사는 하수가 흘러드는 곳보다 상류에서 물을 끌어왔지만, 그보다 하류에서 취수하는 회사도 있었다. 모든 콜레라 환자의 취수원을 하나하나 확인한 결과, 콜레라에 걸린 경우가 서더크Southwark와 복스홀Vauxhall 수도 회사에서 공급한 물을 사용한 가정이 램버스Lambeth 회사를 이용한 가정에 비해 9배나 많았다. 서더크와 복스홀은 도시보다 하류에서 물을 끌어온 반면, 램버스의 취수원은 훨씬 상류 쪽이었다. 이어서 그는 자신이 사는 소호Soho구의 콜레라 증례를 지도 위에 표시해보았다. 환자가 발생한 집은 대부분 브로드Broad가에 있는 펌프에서 식수를 길어다 마셨다. 그가 행정 기관을 설득해 펌프 손잡이를 없애버린 사건은 너무도 유명하다. 사람들은 다른 곳에서 물을 길어올 수밖에 없었지만, 조금 지나자 콜레라 환자 수가 급격히 감소했다. 나중에 밝혀진 바로, 그 펌프가 설치된 우물은 최근 한 어린이가 콜레라를 앓았던 집에서 흘러나온 하수로 오염되어 있었다.

이런 관찰을 근거로 스노우는 손을 잘 씻고, 물은 반드시 끓여 마시며, 침대 시트와 베갯잇을 소독하는 등 콜레라를 예방하는 간단한 방법들을 제안했다. 애석하게도 그는 3년 후 45세의 젊은 나이에 뇌출혈로 세상을 떠나는 바람에 자신의 이론이 완전히 인정받고, 예방책이 시행되는 모습을 보지 못했다. 하지만 그의 연구는 세균설을 주장한 학자들에게 큰 힘이 되었다. 이후 1883년 캘커타와 봄베이에서 발생한 콜레라 유행이 이집트까지 번지자 로베르트 코흐는 원인 병원체를 찾기 위해 미생물학 연구팀을 꾸려 알렉산드리아로 향했다. 그들은 사망한 환자의 장 속에 쉼표 모양의 세균이 들끓고 있음을 발견했으며, 마침내 유행의 진원지인 캘커타에서 이 세균을 분리 동정하여 1884년에 논문으로 발표했다.

콜레라 백신은 1880년대 후반에 개발되었다. 하지만

유행 지역을 여행하는 사람에게 도움이 되었을 뿐, 가격이 너무 비싼 데다 효과가 오래 지속되지 않아 주민들에게는 도움이 되지 않았다. 높은 사망률이 급감한 것은 정맥 주사로 빠른 시간 내에 대량의 수분을 주입하는 방법이 개발되면서다. 놀라운 것은 콜레라균이 인간이나 어떤 동물 보유 숙주도 필요 없이 독립 생존할 수 있다는 점이다. 대유행을 일으키지 않을 때 콜레라균은 갠지스 삼각주의 강물 속에서 행복하게 살아간다. 사실 이 세균은 물속에 정상적으로 존재하는 세균총의 일부다. 규조류 등의 플랑크톤, 갑각류, 절지동물과 그것들이 변태 과정에서 벗어놓은 허물의 키틴질 표면에 달라붙어 조금씩 갉아먹으며 산다. 물속의 조류가 주기적으로 증식할 때 콜레라균 역시 숙주인 플랑크톤과 함께 개체 수가 크게 늘어나 인간을 감염시키고 유행을 일으킬 가능성이 커진다. 하지만 콜레라 유행은 단순하지 않다. 물속에 사는 모든 비브리오균이 콜레라 독소를 생산하지는 않기 때문이다. 독소를 생산하지 않는 균은 무해하다. 사실 콜레라 독소 유전자는 비브리오균을 감염시키는 파지 바이러스에 의해 전달되므로, 바이러스에 감염된 비브리오균만 독소 생산 균주로 전환된다. 현재까지 파지에 의해 전환되어 전 세계적인 유행을 일으킨 독소 생산 콜레라 균주는 단 두 가지로, 잘 알려진 O1 균주와 O139 균주다(그림 5-3).

　뱅골만의 물속에 사는 파지 바이러스도 여러 종류가 있다. 이들 역시 숙주인 세균과 균형을 이루며 살아간다.

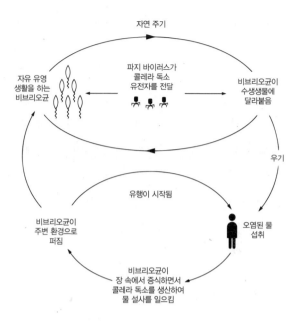

자연 주기

파지 바이러스가
콜레라 독소
유전자를 전달

자유 유영
생활을 하는
비브리오균

비브리오균이
수생생물에
달라붙음

우기

유행이 시작됨

비브리오균이
주변 환경으로
퍼짐

오염된 물
섭취

비브리오균이
장 속에서 증식하면서
콜레라 독소를 생산하여
물 설사를 일으킴

그림 5-3 콜레라균의 자연생활 주기 및 유행 주기

콜레라균에 독소 유전자를 전달하는 파지도 있지만, 콜레라균을 죽여 개체 수를 조절하는 용해 파지lytic phage도 있다. 용해 파지와 콜레라 파지의 숫자는 보통 반비례한다. 용해 파지가 많아지면 콜레라균은 줄어든다. 갠지스 삼각주의 콜레라 유행은 보통 여름의 긴 우기와 봄철 장마가 끝난 뒤에 발생하는데, 과학자들은 이런 주기가 콜레라균을 감염시키는 파지 바이러스에 의해 나타난다고 주장한다.[20] 많은 비가 내리면 물속에서 파지의 밀도가 희석되므로 유독성 및 무독성 콜레라균이 모두 살아남아 증식할 가능성이 높다. 하지만 이 물을 사람이 마셨을 때 장 속에서는 독소를 생산하는 콜레라균만 살아남아 증식한다. 따라서 대량의 물 설사가 발생했을 때 주변 환경으로 돌아가는 콜레라균은 대부분 독성을 지닌 것들이다. 결국 콜레라가 유행하면 독소를 생산하는 비브리오균이 점점 많아진다. 이렇게 되면 유행이 점점 심해지기도 하지만, 동시에 물속에서 이들을 먹이로 삼는 파지가 폭발적으로 늘어나 독성을 지닌 콜레라균을 죽이므로 유행을 제한하는 효과가 나타난다. 이렇듯 스스로 균형을 찾는 유행 주기는 인간들이 전 세계를 돌아다니며 콜레라균을 이곳저곳으로 옮기기 전 아득한 옛날부터 갠지스 삼각주 지역에서 끊임없이 반복되었을 것이다.

콜레라균은 선진국에서는 위생 수준이 높아지면서 거의 사라졌지만, 아직도 전 세계적으로 심각한 보건 문제다. 1991년에 일곱 번째 팬데믹이 남미를 덮쳤을 때, 콜레라균은 판잣집들이 빽빽이 들어서 위생 상태가 불량한 도시의 취약한 인구 집단 속에서 거침없이 퍼지며 약 40만 명을 감염시켰다. 그중 4,000명이 사망했다. 1994년 부족 간의 갈등을 피해 100만 명에 육박하는 르완다인들이 이웃 자이르로 피난을 떠났을 때도 콜레라균은 고마Goma 난민 캠프의 비위생적인 환경을 적극적으로 이용했다. 불과 3주 만에 1만 2,000명이 콜레라로 사망하여, 사망률은 48퍼센트에 이르렀다.[21] 현재 전 세계적으로 깨끗한 물을 마시지 못하는 사람이 15억 명에 이른다. 2025년이 되면 이 숫자가 35억 명이 될 것으로 전망하므로,[22] 상황은 훨씬 나빠질 것이다. 다행히 새로운 경구용 백신을 개발 중이다. 단가를 충분히 낮춰 개발도상국가에 널리 보급하면서 공중보건 프로그램을 적극적으로 시행한다면, 토착 지역에서 콜레라의 유행 주기를 소멸시킬 수 있을 것이다.

이번 장에서는 감염병을 일으키는 병원체가 어떻게 국제적인 인간의 이동 경로를 이용하여 세계 각지에서 한 번도 노출된 적 없는 인구 집단을 감염시키는지 살펴보았다. 급성 어린이 감염병처럼 전 세계적으로 분포가 어느 정도 확립된 병들이 있는가 하면, 페스트, 황열, 콜레라처럼 환경 속 어디엔가 숨어 다음 기회를 엿보는 병들도 있다. 다음 장에서는 환경에 존재하는 미생물이 직접 우리를 감염시키지 않더라도 우리 삶에 미치는 파국적인 영향을 알아볼 것이다.

6장

기근과 황폐

농경이 시작된 이래 비교적 최근까지 인류의 대다수는 채
식 위주의 식사를 해왔다. 주식인 쌀, 옥수수, 감자, 콩 등이
인간에게 필요한 칼로리의 대부분을 제공했으며, 동물성
식품은 부유층만 즐길 수 있는 일종의 사치품이었다. 따라
서 우리 조상들이 정기적으로 겪었던 기근은 보통 흉작 때
문이었으며, 흉작의 원인은 대부분 궂은 날씨였다. 특히 열
대와 아열대 지방이 취약했다(지금도 그렇다). 이 지역에서
는 농작물 생산이 거의 전적으로 그 해의 강우 주기에 달
려 있기 때문이다. 혹독한 가뭄과 모든 것을 쓸어가는 홍수
가 빈번하게 일어나는 인도 아대륙에서는 초여름에 인도
양에서 불어오는 계절풍이 비를 몰고 오기를 애타게 기다
린다. 그 비야말로 곡식이 자라기 시작한다는 신호이기 때

문이다. 최근까지도 계절풍에 의해 비가 내리지 않으면 바로 흉작으로 이어져 수백만 명이 굶주리곤 했다. 기근이 찾아오면 으레 사회 불안이 뒤따랐다. 영양실조와 함께 병들거나 죽어가는 사람들이 음식과 물을 찾아 집을 버리고 떠돌아다녔기 때문이다. 오늘날 아프리카에서 자주 목격하듯 이런 상황이 내전 등으로 악화되면 난민들은 끔찍하게 붐비며 최소한의 위생도 유지되지 않는 캠프와 급식소에 몰려 살게 된다. 그나마 캠프와 급식소라도 마련되면 다행이다. 이런 생활 환경은 병원체에게 더할 나위 없는 기회이므로, 콜레라, 발진티푸스, 이질의 유행이 필연적으로 뒤따른다.

농작물과 때로는 가축을 감염시키는 미생물 역시 기근의 원인이 될 수 있다. 특히 가축을 밀집 사육하고, 한 가지 작물만 집중적으로 재배하면 미생물이 창궐하기 쉽다. 작물이든 가축이든 한번 유행병이 돌면 걷잡을 수 없이 번져 엄청난 타격을 입는다. 현재 서구인들은 농축산물의 거대한 국제교역에 힙입어 기근의 영향을 실감하지 못하지만, 이번 장에서는 지난 150년 사이에 세계 최고의 부국이었던 영국을 강타한 기근에 대해 알아보려고 한다.

감자는 월터 롤리Walter Raleigh, 존 호킨스John Hawkins, 프랜시스 드레이크Francies Drake 등 엘리자베스 1세 재위 기간 중 바다로 나갔던 몇몇 탐험가들이 남미에서 영국으로 들여왔다고 알려져 있다. 하지만 이 덩이줄기 식물이 유럽을 거쳐 영국에 도입된 것은 1590년대였을 가능성이 높다. 금과은, 값진 보석을 강탈할 목적으로 신세계를 찾았던 소위 정복자들은 흔해 빠진 감자 따위에 눈길도 주지 않았을 테다. 그러나 유럽으로 돌아오는 항해 중 선원들을 먹여 살리기 위한 식량으로 배에 실었을 것은 거의 확실하므로 1570년경에 의도치 않게 스페인에 도입되었을 가능성이 높다.

처음에 유럽인들은 감자를 '악마의 음식'이라고 깎아내렸지만, 감자의 인기는 점점 높아졌다. 19세기 중반에 이르러 감자는 북유럽 전체와 미국에서 재배되었으며, 칼로리가 풍부한 기본 식단으로서 빈곤층의 건강을 크게 개선시켰다. 영국은 몰라도 아일랜드에 감자를 처음 도입한 사람은 월터 롤리가 확실할 것이다. 전하는 바에 따르면, 그는 코크Cork주의 영지 율Youghal의 정원사에게 감자 몇 개를 주었다. 정원사는 감자를 땅에 심었지만 감자에 대해 아무것도 몰랐기 때문에 덩이줄기 대신 독성이 있는 열매를 먹었다고 한다.[1] 영어로 감자를 일컫는 'potato'라는 말은 남미 안데스 지역에서 이 작물을 수천 년간 재배해온 원주민들의 언어 'papa' 또는 'patata'에서 유래했다. 오늘날 재배하는 감자Solanum tuberosum의 기원은 칠레의 해안 지방에서 자라는 야생 가지속Solanum까지 거슬러 올라가지만, 유럽인들이 남미에 도착했을 때 감자는 이미 안데스 전역에서 재배되었으며, 페루의 잉카 문명을 지지하는 가장 중요한 식량원이었다. 하지만 중미나 북미에는 전혀 알려지지 않아 17~18세기에 백인들이 정착하면서 재배하기 시작했다.

아일랜드

※

감자는 대부분의 기후와 토양 조건을 잘 견딘다. 그 때문에 비가 많이 내리고 안개가 자주 끼는 아일랜드 서부에서 특히 환영받았을 것이다. 이 지역은 여름 내내 눅눅하고, 토탄이 많이 섞여 배수가 잘 되지 않는 토양 때문에 곡류의 작황이 좋지 않은 때가 많았다. 이곳이 아니라도 아일랜드에는 기근과 굶주림으로 인한 사망이 너무나 흔했기 때문에, 단위 면적당 곡류를 재배하는 것보다 2배나 더 많은 사람을 먹여 살릴 수 있는 감자는 더할 나위 없이 귀중한 작물이었다. 게다가 감자는 식물성 식품으로는 독특하게도 약간의 우유만 더하면 모든 필수 비타민을 공급하여 영양실조를 피할 수 있었으므로 그동안 아일랜드 어린이들에게 너무나 흔했던 괴혈병이 거의 자취를 감추었다.[2] 아일랜드의 인구가 급격히 늘었던 18세기 내내 아일랜드인의 식탁에서 감자의 중요성은 계속 커졌다. 1800년대 초에 이르면, 빈곤층은 매일 감자만 먹고 살 정도였다. 저장해둔 감자를 모두 먹어치우는 소위 '곡식을 먹는 달meal month'이나, 새로 수확한 감자가 아직 나오지 않은 7월과 8월을 제외하면, 당시 아일랜드 사람들은 1인당 하루 평균 약 3.5킬로그램의 감자를 소비했다. 하지만 현재도 감자는 곡류만큼 오래 저장할 수 없기 때문에 감자를 주식으로 하는 사회는 기근을 겪기 쉽다. 물론 감자도 생산성과 보존성을 향상한 품종이 개발되었다. 1770년에 도입된 아이리시 애플

Irish Apple 품종은 1년 이상 안정적으로 저장할 수 있었다. 하지만 아이리시 애플은 곧 1808년 스코틀랜드에서 개발된 럼퍼Lumper에 밀리고 말았다. 럼퍼는 아이리시 애플에 비해 퍽퍽하고 맛이 떨어졌으며 무엇보다 오래 저장하기 어려웠지만, 척박한 토양에서도 잘 자라고 수확량이 풍부했다. 영국과 스코틀랜드에서는 럼퍼를 동물 사료용으로나 쓸 품종이라며 깎아내렸지만, 항상 굶주림에 시달렸던 아일랜드 빈곤층은 대환영이었다. 머지않아 늘어나는 인구를 먹여 살리기 위해 서부 아일랜드 전역에서 럼퍼를 재배하기 시작했다.

아일랜드의 감자가 처음 병충해를 겪기 시작했던 1845년에 빈곤한 노동자와 소작농들은 이미 한계에 도달해 있었다. 그들의 생활 조건은 중세 봉건 시대 이후 거의 변한 것이 없었다. 토지를 소유하지 못한 채 불결하기 짝이 없는 환경에서 살았으나, 가톨릭 교회의 영향으로 가족 수는 갈수록 늘었다. 실제로 1800년과 1845년 사이에 아일랜드 인구는 450만 명에서 800만 명 이상으로 늘었는데, 그중 65만 명이 가난하고 교육받지 못했으며 독립적인 생활 능력이 없는 노동자였다.[3] 그들은 지주가 소유한 거대한 농장에서 일을 해주며 먹고 살았다. 사냥 파티를 열 때나 영지에 들르는 부재지주들은 차지농업자tenant farmer들에게 토지를 분양하여 먹고 살았으며, 차지농업자는 다시 그 토지를 0.25에이커(약 1,000제곱미터)씩 나누어 노동자와 소작농에게 전대차하고 임대료를 받았다. 이렇게 0.25에이커 단위로 임대한 땅을 '콘에이커conacre'(옥수수를 뜻하는 'corn'과 1에이커를 뜻하는 'acre'의 합성어)라고 했다. 그들은 창문이나 굴뚝도 없이 가축 우리 같은 초막에서 토탄으로 불을 피운 탓에 피부가 항상 연기에 그을려 있었으며, 토지 임대의 사슬 밑바닥에서 소출의 대부분을 착취당하는 극빈층이었다. 그들은 농장과 영지에 노동력을 팔고, 대개 1마리뿐인 돼지에게 감자를 먹여 키우며 1년 치 임대료를 악착같이 긁어모았다. 넓지도 않은 콘에이커에서 1년 내내 가족이 먹고, 돼지에게도 먹일 감자를 수확해야 했다. 그 양은 하루 평균 14.5킬로그램에 이르렀다.

1845년 토머스 갬벨 포스터Thomas Campbell Foster는 아일랜드를 돌아본 후 〈타임스〉에 기고한 기사에서 전형적인 노동자 가정의 1년 예산을 이렇게 추정했다.[4]

- 수입: 3파운드 18실링(임금: 하루 6펜스), 4파운드(돼지 판매)
- 연 임대료: 5파운드(오두막: 2파운드 10실링, 콘에이커: 2파운드 10실링)
- 차액: 2파운드 18실링(옷, 양초, 식사, 음료, 농기구 등)

이 숫자만 봐도 감자가 흉작일 경우 온 가족이 굶주릴 것은 자명하다. 아일랜드 노동자에게 콘에이커는 생명줄이었으므로 어떤 대가를 치르더라도 포기할 수 없었다. 거기서 재배하는 감자는 자본이자 임금, 지대, 식량일 뿐 아니라, 소작 관련 문제를 마무리짓고 혼인으로 인한 재산 정리시에도 통용되는 일종의 사회적 화폐였다.[5] 지주들은 소작인들이 게을러서 더 잘살아볼 궁리를 하거나 다양한 농작물을 재배해보지도 않는다고 불평하며 가난에서 벗어나지 못하는 것은 오로지 자기들 탓이라고 주장했다. 하지만 빈곤층은 구조적으로 헤어날 수 없는 가난의 굴레 속에 갇혀 있었다. 임대료는 과중했으며 콘에이커는 너무 좁아 달리 어떻게 해볼 도리가 없었다. 계속 늘어나는 가족을 먹여살리기 위해선 감자를 심지 않을 수 없었던 것이다. 어떤 나라도 그 정도로 감자에만 의존하지는 않았다. 당장 아일랜드 해협 건너 영국과 스코틀랜드의 노동자들도 가난하기는 매한가지였지만, 감자 외에 귀리와 빵 정도는 먹고 살았다. 따라서 1845년 감자잎마름병이 브리튼섬Britain(잉글랜드, 스코틀랜드, 웨일스를 통칭함—옮긴이)을 강타했을 때 빈곤층이 처한 상황은 어디에서나 암담했지만, 아일랜드의 소작농은 아예 대재앙을 맞았던 것이다.

감자잎마름병

＊

감자잎마름병은 감자역병균Phytophthora infestans이라는 곰팡이에 의해 발생한다. 이 곰팡이는 식물의 병원균 중 가장 심각한 것으로 알려져 있다. 감자와 함께 남미에서 유래했을 것으로 추정되는 이 병원체는 주로 감자를 침범하지만, 토마토를 비롯하여 다른 가지과Solanaceaeum 식물에서도 병을 일으킨다. 서늘하고 습도가 높은 기후에서 번성하며, 눈에 보이지 않는 작은 포자(홀씨 주머니)를 공기 중으로 날려 바람과 비를 타고 식물에서 식물로 옮겨 간다. 포자낭은 적당히 축축한 잎에 내려앉은 후 바로 발아하거나 유주자zoospore를 방출하는데, 유주자는 얇은 수막 속을 헤엄쳐 돌아다닌다. 포자가 발아하면 미세한 실 모양의 균사가 가지를 치며 자라서 잎과 덩이줄기를 파고든 후, 세포 사이로 뻗어나가 영양분을 빼앗고 식물을 부패시킨다. 잎에는 검은 점이 나타나며 차츰 시들어 말라 떨어지는데, 식물 전체가 시들기 전에 잎의 기공에서 새로운 포자를 잔뜩 머금은 균사가 자라나 바람을 타고 다른 식물을 감염시킨다. 한편 비가 내리면 빗물에 씻긴 포자가 잎에서 땅으로 떨어져 덩이줄기를 감염시켜 썩게 만들며, 흙 속에서 겨울을 난 후 다음 해에 싹트는 농작물까지 침범한다.

감자역병균은 1840년대 초반 감자가 유입된 경로를 따라 아메리카 대륙에서 유럽에 도달한 후 전 세계로 퍼졌다. 벨기에에 처음 모습을 드러낸 병원체는 1845년 영국에 상륙했으며, 그해 9월에는 아일랜드를 침범했다. 아일랜드인들은 감자잎이 '돌돌 말리고 딱지가 앉는' 몇 가지 질병에 익숙했으며, 그런 병이 돌면 수확량이 감소하여 굶주림과 죽음이 찾아온다는 사실을 잘 알았다. 하지만 감자잎마름병은 차원이 다른 재앙이었다. 갑자기 나타나 모든 작물을 쓸어버리고, 썩어가는 쓰레기 더미만 남겨놓았다. 1845년 유명 원예 잡지 〈가드너스 크로니클Gardeners' Chronicle〉의

편집자이자 런던 유니버시티 칼리지University College London를 대표하는 식물학자 존 린들리John Lindley 교수는 이 병을 최초로 기술했다.[6]

이 병이 생기면 잎과 줄기가 점차 썩어 악취를 풍기는 부패한 덩어리가 되어버리며, 덩이줄기도 비슷한 경과를 밟는다. 처음으로 나타나는 증상은 잎의 가장자리에 검은 점이 생겨 점차 커지는 것이다. 이후 줄기가 점점 썩어들어간다. 며칠 뒤, 줄기 전체가 썩으면 특이하고도 불쾌한 악취가 난다.

그 악취는 이후 3년간 아일랜드의 가난한 소작농들에게 무시무시한 죽음의 냄새였다. 1845년 아일랜드의 감자 수확량은 감자잎마름병으로 인해 40퍼센트 줄었다. 이 정도에 그쳤다면 많은 사람이 죽지 않고 버틸 수도 있었을 것이다. 하지만 이듬해 잎마름병은 아일랜드 감자의 90퍼센트를 쓸어버렸다. 1847년에는 주춤했지만 절망에 빠진 소작농들이 씨감자까지 먹어버린 뒤였기 때문에 소출은 다시 크게 감소했다. 1848년에는 다시 감자잎마름병이 기승을 부려 마지막 희망마저 짓밟고 말았다.[7]

감자잎마름병은 사회적 피라미드의 밑바닥에 있던 소작농에게 가장 큰 피해를 입혔지만, 결국 아일랜드 사회의 모든 계층이 그 영향을 피할 수 없었다. 소작농들은 오직 감자만 재배했으므로 계산은 간단했다. 흉작이면 먹을 수도, 소작료를 낼 수도 없었다. 이듬해 봄까지 살아남는다 해도 대부분 새로 심을 씨감자가 없었다. 옥수수도 키우고, 때로 소도 몇 마리 치는 소규모 자작농이라도 사정이 나을 것은 없었다. 소출을 먹어버리면 지대를 내지 못해 쫓겨나고, 지대를 내면 굶주릴 것이었다.

비극의 연쇄 효과는 모든 계층과 직종으로 파급되었다. 영지에서 나오는 소작료가 말라버리자 지주들은 임금을 줄이기 위해 즉시 하인과 인부들을 해고했고, 국가 전체적으로 실업자가 급증했다. 사치품은 고사하고 식료품조차 살 수 있는 사람이 거의 없어지지 상점 주인, 수공업자, 도매상에서 대규모 제조업자에 이르기까지 줄줄이 망하기 시작했다. 사람들의 기억 속에 가장 추웠던 그해 겨울, 굶주린 가족들은 축사만도 못한 오두막에서 몸을 옹송그리고 죽음을 기다렸다.

1846년 12월, 코크주의 지방 판사는 웰링턴Wellington 공작에게 한 해안 마을에서 목격한 장면을 편지에 써보냈다.[8]

첫 번째 (오두막) 속에는 섬뜩할 정도로 피골이 상접한 사람 여섯이 한쪽 구석의 더럽기 짝이 없는 지푸라기 위에 몸을 옹송그린 채 모여 있었습니다. 어느 모로 보나 죽은 사람들이었습니다. 다 떨어져 누더기가 된 마의 horsecloth(장식용 또는 방한용으로 말에게 입히는 옷—옮긴이)만 몸에 걸친 사람들의 처참할 정도로 깡마른 다리들이 헐벗은 채 무릎 위로 이리저리 얽혀 있었습니다. 공포에 질려 다가서는데 나지막한 신음 소리가 들려 그들이 살아 있음을 알았습니다. 어린이가 넷, 여자가 하나, 그리고 한때 남자였던 것 같은 사람이 하나였으며, 모두 열이 났습니다. 이 정도면 충분히 사정을 아실 수 있을 겁니다. 사실 자세히 말씀드릴 수도 없는 것이 불과 몇 분 사이에 적어도 200명은 될 것 같은 귀신들이 저를 둘러쌌습니다. 그때의 공포는 뭐라 형언할 수 없을 정도였습니다.

수많은 극빈층 소작농과 자영농이 스스로 집을 떠나거나, 소작료를 내지 못해 쫓겨났다. 이들은 굶어죽기 전에 구빈원(생활 능력이 없거나 가난한 사람들을 수용하여 구호하는 시설—옮긴이) 문턱에라도 가보리라는 마지막 희망을 붙들고 초라한 물건들을 지닌 채 도시에서 도시로 떠돌았다. 엘리자베스 스미스라는 여성은 일기에 이렇게 적었다.[9] "신이시여, 이들을 도와주소서. 보기에도 섬뜩할 정도로 말라 있고, 누더기를 걸친 해골 같은 사람들이 거리마다 넘쳐납니다. 이 많은 사람을 어떻게 먹이고 입힌단 말입니까." 구빈원들은 그 정도 재난에 대처하기에는 모든 것이 턱없이 부족했다. 그마저도 꽉 차서 나중에 도착한 사람은 먼저 들어간 누군가가 죽기를 기다리는 수밖에 다른 도리가 없었다.

일부 지주는 소작농이 지저분한 집을 버리고 떠날 때까지도 기다리지 못해 오두막을 철거하고 땅을 도로 빼앗기도 했지만, 언제나 그렇듯 착한 지주들도 있었다. 예를 들어 1845년 도니골의 킬데어 경Lord Kildare of Donegal은 모든 소작인의 지대와 임대료를 면제했으며, 이민 과정을 도와준 지주들도 여럿 있었다.[10]

한때 친절하고 이방인을 환대하기로 유명했던 이 나라가 이제는 어디를 가든 도둑질이 성행했다. 천운으로 건강한 감자를 수확한 가족들은 밤에 몰래 숨어들어 맨손으로 감자를 파내거나 길다란 작대기로 헛간에 저장해둔 감자를 찍어내 훔치려는 사람들을 막아야 했다. 개나 여우는 물론 쥐, 달팽이, 개구리, 고슴도치, 까마귀, 갈매기, 해초류와 삿갓조개에 이르기까지 굶주림과 죽음을 면할 수 있는 것이라면 사람들은 무엇이든 먹었다.[11]

아일랜드에 더 이상 미래가 없다고 생각한 극빈층 노동자 중에는 굶주림이나 전염병으로 죽는 것보다 떠나는 것이 차라리 낫다고 생각하여 이민을 택한 사람도 많았다. 사실 기근을 못 이겨 미국, 캐나다, 호주로 떠나는 추세는 이미 몇 년째 꾸준히 이어졌지만 1845~1848년의 대기근 중에 이민자 수가 급증했다. 1846년에 아일랜드를 떠난 사람은 12만 명이었지만, 1847년에는 그 수가 2배로 늘어났다. 이들은 대부분 미국이나 캐나다에 정착했다. 1847년 캐나다행을 선택한 사람은 9만 명이었는데, 건강 상태가 너무 나빠 2,000명은 아일랜드를 벗어나기도 전에 죽었고, 또 다시 1만 3,000명이 항해 도중에 세상을 떠났다.[12]

3년간의 기근이 몰고온 피해는 무시무시했다. 450만 명이 기아에 내몰려 서서히 쇠약해지면서 몸을 침범해 들어온 온갖 기회감염 병원체에 시달렸다. 100만 명이 넘는 아일랜드 농부가 굶어죽었고, 130만 명이 고향을 버리고 해외로 떠났다. 윌리엄 와일드William Wilde는 1850년에 아일랜드 서부를 여행한 후 이렇게 말했다. "시골길을 아무리 달려도 인기척이 없었다. 동물조차 거의 보지 못했다." 그는 우연히 이런 장면을 목격했다. "최근 지붕을 벗겨낸 마을의 잔해에서 연기가 피어올랐다. 초라한 오두막의 서까래가 무너져 내린 사이로 추위를 피하려고 한데 부둥켜안은 채 죽어간 비참한 가족들의 모습이 눈에 띄었다."[13]

1801년의 연합법Act of Union에 의해 아일랜드는 영국의 일부가 되었으므로 그는 당연히 로버트 필Robert Peel이 이끄는 정부에 도움을 요청했다. 하지만 영국 정부는 굶주리는 아일랜드를 선뜻 돕지 않았다. 그토록 엄청난 재난을 해결할 능력이 없었기 때문이다. 아일랜드는 항상 식량이 부족했으므로, 처음에는 으레 겪는 문제라고 생각했던 탓도 있다. 하지만 빅토리아 시대의 사회 상류층은 빈곤층, 특히 아일랜드의 빈곤층은 더럽고 게으르며, 비도덕적이고 반항적이라고 생각하는 경향이 있었기에 자기들이 상관할 일이 아니라는 입장이 지배적이었다. 실제로 빅토리아 여왕이 고난을 겪는 아일랜드를 위해 선포했던 기도의 날 연설에는 그들의 재난이 신의 형벌이라는 믿음이 뚜렷이 드러났다. 여왕은 아일랜드 국민에게 이렇게 기도하라고 명했다. "우리의 수많은 죄와 허물로 인해 받아 마땅한 주님의 심판을 부디 거두어주옵소서."[14] 당시에는 너그러운 자선이 게으름과 타락을 불러온다고 여겨졌다. 아일랜드 구호 프로그램Britain's Relief Programme for the Irish의 책임을 맡은 찰스 트리벨리언Charles Trevelyan은 이렇게 조언했다. "먹고살 길이 조금이라도 남아 있는 한, 구호는 굳이 요청할 필요가 없다고 느껴질 정도로 적은 수준에 그쳐야 한다."[15]

감자잎마름병이 덮쳤을 때 로버트 필은 국내 농업 생산자를 보호하기 위해 수입 곡물에 중과세하는 곡물조령Corn Law을 두고 골머리를 앓고 있었다. 적극적 지지층인 부유한 지주들에게 유리한 법률이었지만, 한편으로 이 법률을 폐지하여 식민지에서 수입되는 곡물에 시장을 열어준다면 상인 계층을 육성하여 국제무역의 허브로 발돋움할 기회를 잡을 수 있을 터였다. 그가 파견한 조사위원회가 아일랜드 기근이 얼마나 심각한지 보고했을 때, 필은 그토록 원했던 곡물조령 폐지 기회가 왔음을 직감했다. 그렇게만 된다면 바다 건너 미국에서 값싼 옥수수를 수입하여 굶주리는 아일랜드 사람들을 구할 수 있을 것이었다. 그렇다고 공짜로 마구 퍼줄 수는 없었다. 사람은 밥을 벌기 위해 반드시 일을 해야 한다는 것이 당시의 신성한 믿음이었다. 필은 국책 사업으로 도로를 놓기로 했다. 1847년에는 73만 4,000명의 남성과 그들의 가족을 합쳐 약 300만 명의 아일랜드인이 도로 건설에 나섰다.[16] 오늘날 서부 아일랜드는 수많은 도로가 촘촘한 네트워크로 얽혀 있지만, 사람들은

'출발지도 목적지도 뚜렷하지 않은, 그저 길들'이라고 비꼬곤 한다.

아일랜드에서 이토록 비참한 일이 벌어지는 동안 학계에서는 감자잎마름병의 원인을 두고 수많은 가설이 제기되었다. 대부분의 학자가 부패한 물체에서 나오는 독기가 문제라고 믿었지만, 일부는 최근 발명된 증기기관차에서 나오는 정전기가 원인일지 모른다는 설을 내놓았다.[17] 바로 그때 〈가드너스 크로니클〉의 지면을 통해 식물학계의 두 거장이 싸움을 벌이기 시작했다. 런던 유니버시티 칼리지의 린들리 교수는 날씨 조건이 맞지 않은 것이 원인이라고 확신했다. 1845년 여름은 덥고 건조한 날씨가 지속되다가 7월 들어 비가 오고 안개가 심하게 끼는 춥고 음산한 날씨가 길게 이어졌다. 그의 이론에 따르면, 감자는 일찍부터 맑은 날씨가 이어져야 빨리 자라고, 그 뒤로 우기가 찾아오면 물을 흠뻑 빨아들인다. 그런데 수확을 앞두고 흐린 날씨가 몇 주씩 이어지면, 과도하게 빨아들인 물을 증산 작용을 통해 내보낼 수 없어 결국 물을 잔뜩 머금은 채 썩어 죽는다는 것이었다. 당시로서는 그럴 듯하게 들릴 법한 이론이었으나, 마일스 버클리Miles J. Berkley 목사는 동의하지 않았다. 노샘프턴셔Northamptonshire주 킹스클리프King's Cliffe 인근 교구에서 그는 자연학자들 사이에 진균 전문가로 명망이 높았다. 잎마름병에 걸린 감자의 잎과 덩이줄기에서 곰팡이가 미세한 실처럼 자라는 것을 관찰한 그는 곰팡이야말로 문제의 원인이라고 확신했다. 그리고 벨기에의 샤를 모렌Charles Morren, 프랑스의 카미유 몽타뉴Camille Montagne 등 몇몇 아마추어 식물학자들과 함께 '진균설'을 주창하여 곰팡이가 주범이라고 주장했다. '세균설'(8장 참고)보다 20년 이상 앞선 이 혁명적인 생각이 강력한 불신에 부딪힌 것도 무리가 아닐 것이다. 〈가드너스 크로니클〉에서 린들리는 썩어가는 감자잎과 덩이줄기에서 곰팡이나 흰곰팡이가 흔히 자란다는 사실은 인정했지만, 그저 썩어가는 물질을 먹고 사는 부생균류일 뿐 그 자체가 잎마름병의 원인은 아니라고 주장했다.

이 때는 정확히 썩어가는 물질에서 어떻게 곰팡이가 자라게 되는지 아무도 몰랐던 시절이었다. 많은 사람이 여전히 자연발생설을 믿었다. 곰팡이는 병에 걸린 식물 자체로 인해 생긴다고 믿는 사람도 있었다. 어쩌면 홍역이나 천연두에서 발진이 생기듯 내부의 질병이 겉으로 드러나는 증상일 수도 있고, 병에 걸린 식물이 아주 작지만 건강한 새 생명을 만들어내려는 시도일지도 모른다고 생각했다. 하지만 소수파였던 식물학자들은 자신들의 이론을 고수했다. 1846년 버클리는 〈런던 원예학회저널Journal of the Horticultural Society of London〉에 〈감자 역병에 관한 식물학적 및 생리학적 관찰Observations, Botanical and Physiological, on the Potato Murrain〉이라는 논문[18]을 발표하여 곰팡이의 균사가 실제로 감자잎 속을 침범해 들어가므로 곰팡이는 부생식물이 아니라 기생 병원체라고 주장했다. 나폴레옹 군대에 몸담았다가 은퇴한 외과의사이자, 감자잎마름병을 일으키는 곰팡이를 최초로 경화역병균Botrytis infestans이라 명명했던 몽타뉴는 곰팡이가 감자잎 속에서 자라나는 모습을 그림으로 그려 논문에 실었다(그림 6-1). 버클리는 밀에서 생기는 '깜부깃병'과 '녹병'이 감자잎마름병만큼 파괴적인 것은 아니지만 일반적으로 곰팡이가 원인이라고 인정된다는 점을 상기시켰다. 하지만 곰팡이가 실제로 건강한 식물에서 잎마름병을 일으킨다는 사실을 결정적으로 입증할 방법이 없었기 때문에 그의 확신은 그저 하나의 이론으로 받아들여질 뿐이었다. 그러나 1861년 독일의 안톤 데 바리Anton de Bary가 마침내 감자역병균의 생활사를 밝혀내어 '진균설'이 옳음을 입증했다. 1876년 그는 병원체를 '감자역병균'이라고 새롭게 명명했다. 현재 감자역병균은 곰팡

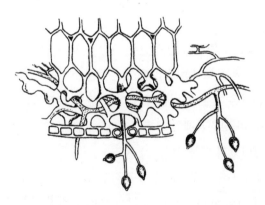

그림 6-1 감자잎마름병 곰팡이가 증식하여 포자를 형성하는
모습을 나타낸 감자잎의 단면도(버클리 1846년)

이라기보다 부등편모조류로 분류된다. 버섯보다 조류藻類나 물곰팡이에 가깝다는 것이다.

학술적 논쟁은 굶주린 아일랜드 사람들에게 어느 것 하나 실질적인 도움이 되지 않았지만, 어떻게 하면 잎마름 병을 예방하거나 치료할 수 있는지에 대한 조언은 봇물처럼 쏟아졌다. 잎마름병에 걸리지 않은 감자를 보존하는 방법만 해도 건조시키라는 둥, 석회 속에 묻으라는 둥, 표면을 소금으로 코팅하라는 둥, 염소표백제, 진한 황산, 이산화망간, 또는 구리 용액에 담그라는 둥 한두 가지가 아니었다.[19] 이런 화학 물질 중 일부는 굶어죽는 것보다 훨씬 빨리 사람을 죽일 수 있을 정도로 독성이 강했지만, 한 가지 쓸모 있는 조언도 있었다. 잎마름병 증상이 나타나자마자 줄기를 잘라 아래에 있는 덩이줄기를 보호하라는 것이었다. 흥미롭게도 캠브리안 뉴스Cambrian News에서는 스완지Swansea의 구리 제련소 근처에서 재배되는 감자의 경우, 다른 지역의 감자들이 잎마름병으로 죽어가는데도 피해를 입지 않고 건강했다는 우연한 관찰을 보도했다.[20] 이 현상을 더 자세히 조사하지 않은 것은 유감스러운 일이다. 감자 잎마름병은 물론 관련된 곰팡이 질환을 치료하는 데 사용된 최초의 항진균제인 보르도액Bordeaux mixture의 주성분이 구리염이었기 때문이다.

처음부터 소작농들은 부분적으로 잎마름병이 생긴 감자에서 아직 균이 침범하지 않은 부위를 먹지 않았다. 그런 감자가 콜레라 같은 질병을 일으킨다고 믿었기 때문이다.

프랑스 샹베리Chambery 지방의 본잔Bonjean은 이렇듯 근거 없는 믿음을 깨뜨리기 위해 대담하지만 다소 무모한 방법을 동원했다. 3일 동안 부분적으로 잎마름병이 침범한 감자를 하루에 3.5킬로그램씩 먹고, 이 감자들을 넣고 끓여 고약한 냄새가 나는 물을 마셨던 것이다.[21] 다행히 그는 아무 일 없이 살아남아 이 이야기를 전할 수 있었다.

발진티푸스

✳

굶주린 아일랜드 사람들에게 온갖 기회감염이 발생한 것은 불가피한 일이었다. 수많은 사람이 굶어 죽기 전에 감염병으로 목숨을 잃었다. 가난한 사람들은 음식과 잘 곳을 찾아 수천 명씩 구빈원으로 몰려들었다. 하지만 대부분 안전한 식수와 하수처리 시설이 없었으므로 붐비는 환경 자체가 전염병이 창궐하기 좋은 조건이 되었다. 모르긴 해도 구빈원 덕에 목숨을 건진 사람만큼 구빈원 때문에 목숨을 잃은 사람도 많았을 것이다. 이런 조건에서는 대변-구강 경로로 전파되는 병원체가 퍼지기 쉬우므로 이질, 장티푸스, 콜레라가 창궐한 것은 놀라운 일이 아니다. 하지만 구빈원에서 가장 흔한 사망 원인은 발진티푸스였을 것이다. 발진티푸스의 병원체는 밀집된 환경과 빈곤을 최대한 이용한다. '수용소열', '감옥열', '선박열', '기아飢餓열' 등 발진티푸스를 일컫는 다양한 이름만 봐도 병원체의 행동과 습성을 짐작할 수 있을 것이다.

발진티푸스를 뜻하는 'typhus'란 말은 그리스어로 '안개' 또는 '연기'를 뜻하는 'typhos'란 말에서 유래했다. 병원체가 뇌를 침범하여 치명적인 뇌염을 일으켰을 때 환자의 혼란스러운 정신 상태를 가리킨다. 병원체는 '리케차Rickettsia'라는 미생물이다. 이는 세균의 일종이지만 독립생활을 하는 데 필요한 세포 내 기관을 완전히 갖추지 못해 다른 생물의 세포에 기생한다. 학명인 'Rickettsia prowazekii'는 20세기 전반에 활약했던 두 과학자의 이름을 딴 것으로, 그들은 발진티푸스의 원인을 연구하던 중 우발적으로 치사량의 병원체에 감염되었다. 미국의 미생물학자인 하워드 테일러 리케츠Howard Taylor Ricketts는 1910년 멕시코에서 최초로 리케차 병원체를 분리했지만, 그것이 발진티푸스의 원인이라는 사실을 밝히지 못하고 세상을 떠났다. 그 후 1914년 보헤미아의 세균학자 스타니슬라우스 폰 프로바제키Stanislaus von Prowazeki가 리케츠의 발견을 재확인했으나 그도 연구를 마치지 못한 채 눈을 감았다. 리케차가 발진티푸스의 원인임을 완벽하게 규명한 것은 1916년 브라질의 세균학자 엔히크 다 호샤 리마Henrique da Rocha Lima였다.

오늘날의 발진티푸스 리케차는 인간만 침범하는 병원체이지만, DNA 염기서열 분석에 따르면 먼 옛날부터 쥐의 몸에 기생해온 발진열 리케차Rickettsia typhi에서 진화한 것으로 추정된다.[22] 발진열 리케차는 쥐벼룩에 의해 전파되지만 쥐에게는 질병을 일으키지 않는다. 이 병원체가 인간에게 넘어온 것은 십중팔구 농경이 시작되면서 쥐가 처음으로 사람이 사는 집에 서식한 때였을 것이다. 틀림없이 쥐벼룩은 때때로 사람을 물었을 것이며, 우연에 의해 점점 인구가 늘고 생활 환경이 불결해지면서 발진열 리케차가 사람의 몸을 침입하는 일도 늘었을 것이다. 어느 시점에 발진열 리케차는 인간의 몸에 기생하는 발진티푸스 리케차로 진화했으며, 그 후로는 몸니body lice에 의해 인간에서 인간으로 전파되었다.

리케츠와 프로바제키가 리케차를 분리한 것과 거의 같은 시기에 튀니스의 파스퇴르 연구소에서 일하던 샤를 니콜Charles Nicolle은 특이한 사실을 알아차렸다. 병원에 도착한 발진티푸스 환자의 옷을 처리했던 직원들이 병에 걸리는 일이 많았는데, 일단 환자가 입원하고 나면 전염될 위험이 없어지는 듯했다(병원체는 옷에 달라붙은 무언가에 의해 전파되며, 그것은 빨래를 할 때 씻겨나가는 것이 아닐까?). 결국 그는 몸니가 매개체라는 사실을 밝혀냈으며, 이렇듯 기민한 관찰력으로 1928년 노벨상을 거머쥐었다. 게처럼 어디엔가 달라붙으면 쉽사리 떨어지지 않는 이 작은 벌레는 불결한 환경에서 쉽게 증식하며, 가진 것 없이 빈곤한 사람들의 피를 빨아 영양분을 섭취한다.

우리에게 이Phthiraptera를 물려준 것은 온몸이 털로 뒤덮혀 있던 영장류 조상들일 것이다. 진화 과정에서 체모가 없어지자 털에 붙어 살던 이 역시 세 가지 유형으로 진화했다. 일부는 아주 가는 털을 붙잡을 수 있는 집게발을 발달시켜 머릿니로 진화했고, 다른 일부는 굵고 거친 음모에 매달리는 기술을 발달시켜 사면발니가 되었다. 한편 몸니는 사람의 몸을 떠나 옷이나 침구의 주름과 솔기 속에서 사는 길을 택했다. 이 흡혈 기생체는 주기적으로 은신처에서 나와 사람을 흡혈하는데, 이때 발진티푸스 리케차를 함께 섭취한다. 리케차는 이의 장(腸)에서 증식하여 결국 장파열을 일으키며, 이때 이의 조직 속으로 혈액 성분이 왈칵 쏟아져 스며든다. 이때 이를 육안으로 보면 빨갛게 보이므로, 환자의 몸에서 붉게 변한 이를 발견했다면 발진티푸스라는 강력한 단서가 된다. 발진티푸스 리케차에 감염된 이는 8~12일 후 죽지만, 조건만 맞으면 그 사이에도 얼마든지 병원체를 퍼뜨릴 수 있다.

곤충 매개체인 모기나 벼룩과 달리 이는 흡혈할 때 병원체를 사람의 몸에 주입하지 않는다. 대신 피부 곳곳에 병원체가 우글거리는 배설물을 남긴다. 이에게 물린 자리는 심하게 가려워 긁지 않을 수 없다. 그때 피부에 상처가 나면서 발진티푸스 리케차가 몸속으로 들어간다. 이제 병원체는 조직 속에서 증식하는데, 특히 혈관 내벽을 좋아한다. 14일 정도 지나면 고열과 함께 심한 두통, 근육통, 관절통이 생긴다. 손과 발의 작은 혈관이 손상되어 혈류가 차단되면 손가락과 발가락이 썩고, 피부 출혈에 의해 검은 발진이 돈다. 80퍼센트의 환자에서 병원체가 뇌로 침입하여 섬망, 발작, 멍한 상태가 나타나며, 혼수에 빠져 사망하는 경우도 종종 있다. 항생제를 쓰지 않으면 사망률이 최대 60

퍼센트에 이른다.

이에 의해 전파된다니 그리 효율적인 방식이 아니라고 생각할 수 있지만, 발진티푸스 리케차는 수백 년간 여러 차례 엄청난 유행을 일으켰다. 발진티푸스를 이겨내고 살아남아도 병원체가 오랫동안 몸속에 남아 처음보다 가벼운 질병이 발작적으로 재발하는 일이 많으며(처음 기술한 두 의사의 이름을 따서 브릴-진서병Brill-Zinsser disease이라고 한다), 이런 사람은 보유숙주 역할을 할 수 있다. 보균자는 감염된 이가 질병을 퍼뜨릴 조건만 맞으면 언제 어디서든 대규모 유행을 유발할 수 있다. 이가 더운 곳을 싫어한다는 사실 또한 병이 퍼지는 데 한몫했다. 환자가 열이 나면 그의 몸에 살던 이가 치명적인 병원체를 지닌 채 다른 사람에게 옮겨 가기 때문이다. 따라서 발진티푸스 리케차는 극히 궁핍한 처지에 몰린 사람들이 추위를 막기 위해 서로 부둥켜안고 잠들며, 몸을 깨끗이 씻지도 못하고, 의복과 침구를 공동으로 사용했던 아일랜드 감자 기근 때처럼 그야말로 쨍하고 해뜰 날을 맞았던 것이다.

역사상 발진티푸스 리케차가 큰 성공을 거둔 일은 헤아릴 수 없이 많다. 실제로 2차세계대전 때까지 벌어졌던 거의 모든 군사작전에서 발진티푸스와 다른 병원체로 인한 사망자 수는 전투로 인한 사망자 수보다 훨씬 많았다. 상황이 달라진 것은 살충제와 항생제가 개발된 20세기 중반에 이르러서였다. 발진티푸스는 나폴레옹 전쟁 기간 내내 프랑스군을 끈질기게 괴롭혔으며, 종종 전투 불능 상태로 몰고 가기도 했다.[23] 1812년 여름, 러시아 원정길에 올랐을 때 나폴레옹군은 50만 명이 훨씬 넘었지만, 머지 않아 그 규모 때문에 보급에 문제가 생겨 마실 물조차 부족해졌다. 제대로 씻지도 못한 것은 당연하다. 폴란드에 이르자 발진티푸스가 생기기 시작했다. 질병과 굶주림으로 사망자가 급증했으며, 수많은 병사가 낙오했다. 러시아에 들어섰을 때 나폴레옹군의 병력은 13만 명으로 줄어 있었으며, 모스크바에 도착했을 때는 불과 9만 명만 남았다. 그들 앞에 펼쳐진 것은 연기가 피어오르는 버려진 도시의 잔해뿐이었다. 유난히 혹독했던 그해 겨울, 고향으로 돌아가는 길은 상상을 초월하는 고난의 연속이었다. 대오도 갖추지 못한 채 뿔뿔이 흩어져 걷는 중에도 발진티푸스 리케차는 이질, 폐렴, 굶주림과 동상에 지친 패잔병들을 끊임없이 쓰러뜨렸다. 살아서 프랑스 땅을 밟은 사람은 3만 5,000명에 불과했다. 그러고도 기세가 꺾일 줄 몰랐던 나폴레옹은 1813년에 다시 50만 명을 징집해 독일과 전쟁을 벌였다. 발진티푸스는 라이프치히 전투에서 나폴레옹군이 패하는 데 또 한 번 결정적인 역할을 한다. 역사가들은 유럽을 정복하겠다는 나폴레옹 1세의 꿈이 좌절된 것은 일차적으로 발진티푸스 리케차 때문이라고 말한다.

　개인 위생은 물론 사회 전체의 위생이 개선되면서 발진티푸스는 점차 설 자리를 잃었다. 1880년대 중반에 이르러 발진티푸스는 서유럽에서 보기 어려운 병이 된다. 하지만 동유럽에서는 여전히 위세를 떨쳤다. 1차세계대전 중 동부 전선에서는 수천 명이 발진티푸스로 목숨을 잃었으며, 이듬해에는 러시아에서 대규모 유행이 발생하여 약 300만 명이 사망했다. 레닌은 이런 말을 남겼다. "사회주의가 이를 박멸하지 못한다면 이가 사회주의를 박멸할 것이다."[24]

굶주림을 피해 나라를 떠난 130만 명의 아일랜드인은 대부분 리버풀에서 뉴욕으로 건너갔다. 쉽게 상상할 수 있듯 굶주린 사람을 가득 싣고 입항하는 배를 반길 사람은 없었다. 미국인들은 이민자 때문에 유행병이 돌지 모른다는 공포에 사로잡혔으며, 뉴욕에서는 한동안 유행병이 돌 때마다 아일랜드인들을 희생양으로 삼았다. 하지만 진짜 문제는 아일랜드에서, 대서양을 횡단하는 배에서, 새롭게 정착한 곳에서 아일랜드인들이 참고 견뎌야 했던 생활 조건이었다. 열악한 환경 때문에 병원체가 들끓을 수밖에 없었다. 뉴욕은 위생 개혁이라는 면에서 대부분의 유럽 대도시보다 뒤쳐져 있었다.[25] 극빈 상태로 헐벗고 굶주린 채 뉴욕에 도착한 아일랜드인의 입장에서는 환기도 안 되는 공간에서 많은 식구들이 부대끼며 살았던 오두막이 빈민촌에 빼곡히 들어선 공동주택의 비좁은 다락방이나 지하실로 바뀐 것에 불과했다. 이민자들이 상하수도 시설조차 갖춰지지 않은 곳에서 살며 발진티푸스, 장티푸스, 콜레라, 이질, 결핵 등 끔찍한 생활 환경에서 번성하는 병원체들에 끊임없이 시달린 것은 너무도 당연한 일이었다.

장티푸스

✳

장티푸스는 장티푸스균Salmonella typhi에 의한 일종의 식중독이다. 오늘날 유행은 하수로 오염된 물에서 자란 조개를 먹고 생기는 것이 전형적이지만, 오염된 식재료를 취급한 후 손을 잘 씻지 않아도 전파될 수 있다. 가볍게 지나가거나 심지어 무증상 감염도 있지만, 전형적인 장티푸스는 병원체가 장 점막을 뚫고 혈관 속으로 들어가 혈액 속에서 증식한 후 여러 장기를 침범한다. 첫 번째 증상은 보통 감염된 지 2주 뒤에 단계적으로 열이 오르는 것이다. 곧이어 장미색 반점 형태의 발진이 돋아난다. 그 후 병원체는 다시 장으로 돌아가 점막을 크게 손상시켜 깊은 궤양을 형성하는데, 때로는 장 벽이 완전히 뚫려 치명적인 출혈이나 복막염이 생긴다. 치료하지 않을 경우 사망률은 약 10~20퍼센트다.

장티푸스균은 회복된 후에도 종종 환자의 담낭에 남아 담즙과 함께 장 속으로 분비되며, 결국 대변에 섞여 밖으로 나온다. 겉보기에는 건강한 사람도 보균자로서 감염을 퍼뜨릴 수 있다. 미국에서 최초로 확인된 보균자는 '장티푸스 메리'란 별명으로 유명한 메리 말론Mary Mallon이었다. 1869년 아일랜드의 쿡스타운Cookstown에서 태어난 그녀는 15살 때 뉴욕으로 이민을 갔다. 가정부로 일하면서 요리에 타고난 재능이 있음을 알게 되었고 몇몇 부유한 가정에 요리사로 고용되었다. 1906년 그녀를 요리사로 고용했던 뉴욕의 은

행가 찰스 헨리 워런Charles Henry Warren은 롱아일랜드의 오이스터 베이Oyster Bay에 여름 휴가용 별장을 빌렸다. 그런데 여기서 생활하던 11명 중 6명이 장티푸스에 걸리자 워런은 위생공학 전문가인 조지 소퍼George Soper에게 조사를 의뢰했다. 그는 장티푸스의 흔한 원인인 우유, 물, 조개, 기타 식품을 모두 조사한 후 문제의 원인으로 새로 고용된 요리사를 지목했다. 그때까지 그녀의 동선을 조사해보니 전에 일했던 일곱 가정에서 22명이 장티푸스에 걸리고 1명이 사망했다는 사실이 드러났다. 그녀가 일한 지 몇 주 내에 모든 가정에서 장티푸스 환자가 발생했다. 그의 조사를 근거로 메리는 체포되었다. 그녀는 한 번도 장티푸스에 걸린 적이 없다고 항변했으나, 실제 대변 속에는 장티푸스균이 우글거리고 있었다. 만성 보균자였던 것이다. 이 불쌍한 여성은 이스트강의 노스브라더섬North Brother Island에 억류되어 리버사이드병원Riverside Hospital 내 오두막에서 살아야 했다. 그녀는 끊임없이 석방 투쟁을 벌였고, 마침내 1910년 다시는 요리사로 일하지 않는다는 서약을 하고 풀려났다. 하지만 1915년에 브라운 부인이라는 가명으로 맨해튼의 슬론산과병원Sloane Maternity Hospital에서 요리사로 일하다 적발되었다. 이번에도 장티푸스 유행을 일으켜 25명이 감염되고, 그중 2명이 사망한 후였다. 이후 메리는 사망할 때까지 23년간 노스브라더섬에 수감된 채 병원 검사실에서 일하다 삶을 마쳤다.

결핵

※

미국 이민 전후 아일랜드의 빈곤층이 견뎌야 했던 열악한 생활 조건을 생각하면 뉴욕 같은 도시에서 유독 결핵 환자가 많았다는 사실은 그리 놀랍지 않다. 흑인이나 유태인의 사정도 마찬가지였다. 결핵은 수천 년간 인간과 함께 해왔다. 이집트의 미라와 초기 힌두 문명, 그리스 로마, 콜럼버스 이전 시대 아메리카 대륙의 유적지 등 구세계와 신세계에서 출토된 사람의 유골에서 결핵을 앓은 흔적이 두루 발견된다.[26] 최근까지도 과학자들은 인간의 결핵균 Mycobacterium tuberculosis이 소의 결핵을 일으키는 우형 결핵균M. bovis에서 진화했다고 믿었으며, 종간 전파가 일어난 시점은 약 1만 5,000~2만 년 전으로 추정했다. 그러나 최근 밝혀진 분자생물학적 증거에 따르면, 이야기가 달라진다. 아직까지 항산균mycobacteria의 다양한 균주가 공통 조상에서 진화한 정확한 시점은 알 수 없지만, 인간 결핵균주들을 분자시계기법으로 분석한 결과, 우형 결핵균이 나타나기 훨씬 전부터 아프리카에서 진화한 것으로 추정된다. 우형 결핵균이 조상일 수 없다는 뜻이다.[27]

이런 진화의 시나리오가 맞다면 결핵균은 가장 오래된 인간 병원체 중 하나다. 하지만 환기가 안 되고, 지저분하며, 사람이 붐비는 환경에서 쉽게 전파되는 이 병원체가 도시의 확장기에 맹위를 떨치기 시작하여 1800년대 초반에 미국과 유럽에서 전성기를 맞았다는 데는 의심의 여지가 없다. 당시 런던, 파리, 뉴욕 등 대도시 주민은 거의 한 사람도 빠짐없이 결핵에 감염되었으며, 가장 흔한 사망 원인 또한 결핵이었다.

결핵균은 감염된 사람이 기침이나 재채기를 하거나 다른 방식으로 숨을 내쉴 때 공기 중에 퍼지는 비말에 의해 전파된다. 이런 방식의 전파는 보통 집안 식구에 국한된다. 전형적인 예는 어린이가 고령의 가족에게서 전염되는 것이다. 결핵균이 생존하려면 고농도의 산소가 필요하므로 숨쉴 때 사람의 폐로 들어간 세균은 양쪽 폐첨부apex로 가서 평생 지속될 감염의 중심 병변을 형성한다. 결핵균은 우리의 면역계를 물리칠 장치들을 갖고 있다. 실제로 세균과 싸우기 위해 병변 근처에 나타난 대식세포가 결핵균을 삼켜도 대식세포 속에서 끄떡없이 살아간다. 그나마 건강할 때는 면역계의 작용으로 통제할 수 있지만 질병이나 영양부족, 고령에 의해 면역 기능이 약해지면 결핵균은 언제라도 재활성화된다.

결핵균은 우리 몸의 모든 곳을 공격한다. 포트병Pott's disease은 척추의 결핵으로 심한 통증과 척추 변형을 일으켜 신체를 마비시킨다. '연주창'이란 림프절의 결핵으로, 림프절이 부어오르다 피부 쪽으로 터져 만성적으로 고름이 흘러나오는 병이다. 하지만 활동성 결핵의 가장 흔한 증상은 결핵균이 서서히, 하지만 잠시도 쉬지 않고 폐를 공격할 때 나타난다. 19세기 한때 '소모병'이라고 불렸던 것처럼 사람을 완전히 소모시켜 극도로 쇠약한 상태까지 몰고 간다. 이 끔찍한 병으로 유명 소설가인 에밀리Emily와 앤 브론테Anne Bronte, 시인 존 키츠John Keats, 극작가 안톤 체홉Anton Chekov 등 수많은 사람이 목숨을 잃었다. 베르디Verdi의 〈라 트라비아타La Traviata〉나 푸치니Puccini의 〈라 보엠La Boheme〉 같은 작품은 결핵을 낭만적으로 묘사하기도 했다. 실제로 19세기에는 결핵에 걸린 사람의 창백하고 핼쑥한 모습이 매력적인 것으로 간주되어 유명한 시인 바이런은 이런 말을 남기기도 했다. "기왕 죽을 거라면 결핵으로 죽고 싶다. 그래야 모든 여성이 '저 불쌍한 바이런 좀 봐요. 죽어가는 모습이 얼마나 매력적인지!'라고 할 것이 아닌가."[28]

　하지만 실상 결핵은 낭만과는 거리가 멀다. 세균이 폐를 먹어치우는 동안 환자는 점점 숨쉬기 힘들어지며, 쇠약해진 몸은 수시로 찾아오는 열과 비오듯 쏟아지는 땀, 발작적인 기침에 끊임없이 시달리다 완전히 탈진하고 만다. 부러워할 구석이라고는 조금도 없는, 느리고 고통스러운 죽음이다. 20세기에 효과적인 치료법이 개발된 뒤에도 결핵균은 대도시 빈곤층에 굳건히 자리잡고 있으며, 국제보건 측면에서 현재도 19세기와 다를 바 없을 정도로 크나큰 문제로 남아 있다(8장 참고).

감자잎마름병 곰팡이는 생물학적 프로그램에 따라 감자를 감염시키고 계속 증식하여 역사상 가장 끔찍한 기근을 불러왔다. 아일랜드인들의 주식인 농산물을 초토화시킴으로써 연쇄적인 사건들을 촉발시켜 결국 굶주린 아일랜드 빈민들을 수많은 기회감염 병원체의 제물로 만들었다. 100만 명이 사망하고, 130만 명이 나라를 떠나 엄청난 인구를 잃은 아일랜드는 두 번 다시 원래 모습으로 돌아가지 못했다. 다행인 것은 감자 역시 아일랜드인의 식탁에서 다시는 예전의 지위를 회복하지 못했다는 점이다. 지금도 감자잎마름병 곰팡이는 여전히 존재하며, 병을 일으키지만 예전처럼 엄청난 비극을 몰고올 가능성은 없다.

감자잎마름병은 아일랜드는 물론 영국과 아일랜드인들이 대거 이주한 여러 나라에 깊고도 다양한 영향을 미쳤다. 영국에서는 곡물조령이 폐지되어 자유 무역이 시작되었고, 이로 인해 영국은 상업화된 세계에서 일약 패권국으로 떠올랐다. 한편 미국에서는 아일랜드인과 함께 상륙한 가톨릭 신앙으로 인해 종교 및 인종 갈등의 시대가 찾아왔다. 150년이 지난 현재, 당시 미국으로 이주한 아일랜드인들의 후손은 약 3,400만 명에 달하며 모든 분야에 적지 않은 영향력을 행사하고 있다. 가장 유명한 사람은 미국 대통령까지 오른 존 F. 케네디와 로널드 레이건이다.

7장

정체가 밝혀지다

인류는 불과 150년 전까지 원인도 모른 채 감염병의 무차별적 공격을 버티며 살아남았다. 치료 방법도 사실상 없었다. 오랜 역사 속에서 감염병이라는 현상을 설명하려는 온갖 이론이 난무했지만 하나같이 터무니없었으며, 그들이 주장한 치료 역시 도움이 되기는커녕 오히려 환자에게 해를 끼쳤다. 실제로 18세기까지 의사들이 사용한 대부분의 생약 치료제는 때때로 고통을 덜어주기는 했지만 병원체에 실질적인 영향을 미치는 활성 성분은 전혀 들어 있지 않았다. 감염병이 돌면 의사가 해줄 수 있는 최선의 충고는 달아나라거나 기도하라는 것이었다.

현재 미생물과 그로 인한 질병에 대한 지식은 수많은 환자를 관찰하고, 기록하고, 치료법을 실험해보면서 매우 느린 속도로 공들여 축적한 것이다. 힘겨운 과정이 이어지는 동안 때때로 번뜩이는 '유레카의 순간들'이 찾아와 일거에 기존 사고방식을 뒤집고 완전히 새로운 길을 열어젖히기도 했다. 이제 미생물이 대규모 유행을 일으키는 과정을 꽤 소상히 알게 되었고, 이런 지식을 이용하여 미생물과 유행을 통제하려는 싸움에 박차를 가하고 있다. 하지만 감염병이 눈에 보이지 않는 원인으로 생긴다는 사실을 몰랐던 우리 선조들은 어찌 보면 당연하게도, 통제할 수 없는 초자연적인 힘에 의해 감염병이 발생한다고 믿었다.

과거 명멸했던 거대 문명들은 저마다 이해할 수 없는 현상을 설명하는 이론을 발전시켰다. 대개 그 이론은 분노한 신이 인간의 잘못을 벌하기 위해 유행병을 일으켰다는 것이었다. 예를 들어 이집트 전설을 보면 사자의 머리와 여성의 몸을 한 전쟁의 여신 세크메트는 화가 나면 유행병을 일으켰다. 이때는 빨리 곡식과 제물을 바쳐 달래야 했다. 수천 년이 지나 흑사병이 돌 때는 자기 몸을 채찍질하여 신에게 복종하고 용서를 비는 운동이 독일에서 일어나 유럽 각지로 퍼졌다. 지금은 희한하게 느껴지는 미신 같은 이런 행위는 노여움을 거두고 끔찍한 유행병을 없애달라는 간절한 염원을 고행 속에 담아 신을 달래려는 것이었다. 추종자들은 마대 자루를 만드는 '거친 천을 몸에 걸치고 재를 뒤집어쓴 채' 마을에서 마을로 행진하며 각 지역의 교회에서 예배를 올렸다. 예배 중에는 벌거벗은 채 집단 히스테리 상태에 빠져 몸에 상처가 나고 피가 철철 흐를 때까지 자

신을 채찍질했다. 심지어 예배 중 입은 상처로 목숨을 잃는
사람도 있었다.

이번 장에서는 감염병의 원인을 밝히기까지 과학이 발
전해온 과정과, 어떻게 지식을 통해 감염병을 예방하고 치
료하게 되었는지 알아본다. 특히 수많은 사람을 죽음으로
몰아넣은 천연두 바이러스를 완전히 멸종시키기까지 어떤
노력을 기울였는지 집중적으로 살펴볼 것이다.

기원전 4세기에 그리스의 의사 히포크라테스는 미신이나
종교적 믿음을 배제하고 질병의 원인을 생각한 최초의 인
물이었다. 그는 인간의 몸이 혈액(다혈질), 황담즙(담즙질),
흑담즙(우울질), 점액(점액질) 등 네 가지 체액으로 되어 있
으며, 그 사이의 균형이 어긋나면 질병이 생긴다고 믿었다.
이런 '체액설'은 17세기 말까지 유럽 의학에 영향을 미쳤
다. 하지만 히포크라테스가 체액설 때문에 '현대의학의 아
버지'라고 불리는 것은 아니다. 그가 의학에 가장 크게 기
여한 바는 다양한 질병을 아주 상세히 기술했다는 점이다.
그전까지 건강이 나쁜 것은 그저 '몸이 안 좋은 것'이었다.
하지만 히포크라테스는 수천 명에 이르는 환자들의 증상
을 세심하게 기록하여 각 질병이 다른 질병과 어떻게 다른
지 밝히고, 질병 전체를 유행병과 토착병으로 분류했다. 대
단한 발전이었으나 유감스럽게도 후세 의사들은 그의 방
식을 따르지 않았다. 로마 황제 마르쿠스 아우렐리우스 안
토니누스의 주치의였던 페르가몬Pergamum의 갈렌은 후세

에 큰 영향을 미친 의사로, 히포크라테스의 원칙을 옹호했지만 서기 166년 안토니누스 역병(3장 참고)이 돌자 유행병이 대기 성분의 불균형으로 인한 '유행병적 구성epidemic constitution' 때문에 생긴다고 주장했다. 이런 이론은 입증하거나 반박하기가 불가능하므로 오랫동안 영향력을 발휘했다. 하지만 16세기와 17세기에 새로운 약물 요법들이 성공을 거두면서 사람들은 마침내 이 주장에 의문을 품게 되었다.

새로운 치료 중 하나는 당시 유럽에서 맹위를 떨쳤던 학질(말라리아)에 대한 것이었다. 갈렌의 이론에 따라 그때까지는 사혈(피를 뽑아내어 버림)과 구토를 유발하여 체액을 방출함으로써 말라리아 환자를 치료했다. 하지만 1630년대에 남아메리카에서 '해열 나무'의 소문이 전해졌다. 안데스의 숲에서 자라는 기나幾那 나무의 껍질이 말라리아를 완치시킨다는 것이었다. 아우구스티노 은수사회隱修士會의 수도사였던 안토니오 데 칼란차Antonio de Calancha는 이런 기록을 남겼다. "해열 나무라고 부르는 나무가 자라는데, 계피 색깔이 나는 수피를 벗겨 가루로 만든 후 작은 은화 2개 무게만큼 음료에 섞어 복용하면 열이 떨어지고 말라리아가 낫는다. 이 방법은 리마에서 기적 같은 효과를 거두었다."[1] 오늘날 우리는 그 나무껍질 속에 키니네는 물론 말라리아에 효과를 보이는 몇 가지 다른 성분이 함유되어 있음을 안다.

중세 시대에는 '독기설'이 널리 퍼져 있었다. 히포크라테스와 갈렌의 이론을 확장한 이 학설은 늪지에서나 유기물이 썩을 때 나오는 악취와 유독한 증기에 의해 유행병이 생긴다는 믿음이다. 19세기까지 끈질기게 서구를 지배했던 독기설은 물론 잘못된 이론이지만, 미생물이 원인이라는 사실을 알기 훨씬 전부터 붐비는 도시의 환경을 깨끗이 해야 한다고 사람들을 설득할 때 매우 유용했다. 1832년 영국에서 첫 번째 콜레라 대유행이 일어나자 사람들은 환경을 깨끗이 해야 한다는 생각을 열렬히 지지하며, 열정적인 개혁가였던 에드윈 채드윅Edwin Chadwick의 통솔하에 새롭고 효과적인 상하수도 시스템을 건설하여 악취를 풍기는 도시의 오물들을 일소하기도 했다. 이런 움직임은 곧 유럽의 많은 도시를 거쳐 미국으로 전파되었고, 때마침 주택과 보건 서비스가 향상되면서 서구의 도시들은 이전보다 훨씬 건강한 환경을 가꿀 수 있었다.

1546년 유명한 이탈리아의 의사 지롤라모 프라카스토로 (1478~1553, 5장에서 자신이 지은 시에 등장하는 양치기의 이름을 따서 매독이란 병명을 만들어낸 베로나Verona의 신사, 바로 그 사람이다)는 천연두나 홍역 같은 유행병이 사람에서 사람으로 전파되는 씨앗seminaria에 의해 옮겨진다고 주장하는 논문을 발표했다. 그는 씨앗들이 직접 접촉, 옷이나 이불 등의 오염된 물체, 또는 공기를 통해 퍼진다고 생각했다. 프라카스토로의 씨앗이 살아 있는 세균과 비슷하다고 할 수는 없지만, 바이러스와는 희한할 정도로 비슷하다. 따라서 현재는 그가 독기설에 대항하여 최초로 '세균설'을 주장했으며, 이후 300년간 이어질 토론의 주제를 제시한 것으로 여긴다. 그런 이론을 증명하려면 현미경적 세계를 볼 수 있어야 했다. 미생물을 볼 수 있을 정도로 강력한 현미경이 만들어지는 17세기까지 기다려야 했던 것이다. 안톤 판 레이우엔훅Antoni van Leeuwenhoek은 직물상이었다. 처음에 렌즈에 관심을 가진 것도 옷감의 원사 밀도를 비교하기 위해서였다. 하지만 그는 자연 세계를 확대하여 관찰하는 데 더 큰 흥미를 느껴 결국 직접 현미경을 제작하기 시작했다. 강력한 배율의 렌즈를 깎는 방법을 개발하여 벌침에서 정자에 이르기까지 미시적 세계를 탐구했다. 그는 1676년에 3주간 물속에 넣어두었던 후추를 관찰하던 중(원래 후추의 매운 맛이 뾰족한 돌기에 의해 생기는지 알아보려고 했다) 렌즈 아래 물속에 아주 작은 '극미 동물animalculae'이 돌아다니는 것을 보고 깜짝 놀랐다. "믿을 수 없을 정도로 작은, 말로 표현할 수 없을 정도로 작은 것들이 눈에 들어왔다. 내가 보기에 그 동물 100마리를 일렬로 늘어세운다고 해도 모래알 하나의 길이에 못 미칠 것 같았다."[2] 더욱 놀라운 것은 일단 발견하고 나자 어디를 들여다보든 그 '극미 동물'이 우글거리고 있었다는 점이다.

사람의 치아를 긁어내어 들여다보자 이 작은 동물이 어찌나 많던지, 내가 보기에는 한 왕국 안에 사는 사람의 수보다 더 많은 것 같았다. 아주 조금만 관찰하려고 말총보다 더 가늘게 떠내어 들여다봐도 그 속에 너무 많은 동물이 살아 움직였다. 추측컨대 모래알의 100분의 1 정도의 부피 속에 1,000마리 정도는 들어갈 것 같다.[3]

판 레이우엔훅은 이 '극미 동물'이 감염병의 원인이라고 추측했는데, 그 이론은 200년 뒤 최초로 병원성 세균이 분리된 후에야 옳다고 입증되었다. 그 사이에는 모든 생물이 자연발생한다는 믿음이 여전히 강했다. 자연발생설은 유명한 프랑스의 미생물학자이자 화학자인 루이 파스퇴르가 먼지 입자를 차단하는 필터를 사용하면 끓인 고깃국물에 곰팡이가 자라는 것을 막을 수 있다는 사실을 확실히 규명한 후에야 사그라들었다. 그의 실험 덕분에 유럽인들은 곰팡이가 자연적으로 발생하지 않으며, 공기 중에 존재하는 '미생물'이 파종되어 발생한다는 사실을 믿게 되어 세균설이 본격적으로 힘을 얻기 시작했다.

파르퇴르의 실험을 전해 들은 영국의 외과의사 조셉 리스터Joseph Lister는 모든 이론을 종합하여 공기를 통해 전파된 세균이 상처 감염의 원인임을 깨달았다. 수술 환자의 약 절반이 상처 감염으로 목숨을 잃던 때였다. 리스터는 엄격한 멸균 수술 기법을 개척했다. 1871년 그는 수술장에서 세균을 죽이기 위해 석탄산 분무액을 개발했다. 이 방법을 사용한 결과 글래스고와 에든버러에 있는 그의 수술실에서는 수술 상처로 인한 패혈증 문제가 완전히 해결되었다. 독일 의사들 역시 그가 고안한 방법을 이용하여 보불 전쟁에서 부상당한 수많은 병사들의 생명을 구했다. 하지만 이렇듯 빛나는 성공에도 미국과 영국에서는 대부분의 외과 의사가 여전히 새로운 개념에 저항했다. 그러나 코흐가 수술기구를 증기 멸균만해도 상처로 인한 패혈증이 감소한다는 것을 입증하고, 리스터가 완전 멸균 조건에서 복잡한 수술에 성공하자 의문을 품었던 사람들도 1880년대에 이르러 점차 마음을 돌려 결국 외과 수술이 훨씬 안전해졌다.

1877년 코흐는 인수공통감염병인 탄저병의 원인균(탄저균)을 발견하여 세균학의 황금기를 열어젖혔다. 이후 새로운 미생물의 발견이 잇따라 19세기 후반에 이르면 디프테리아, 장티푸스, 한센병, 폐렴, 임질, 페스트, 파상풍, 매독의 원인이 모두 밝혀졌다. 코흐 자신도 1882년에 결핵균, 1883년에는 콜레라균을 발견했다. 그는 어떤 미생물이 질병의 원인인지 입증하는 엄격한 과학적 기준을 확립했는데, 이를 '코흐의 원칙Koch's postulates'이라고 한다. 어떤 미생물이 질병과 원인적 관련이 있다고 입증하려면 반드시 다음 조건을 충족해야 한다.

- 질병을 앓는 모든 환자나 동물에서 검출되어야 한다.
- 환자나 동물에서 분리되어 순수한 미생물 상태로 증식 및 유지되어야 한다.
- 순수한 미생물을 면역이 없는 동물에게 접종했을 때 동일한 질병이 재현되어야 한다.
- 접종한 동물에서 다시 병원균이 분리되어야 한다.

세균설에 반대하는 사람들은 한동안 저항했지만 너무 많은 실험적 증거가 쏟아지자 더 이상 버티지 못했다. 마침내 20세기 초 세균설은 널리 인정받기에 이른다. 1905년 코흐는 결핵에 대한 업적을 인정받아 노벨상을 수상했다.

　　하지만 그때까지도 천연두, 홍역, 볼거리, 풍진, 독감 등 일부 흔한 감염병의 원인은 여전히 수수께끼였다. 환자나 동물에서 채취한 감염성 물질을 세균을 제거하는 필터에 통과시켜도 여전히 감염력이 유지되었으므로 이 질병들의 원인 미생물을 '여과 가능 병원체'라고 불렀다. 대부분의 사람이 여과 가능 병원체가 아주 작은 세균일 것으로 생각했다. 하지만 1932년 전자현미경이 발명되면서 전혀 다른 미생물임이 밝혀졌다. 바로 바이러스다.

천연두 바이러스에 대한 투쟁사는 고대의 믿음과 미신에서 출발하여 전 세계적 완전 박멸이란 승리에 이른 독특한 여정이므로 자세히 살펴볼 가치가 있다. 가장 오래된 문명권의 도시와 마을에서 천연두는 결코 무시할 수 없는 적이었다. 정기적으로 나타나 해일처럼 휩쓸고 지나가면 감염된 사람의 3분의 1이 목숨을 잃었다. 살아남더라도 흉측한 흉터나 실명, 기타 다양한 장애가 남았다. 중국의 여신인 두신랑랑痘神娘娘, T'ou-Shen Niang-Niang과 인도 토속 신앙의 여신 시탈라Shitala 등 많은 문명권에서는 천연두를 신격화했다. 사람들은 신에게 제물을 올리고 기도를 드리며 천연두에 걸리지 않거나 완쾌되기를 빌었다. 서기 450년 랭스의 주교Bishop of Rheims(나중에 천연두 환자의 수호성인인 성 니케 즈St. Nicaise로 시성되었다)는 훈족이 프랑스를 침범하면서 퍼 뜨린 천연두 대유행에서 살아남았지만, 불과 1년 뒤 자신 의 성당 앞 계단에서 동방의 침입자들에게 참수되었다. 주 교관을 쓴 머리를 양손으로 든 채 서 있는 그의 모습은 오 늘날까지 성당 북쪽 문 위의 돌에 새겨져 있다.

〈천연두와 홍역에 대한 논고Treatise on the Smallpox and Measles〉라는 문헌을 통해 천연두와 홍역을 처음 구분한 사 람은 바그다드 병원장이었던 페르시아의 의사 알 라지Al-Razi(865~925/932)였다. 알 라지가 명성을 떨친 이유는 천연 두에 소위 '열 치료'를 주장했기 때문이었다. 열 치료란 환 자를 밀폐된 방에 들여보낸 후 한쪽에 큰 불을 피우고 창 문을 단단히 닫아 땀을 흘리게 함으로써 나쁜 체액을 방출 시키는 방법이었다. 17세기까지도 많은 의사가 좋은 뜻으 로 이 치료에 충실히 따랐지만, 불행하게도 환자의 상태는 훨씬 나빠졌다. 그와 추종자들은 혈액이 발효되는 과정에 서 생긴 체액이 피부의 수많은 구멍을 통해 빠져나면서 천 연두가 생긴다고 믿었던 것이다. 또한 12세기부터 유럽 전 역에서는 열 치료와 함께 '붉은 치료'를 시행했다. 천연두 환자에게 붉은 옷을 입힌 후, 붉은 담요로 감싸고, 붉은 커 튼을 친 방에서만 지내게 하고, 붉은 옷을 입은 사람만 그 들을 간호하게 하는 것이었다. 이렇게 하면 흉터가 줄어든 다고 생각했다. 나중에는 종교적 차원에서 신심이 강한 모 든 천연두 환자에게 이 방법을 적용했다(4장 참고). 14세기에 프랑스의 왕 샤를 5세는 천연두에 걸리자 붉은 셔츠를 입고, 붉은 스타킹을 신고, 붉은 베일을 뒤집어썼다. 그는 살아남았지만, 약 400년 후 합스부르크 왕가의 황제는 약 20미터에 달하는 붉은 천으로 몸을 둘둘 말았음에도 죽고 말았으며 이로써 오스트리아는 스페인의 왕권조차 잃었다. '붉은 치료'라는 괴상한 방법은 일본에서 유래한 것으로 보인다. 일본의 민간 전설에 따르면, 붉은색은 악귀와 귀신을 쫓는다. 1900년대 초, 이런 속설은 아무 근거가 없다고 밝혀졌지만, 1930년대까지도 완전히 없어지지 않았다. 몸속의 열기를 '피와 함께 방출'한다는 명목으로 널리 행해진 거머리 치료까지 더해져서 치료받은 사람이 돈이 없어 치료받지 못한 사람보다 더 많이 사망한 것도 놀라운 일이 아니다.

하지만 이런 모든 관행은 17세기 중반에 사라졌다. 영국의 의사 토머스 시든햄Thomas Sydenham이 천연두로 인한 사망률이 부자들 사이에서 더 높으며, 이는 그들이 받은 치료와 관련이 있음을 밝혀냈던 것이다. 그는 증상이 가벼운 사람은 치료하지 않아도 회복될 것이라고 예측한 후 실제로 생존율이 향상되었음을 입증했고, 심한 천연두 환자에게는 사악한 체액을 몰아내기 위해 항상 창문을 활짝 열어두는 '냉각 치료'를 도입했다.

인두접종법

✴

마마접종(variolation 또는 engrafting)이라고도 하는 인두접종
법은 서구에 도입되기 전 수백 년간 중국과 인도에서 널리
행해졌다. 전혀 다른 방법이 사용된 것으로 보아 독립적으
로 발달한 것이 거의 확실하다.[4] 인두접종법이 처음으로 언
급된 것은 서기 1500년경 중국의 의서였지만, 실제로 중국
에서는 서기 1000년경부터 행해졌을 것이다. 전설에 따르
면, 인두접종법을 소개한 사람은 성스러운 아미산 정상에
서 갈대집을 짓고 은둔 생활을 하던 의녀였다. 어느날 그녀
앞에 관음보살이 나타나 어린이들의 생명을 구하라며 인
두접종법을 가르쳐 주었다. 말라붙은 '딱지'를 가루로 만든
후, 은으로 만든 대롱으로 코에 불어넣는 방법이었다(여자
아이는 왼쪽, 남자 아이는 오른쪽 콧구멍에 불어넣었다). 6일이 지
나면 열이 나면서 몸에 물집이 잡히지만 대부분 잘 회복하
며, 이후 평생 천연두에 면역을 갖는다. 이 방법이 널리 보
급되면서 의녀에게는 많은 추종자가 생겼고, 죽은 뒤에는
그 지역에서 천연두의 여신으로 숭배되었다.

인도의 인두접종법은 천연두 환자의 농포에서 추출
한 고름에 바늘을 담근 뒤, 팔 위쪽이나 이마의 피부 몇 군
데를 그 바늘로 찌르는 것이었다. 찌른 자리에는 쌀을 끓
여 만든 반죽을 붙여두었다. 인도로 통하는 무역로가 열리
면서 이 방법은 서남아시아를 거쳐 중부 유럽 및 아프리카
각지로 퍼졌고, 17세기 말에는 콘스탄티노플까지 전해졌

다. 메리 워틀리 몬터규Mary Wortley Montague 부인이 인두접
종법을 '발견'한 곳이 바로 이곳이었다. 그녀가 영국에 도
입한 접종법은 이후 유럽의 다른 지역과 미국에까지 보급
되었다.

사실 인두접종법은 메리 부인이 발견하기 전에 이미
런던의 왕립학회에 알려졌다. 비강 내로 불어넣는 중국식
접종법은 1700년에 두 차례 보고되었고, 1714년과 1716년
에는 의사들이 터키식 인두접종법을 기술한 논문을 발표
했지만, 이런 초기 보고들은 모두 무시되었다.[5] 메리 부인
(결혼 전 성은 피어펀트Pierrepont로, 초대 킹스턴Kingston 공작의 딸
이었다)은 모든 것을 갖고 있었다. 지성적이고 아름다웠으
며, 매우 부유했고, 공작의 딸이자 의회 내 실력자의 부인
으로서 사회적 지위도 높았다.

그녀는 천연두가 기승을 부릴 때 런던에서 자랐으므로
천연두의 공포를 생생하게 겪었다. 1712년 에드워드 워틀
리 몬터규 하원의원과 결혼한 지 얼마 안 되어 아끼던 남
동생을 천연두로 잃었으며, 1714년 아들 에드워드를 출산
한 직후에는 직접 천연두에 걸리기도 했다. 그녀는 회복했
고 아들도 건강했지만 아름다웠던 얼굴에는 흉터가 남았
으며, 양쪽 눈썹은 영원히 사라지고 말았다. 1716년 에드워
드 워틀리 몬터규가 오토만 제국 영국 대사로 임명되어 가
족 전체는 물론 개인 주치의 찰스 메이틀랜드Charles Maitland
박사를 포함한 대규모 수행단이 콘스탄티노플(현재의 이스
탄불)로 떠나기 전까지의 상황은 대략 이러했다. 메리 부인

은 개인적 경험이 있기 때문에 아들을 보호할 수 있는 방법에 마음이 끌렸을 것은 당연하다. 그녀는 인두접종법에 대한 소문을 듣고 즉시 자세히 알아보았다. 그리고 콘스탄티노플에 도착한 지 몇 주 만에 친구인 세라 치즈웰Sarah Chiswell에게 이런 편지를 보냈다.

우리나라에서는 너무나 치명적이고, 너무나 흔한 천연두가 이곳에는 아무런 해를 끼치지 않아. 마마접종ingrafting이란 방법을 발견했기 때문이지. 매년 무더위가 가시고 가을이 찾아오는 9월이 되면 마마접종을 해주면서 돈을 버는 노파들이 있단다.

사람들은 서로의 집을 방문하면서 가족 중에 마마접종을 할 사람이 있는지 알아봐. 접종받을 사람이 일정한 숫자를 넘으면(보통 15, 16명 정도) 날짜를 잡아 모이지. 노파가 가장 품질 좋은 접종 재료가 가득 담긴 약갑을 가지고 찾아와 어떤 정맥을 절개할 건지 물어봐. 정맥을 고르면 즉시 커다란 바늘 끝에 접종 재료를 듬뿍 바른 후 그걸로 정맥을 찌르는 거야(많이 아프진 않아. 약간 긁힌 것 정도랄까). 상처엔 속이 빈 조개껍질을 대고 묶어주지. 이렇게 너덧 개의 정맥에 접종을 하는 거야.

어린이나 젊은 환자들은 접종을 받고 하루 종일 함께 놀아. 8일째 되는 날까지도 완벽하게 건강한 상태를 유지하지. 그리고 열이 나는데, 보통 이틀 정도 침대에 누워 있게 해. 어쩌다 사흘 누워 있는 아이도 있지만 아주 드물단다. 정말 정말 드물게 얼굴에 20~30개가 넘는 물집이 생기는 경우도 있지만, 흉터가 남는 일은 절대로 없어. 여드레 정도 지나면 예전과 다름없이 건강해지지.[6]

찰스 메이틀랜드 박사는 '한 그리스 노파'에게서 인두 접종법을 배워 1718년 5살이 된 에드워드의 양쪽 팔에 접종했다. 완벽한 성공이었다. 7, 8일 후 아이는 열이 났고 100개 정도의 물집이 잡혔지만 모두 흉터 없이 아물었다. 가족은 1721년에 런던으로 돌아왔다. 당시 런던에는 대규모 천연두 유행이 발생했다. 메리 부인은 메이틀랜드 박사에게 부탁하여 4살 난 딸 메리에게도 접종했다. 그 자리에는 2명의 유명한 의사가 배석하여 접종 과정을 지켜보았는데, 그중 하나가 왕의 전의典醫이자 왕립학회 회장으로 강력한 영향력을 지닌 한스 슬론Hans Sloane 경이었다. 또 다시 접종은 성공을 거두었다. 머지않아 왕세자비인 캐롤라인Caroline이 두 딸에게 접종하기를 원했지만, 그 전에 다른 사람에게 시험해봐야 한다는 조건을 걸었다. 궁정에서는 뉴게이트 감옥Newgate Prison에 수감되어 있던 6명의 사형수에게 접종을 받고도 살아남으면 사면해준다는 조건을 걸었다. 메이틀랜드에게 접종받은 6명은 결국 모두 풀려났다(아마 그전부터 면역이 있었을 것이다). 런던의 세인트 제임스 교구에서 고아들을 상대로 한 번 더 시험해봤을 때도 아무런 문제가 생기지 않자, 조지 1세는 손녀들에게 접종해도 좋다는 허가를 내렸다. 이렇게 고위층 자녀들의 접종이 성공한 것은 영국에서 인두접종법이 널리 보급되는 데 큰 영향을 미쳤다.

　모든 사람이 인두접종법에 찬성한 것은 아니었다. 많은 의사가 접종에 의해 심한 천연두가 발생할 위험과 접종받은 지 얼마 안 되는 사람이 면역이 없는 사람들에게 바이러스를 옮길 위험을 지적했다. 천연두 환자가 없어지면 수입이 줄어들 것을 더 걱정하는 의사들도 있었으며, 일부는 외국에서 전래된 시술에 무조건적인 편견을 갖기도 했다. 런던 세인트바살러뮤병원St. Bartholomew's Hospital 의사이자 왕립의학회와 왕립학회 회원이었던 윌리엄 웨그스태프William Wagstaffe가 남긴 기록은 당시 의사들의 일반적인 태도를 잘 보여준다.

　　한줌도 안 되는 무지한 여인들이 무식한 데다 아무런 생각이 없는 사람들에게 행했던 시술을 세계에서 가장 유식하고 예의 바른 나라의 왕궁에서 갑자기 별다른 경험도 없이 받아들였다는 사실을 우리 후손들은 믿을 수 없을 것이다.[7]

　종교적 논쟁도 뜨거웠다. 접종 후 실제로 천연두에 걸려 사망한 사례가 널리 보도되자 기름을 부은 듯 달아올랐다. 1722년 홀번Holburn의 세인트앤드류스교회St. Andrew's Church에서 에드먼드 매시Edmund Massey 목사가 주장한 관점은 종교적 반대자들의 전형적인 입장을 잘 보여준다. 그는 "인두접종법은 우리의 믿음을 시험하거나, 우리가 지은 죄를 벌하기 위해 (천연두를 비롯한) 질병을 보내신 하나님의 뜻에 거역하는 것이므로 이 위험한 시술에 반대한다"라고 천명했다.[8]

메리 부인은 모든 반대를 조리 있게 반박했으며, 많은 유명 의료인의 지지를 얻었다. 그중 한 명인 제임스 주린 James Jurin은 1723년에 왕립학회에서 종두와 자연적 천연두의 위험을 비교하여 최근 유행 중 천연두에 걸린 사람은 5~6명 중 1명이 사망한 반면, 접종을 받은 사람은 91명 중 1명만 사망했다는 논문을 발표했다.[9] 이후 인두접종법은 영국에서 널리 보급되었으며, 19세기 초에 보다 안전한 우두접종법이 개발될 때까지 천연두로부터 사람들을 성공적으로 보호했다. 그러나 유럽의 다른 지역, 특히 의학적 편견과 종교적 반대가 영국보다 훨씬 오래 지속되었던 프랑스에서의 보급 속도는 훨씬 느렸다.

우두접종법
＊

영국에서는 인두접종법이 대중화되기는 했지만 지역적 편차가 심했다. 많은 사람이 천연두에 한 번도 노출되지 않은 채 성인이 되며, 유행병이 돌면 젊은 세대가 엄청난 타격을 입을 시골에서는 인두접종법을 열렬히 환영했다. 반면 천연두가 토착화된 대도시에서, 특히 가난한 가정은 아이들이 천연두에 걸릴 수 있다는 사실을 당연한 것으로 받아들였고 적극적으로 예방할 가치가 있다고 여기지 않았다. 결국 천연두는 18세기 내내 기승을 부렸다.

에드워드 제너Edward Jenner는 영국 글로스터셔 Gloucestershire주의 소도시인 버클리에서 자랐다. 런던 세인트조지병원St. George's Hospital에서 수련받고 1773년 고향에 돌아와 두 가지 관심사인 의학과 자연사에 몰두했다. 흥미롭게도 그는 천연두에 대한 업적이 아니라 뻐꾸기는 다른 새의 둥지에 알을 낳으며, 알에서 깨어난 새끼는 원래 그 둥지에 있던 알을 모두 밖으로 밀어버린 후 양부모가 된 새를 최대한 이용한다는 사실을 발견한 공로로 왕립학회 회원에 선출되었다. 어찌되었든 그 이름은 독특한 형태의 예방의학이라 할 수 있는 우두법을 개척하여 헤아릴 수 없이 많은 사람의 목숨을 구한 공로로 불멸의 명예를 얻었다.

시골 지역에 살았던 제너는 오래 전부터 전해오는 말을 들었다. 우두에 걸린 사람은 천연두에 걸리지 않는다는 것이었다. 흥미를 느낀 그는 조사에 착수했다. 원래 우두는 소의 피부 감염으로, 우두에 걸린 소는 젖통에 많은 수포가 생긴다. 또한 우두는 사람에게 옮을 수 있는데, 보통 젖짜는 사람의 손을 침범한다. 환자들을 진료하면서 제너는 종종 인두접종도 시행했는데, 그가 관찰한 바로도 '우두에 걸렸던 젖짜는 사람'은 접종 후에도 물집이 생기지 않았다. 이미 면역이 있다는 뜻이었다. 1796년 그는 이런 관찰을 근거로 유명한 (동시에 악명 높은) 실험을 시행했다. 제임스

핍스James Phipps라는 어린 소년에게 사라 넬름스Sara Nelmes 라는 젖짜는 소녀의 손에 생긴 '우두 마마'에서 얻은 분비 물을 접종한 것이다. 소년은 가벼운 우두를 앓았지만, 6주 뒤 제너가 천연두 환자의 고름을 주사했을 때는 아무 문제 도 생기지 않았다. 천연두에 면역이 생겼던 것이다. 제너는 친구에게 보낸 편지에 이렇게 썼다.

나는 어떤 단계에서 우두의 농포가 천연두 농포와 너무나 비슷하게 보인다는 데 깜짝 놀랐네. 하지만 이제 내 이야 기에서 가장 반갑고 기쁜 부분을 들려주지. 천연두 고름 을 주사했는데도 소년에게는 예상대로 아무 문제도 생기 지 않았네. 이제 더욱 열심히 실험을 해볼 작정이라네.[10]

그는 실제로 그렇게 했다. 1798년 다시 우두가 유행하 자 5명의 어린이에게 접종을 했던 것이다. 그중 3명은 자연 상태의 천연두에 노출시켰으나 모두 면역을 나타냈다. 같 은 해 그는 실험 결과를《우두의 원인과 효과에 관한 고찰》 이라는 소책자로 발표했다.

그의 '발견'은 이내 다른 사람들에 의해 검증되었으 며, 종두보다 훨씬 안전하다는 사실이 밝혀졌다. 또한 제 너는 우두 접종을 받은 어린이의 농포에서 백신의 원료를 얻을 수 있음을 입증했다. 그것은 곧 우두에 걸린 소나 젖 짜는 소녀에게 의존하지 않고도 끊임없이 접종을 이어나 갈 수 있다는 뜻이었다. 이런 방식이 도입되자 우두접종법은 영국 전역은 물론 유럽을 거쳐 전 세계로 신속하게 보급되었다. 실제로 1803년 아들을 천연두로 잃은 스페인의 카를로스 4세는 발미스 살바니Balmis-Salvany 원정대를 후원했다. 원정대를 이끈 의사들의 이름을 따서 명명한 이 계획은 아메리카 대륙의 스페인 식민지에 백신을 보급하는 천연두 퇴치 운동이었다. 그들은 스페인의 항구도시 라코루냐La Coruna에서 닻을 올렸다. 배에는 그 지역 고아원 출신의 어린이 21명이 타고 있었다. 긴 항해 중 연쇄적으로 백신을 접종하여 백신의 효능을 유지하려는 것이었다. 1801년까지 영국에서 우두를 접종받은 사람은 총 10만 명이 넘었는데, 그 효과는 놀랄 정도였다. 런던에서 천연두에 의한 사망자 수는 18세기 말 사망자 1,000명 중 91.7명, 1801~1825년 사이에는 51.7명, 1851~1875년에는 14.3명으로 급격히 감소했다. 우두접종법이 널리 보급된 끝에 1816년부터 우두접종법이 의무화된 스웨덴에서는 천연두 사망자 수가 1801년에 1만 2,000명에서 1822년에 단 11명으로 감소했으며, 같은 기간 평균 기대수명은 남성은 35~40세로, 여성은 38~44세로 늘어났다.[11]

신의 뜻을 방해한다는 종교적인 이유로 여전히 접종에 반대하는 사람이 있었지만, 이미 인두접종법을 두고 한바탕 논쟁을 겪은 덕에 그보다 안전한 우두접종법은 비교적 쉽게 받아들여졌다. 제너의 명성은 생전에 이미 전설적이었으나, 사후 80년이 지나 프랑스의 미생물학자 루이 파스퇴르가 그의 업적을 기려 모든 전염병에 대한 예방접종을

'백신접종vaccination'(원래 'vaccination'이라는 말은 '소'를 뜻하는 라틴어 'vacca'에서 유래한 것으로, 처음에는 '우두접종'이라는 뜻이었다―옮긴이)이라고 부르기로 제안함으로써 더욱 높아졌다. 파스퇴르는 1881년 런던에서 열린 한 국제의학회 연설 중 이렇게 말했다.

저는 우리 과학계가 가장 위대한 영국인 중 하나였던 제너 선생님의 놀라운 업적을 기려 백신접종이라는 말을 그에게 헌정해야 한다고 생각합니다. 품위 있고 친절한 도시 런던에서 이렇게 영원불멸한 이름을 추서할 수 있어 기쁘기 한량없습니다.[12]

누구나 알듯이 이 용어는 오늘날까지 사용된다.

1801년에 발간한 책《우두접종의 기원The Origin of The Vaccine Inoculation》에서 에드워드 제너 자신도 이렇게 예측한 바 있다. "이 시술의 최종 결과는 인류에게 가장 두려운 재앙인 천연두의 완전 박멸이 되어야 할 것이다."[13] 물론 목표를 달성하기까지는 많은 장애를 극복해야 했지만 그의 예측은 옳았다.

사람에서 사람으로 접종하는 방법은 여러 가지로 불편했으며, 종종 공급 부족 문제가 발생했다. 게다가 얼마 지나지 않아 이 방법이 질병, 특히 매독을 전파시킨다는 사실이 밝혀졌다. 1814년 이탈리아의 리발타Rivalta에서 끔찍한 사건이 벌어졌다. 63명의 어린이가 어느 한 유아에게서 채

취한 고름으로 우두접종을 받았는데, 겉으로 건강해 보였던 그 유아가 알고 보니 선천성 매독을 앓고 있었던 것이다. 결국 44명의 어린이가 매독에 걸려 몇 명은 사망했으며, 다른 어린이들은 엄마와 간호사에게 매독을 옮기기도 했다.[14] 이 문제는 송아지 옆구리의 여러 부위에 한꺼번에 우두를 접종하여 백신 원료를 안정적으로 공급하는 방식이 개발됨으로써 해결되었다. 표준화된 제품을 대량 생산하게 된 것이다. 또 다른 문제는 우두를 도입한 지 20년쯤 지나 유럽에 다시 천연두가 출현한 것이었다. 18세기의 대유행에 비해 사망률은 낮았지만 이제 유행의 양상이 달라졌다. 성인들이 가장 심하게 침범된 반면, 백신을 맞은 지 얼마 안 되는 어린이들은 병에 걸리지 않았다. 이로써 우두접종이 평생 보호 효과를 나타내지 못한다는 사실이 명백해져 일생 동안 간격을 두고 재접종을 시행하게 되었다.

제너가 우두법을 발견한 지 100주년이 되던 1896년까지도 여전히 원인 병원체는 수수께끼에 싸여 있었지만, 이미 성공적인 접종 전략이 시행되고 있었으므로 전 세계에서 천연두를 박멸할 수 있다는 생각이 싹텄다. 1966년 세계보건기구는 세계 천연두박멸운동Worldwide Smallpox Eradiction Campaign을 선언했다. 이때쯤 이미 천연두 바이러스는 유럽과 미국에서 모습을 감추었지만, 31개국에서는 여전히 토착병이었다. 이 국가들은 크게 남미, 인도네시아, 사하라 사막 이남 지역 아프리카, 인도 아대륙 등 4개의 주요 지역으로 나눌 수 있었다. 미국 질병관리본부에서 파견된 돈 헨더슨Don Henderson이 이끄는 세계보건기구 팀은 천연두 바이러스가 인간이나 동물을 보유숙주로 삼지 않으므로 연쇄적 감염의 사슬을 끊는 것이 핵심 전략이라고 주장했다. 공격 전략은 세 가지였다. 백신접종률을 80퍼센트 넘게 유지하면서, 환자가 발생하면 즉시 격리시켜 전파를 막고, 접촉한 사람을 추적하여 격리 조치하는 것이었다. 전략은 눈부신 성공을 거두었다. 그들은 10년 만에 목표를 달성하여 1980년 마침내 전 세계에서 천연두가 박멸되었다고 선언할 수 있었다. 제너가 제임스 필립스에게 우두를 접종하여 천연두 정복을 위한 첫발을 내딛은 지 200년도 안 되는 시점이었다. 20세기에만도 3억 명이 넘는 사망자를 낸 질병이 아예 사라진 것이다.

천연두 바이러스가 없어진 세상이 더 안전한 곳이라는 데는 의심의 여지가 없다. 하지만 박멸운동의 막바지에 과학자들은 천연두 바이러스를 하나도 남김없이 파괴하지 않고, 애틀랜타의 미국 질병관리본부와 모스크바의 바이러스 표본연구소Research Institute for Viral Preparations에 일부를 보관했다. 이 표본들은 20세기 말에 완전히 파괴하기로 되어 있었지만, 바이러스가 장차 귀중한 연구 재료가 될지 모른다고 주장하는 사람들과 '살아 있는' 생물종을 고의로 영원히 없애는 데 동의할 수 없다는 보존주의자들에 의해 최종 결정이 연기되었다.

　논쟁이 한창 격화되던 중 미국에서 9.11 사태가 터졌다. 이어 2001년 10월과 11월, 탄저균에 의한 생물학적 테러 공격이 발생하면서 사람들의 기준이 완전히 달라졌다. 이제 생물학적 테러가 실제로 존재하는 위협이며 천연두는 탄저균, 보툴리눔 독소와 함께 가장 효과적인 생물학적 무기라는 사실을 모든 사람이 인정했다. 천연두 박멸 선언 후 얼마 안 되어 예방접종이 중단되었으므로 현재 세계 인구의 대부분이 천연두 바이러스에 취약한 상태이며, 백신 비축량은 걱정스러울 정도로 적다. 천연두 바이러스는 안정적이며 오래도록 활성을 유지한다. 대량 배양은 물론 공기를 통해 전파시키기도 간단하다. 테러리스트 입장이라면 더 바랄 것이 없다. 게다가 현재 얼마나 많은 바이러스가 존재하며, 누가 그것들을 갖고 있는지 아무도 모른다. 1980년대에 러시아 군사 과학자들이 천연두/에볼라 잡종 바이러스 등 훨씬 치명적인 바이러스를 만들고 있다는 소문이 돈 적도 있다.[15] 1990년대에 소련이 해체되면서 뿔뿔이 흩어진 과학자들이 어쩌면 다른 나라로 바이러스를 갖고 갔을지도 모른다. 미국 정부가 생물학적 테러 공격 가능성에 대비하여 고위험 집단에 예방접종을 하기로 결정했지만 이번에는 백신 부작용, 특히 심장에 대한 부작용이 잠재적 위협에 비해 너무 높다는 점이 지적되었다. 이리하여 보다 안전한 백신과 항바이러스제를 개발하기 위해 바이러스를 보존하자는 쪽이 승리를 거두었다. 현재도 연구가 진행 중이므로 언제 천연두 바이러스를 완전히 없앨 것인지, 그런 날이 과연 오기는 할지 어느 누구도 확실히 말하기는 어렵다.

18세기 천연두 예방접종의 놀랄 만한 성공은 감염병을 실제로 예방할 수 있음을 보여주었지만 두 번째 성공적인 백신이 개발되기까지는 80년이 넘는 세월이 걸렸다. 파스퇴르는 다시 한번 병원체가 정확히 밝혀지지 않은 상태에서 광견병 백신을 개발했다. 그리고 동물실험을 진행 중일 때 광견병에 걸린 개에게 심하게 공격받은 조셉 마이스터Joseph Meister라는 소년에게 백신을 접종해달라는 간절한 부탁을 받았고, 소년은 목숨을 건졌다. 이 일로 파스퇴르는 유럽 전역에 명성을 떨치게 되었을 뿐 아니라 백신 연구와 생산에 박차를 가하게 된다. 파스퇴르는 실험실에서 오랫동안 증식시킨 세균은 '약화'되며, 약화된 세균은 질병을 일으킬 수 없지만 여전히 면역을 유도하므로 이상적인 백신이 될 수 있음을 발견했다. 19세기 말에서 20세기 초에 걸쳐 점점 많은 급성 감염병의 병원체가 분리되면서 백신 개발이 무엇보다 중요한 일로 떠올랐다. 예방접종이 가장 비용효과적인 질병 예방 전략임을 인식한 선진국에서는 사실상 모든 어린이가 결핵, 파상풍, 디프테리아, 백일해, 볼거리, 풍진, 홍역, 소아마비, 그리고 이제 기억조차 희미해진 수많은 질병에 대해 일상적으로 백신을 접종받게 되었다. 황열, B형 간염, 폐구균, 로타바이러스 등 치명적인 병원체도 새로 개발된 백신을 이용하여 막아낼 수 있다. 세계보건기구는 천연두에 이어 홍역, 소아마비, 광견병, 한센

병, B형 간염 등의 질병을 과거의 유산으로 만든다는 계획
을 세워놓고 있다.

항생제의 발견

✳

항생제가 개발되기 전에도 일부 감염병은 백신으로 예방
할 수 있었지만, 일단 병에 걸리면 치료할 방법이 없었다.
따라서 항균 효과를 지닌 약물이 등장했을 때는 그야말로
기적의 치료처럼 여겨졌다. 항균 활성을 나타낸 첫 번째 약
물은 설폰아마이드로, 1932년에 발견되었다. 독일 바이엘
연구소의 게르하르트 도마크Gerhart Domagk는 수백 가지의
화합물을 시험해본 끝에 프론토실prontocil이라는 합성 착색
제를 발견했다. 프론토실은 당시 치명적이었던 다양한 세
균 감염을 치료할 수 있었다. 1937년에는 프론토실의 유도
체로 항균 활성이 더욱 강한 설폰아마이드가 등장했다. 무
엇보다 설폰아마이드는 성홍열, 봉와직염, 산욕열, 수술 후
상처 감염 등 흔한 감염증을 일으키는 연쇄상구균을 치료
할 수 있었다. 1939년 도마크는 공로를 인정받아 노벨상을
수상했지만, 히틀러가 독일 국적을 지닌 사람은 노벨상을
수락하지 못하게 했기 때문에 2차세계대전이 끝난 후에야
메달을 받을 수 있었다.

그 뒤로 등장한 획기적인 발견은 페니실린이었다. 설
폰아마이드보다 항균 범위가 훨씬 넓은 이 약물은 더없이

적절한 시기에 개발되어 2차세계대전 중 수많은 부상병의 생명을 구했다. 페니실린의 발견으로 항생제의 시대가 활짝 열렸다. 알약 몇 개로 폐렴, 수막염, 디프테리아 등 치명적인 질병을 완치할 수 있었으며, 수술이 훨씬 안전해져 수술 기법 또한 보다 침습적이고 근치적인 방법으로 발달했다.

페니실린 개발의 역사는 발견과 정제에서 대량 생산에 이르기까지 그야말로 눈부신 인간승리의 드라마였지만, 동시에 주요 인물 간의 갈등도 만만치 않았다. 페니실륨 노타툼Penicillium notatum이라는 곰팡이에 항균 특성이 있다는 사실을 최초로 발견한 사람은 스코틀랜드의 의사 알렉산더 플레밍Alexander Fleming이지만, 그의 발견은 뜻밖의 우연 덕이었다. 1차세계대전 중 플레밍은 서부 전선의 야전 병원에 복무하면서 헤아릴 수 없이 많은 젊은이가 상처 감염으로 죽어가는 모습을 속수무책으로 바라보았다. 그때의 경험은 연구 분야를 결정하는 데 영향을 미쳤다. 그는 페니실린을 발견하기 전부터 라이소자임lysozyme이라는 약한 항균성 효소를 분리한 것으로 명성을 얻고 있었다(라이소자임은 우리 몸에 끊임없이 침입해 들어오는 세균에 대항하기 위해 만들어내는 천연 방어 물질이다).

모든 기록으로 볼 때, 플레밍은 전형적인 교수 유형이었다. 명석했지만 무언가를 잘 잊어버렸고, 주변을 단정하게 정돈하는 스타일과는 거리가 멀었다. 런던 세인트메리 병원의 그의 연구실은 항상 엉망으로 어질러져 있었다. 하지만 1928년의 그날 있었던 일로 인해 우리는 그의 정리하지 않는 습관을 용서할 수 있을 것이다. 휴가를 마치고 돌아온 그는 깜빡 잊고 그대로 놓아둔 세균 배양접시에 온통 곰팡이가 핀 것을 발견했다. 접시들을 버리려다 보니 곰팡이가 자란 곳 주변으로 배지가 투명하게 변해 있었다. 세균 증식이 억제되었다는 뜻이었다. 흥미를 느낀 그는 그 곰팡이가 페니실륨과에 속하는 새로운 종이란 사실을 밝혀낸 후, 그것이 생산한 항균 물질을 추출하는 일에 매달린다. 그는 분리된 물질을 '페니실린'이라 명명하고, 이듬해 자신의 발견을 논문으로 발표했다.[16] 관심을 갖는 사람은 거의 없었다. 게다가 페니실린은 정제하기가 까다로워 플레밍조차 아주 적은 양을 가지고 연구할 수밖에 없는 형편이었다. 같은 해에 그는 이 물질로 몇몇 감염 환자의 치료를 시도했다. 거의 성공을 거두지 못하던 어느 날, 그의 실험 조수였던 로저스K. B. Rogers 박사가 라이플 사격 경기 출전을 며칠 앞두고 폐렴구균에 안구가 감염되고 말았다. 플레밍은 다시 한번 도전했다. 놀랍게도 페니실린을 쓰자마자 감염이 깨끗이 나았고 로저스는 시력을 회복하여 경기에 출전할 수 있었다.[17] 하지만 어떤 이유인지 플레밍은 이렇게 중요한 결과를 더 이상 파고들지 않았다.

1932년 세인트메리병원에서 수련받은 셰필드왕립병원의 병리학자 세실 페인Cecil G. Paine 박사 역시 플레밍의 곰팡이에서 얻은 '주스'로 씻어내는 방법으로 안구 감염 환자들을 치료하는 데 성공했다. 완치된 환자 중에는 임균성 결막염에 걸린 신생아 2명과 오른쪽 눈에 관통상을 입은 탄광 작업반장도 있었다. 그는 즉시 이물질 제거 수술을 받아야 했지만 눈에 폐렴구균 감염이 생겨 수술할 수 없었다. 페인은 페니실린으로 감염을 완치시켜 환자의 오른쪽 눈을 구할 수 있었다. 하지만 여전히 플레밍은 연구에 나서지 않았다. 적정 규모로 임상시험을 할 수 있을 만큼 페니실린을 정제하려면 노련한 화학자가 필요했는데, 그 일을 맡겠다는 사람을 찾을 수 없었던 것이다. 시간이 흐르자 그는 흥미를 잃고 다시 라이소자임 연구에 매달렸다.

1938년 호주 출신의 명석한 젊은 의사 하워드 플로리 Howard Florey가 마침내 이 일에 뛰어들었다. 그는 옥스퍼드의 윌리엄던병리학대학원William Dunn School of Pathology에서 대규모 연구팀을 이끌고 있었다. 공동 연구자인 에른스트 체인Ernst Chain 역시 명석한 생화학자로, 히틀러가 장악한 독일에서 탈출한 유태인이었다. 페니실린을 정제하는 일에 의기투합한 두 사람은 1940년경 동물실험에서 충분한 양의 페니실린을 생산하는 데 성공했다. 유럽에서 전쟁의 불길이 타오르고 히틀러가 언제 영국을 침공할지 모르는 상황에서 그들은 마우스 실험을 통해 이 약물이 얼마나 강력한지 입증했다. 그들은 세상에서 가장 중요한 약을 만들고 있다는 확신을 갖게 되었다. 온갖 종류의 배를 갖춘 소함대가 던커크Dunkirk 해안에서 괴멸 직전의 영국군을 구출하는 동안, 이들은 모든 경우에 대비한 계획을 세웠다. 플로리, 체인, 그리고 몇몇 연구자는 독일이 영국을 침공하여 옥스퍼드의 실험실을 파괴하더라도 다른 곳에서 연구를 계속하기 위해 각자의 외투 안감 속에 페니실륨 노타툼의 포자를 몰래 숨겨두었다.[18] 다행히도 독일의 침공 계획은 좌절되었고 그들은 연구를 계속할 수 있었다.

플레밍은 1940년 8월 〈랜싯〉에 실린 플로리의 동물실험 결과[19]를 읽고 즉시 '자신이 옛날에 발견한 페니실린으로 어떤 일을 했는지 보기 위해'[20] 옥스퍼드 팀을 방문했다. 페니실린의 발견자와 옥스퍼드 팀의 첫 번째 만남이었다. 체인은 플레밍이 그때까지 살아 있음을 알고 깜짝 놀랐다는 유명한 이야기가 전해진다.

임상시험에 필요한 대량의 페니실린을 생산하려면 상업적 자본의 후원이 필요했다. 전쟁으로 갈갈이 찢긴 유럽에서 그런 후원을 기대하기는 어려웠다. 플로리는 문제를 직접 해결하기로 결심하고 대학원을 사실상 공장으로 개조했다. 1941년 초에 시작된 임상시험 결과는 놀라웠다. 페니실린으로 치료받은 6명의 환자가 모두 호전되었다. 확실히 사망하리라 예상됐던 2명은 목숨을 건졌다. 유망한 결과와 함께 미국의 참전이 임박해지면서 플로리는 미국에서 상업적 지원을 얻어낼 수 있었다. 즉시 페니실린의 대량 생산이 시작되었다. 하지만 플레밍과 플로리-체인 팀의 관계가 항상 우호적인 것은 아니었으며, 특히 플로리는 언론에서 '기적의 치료'를 발견한 주인공으로 플레밍을 집중 조명한 것이 매우 언짢았다. 그러나 그들의 매우 다른 성격과 기술은 각기 독특한 방식으로 최종적인 '기적'을 달성하는데 기여했다고 봐야 할 것이다. 1945년 그들은 노벨상을 공동수상했다.

　놀라운 성취에 힘입어 인류가 세균을 완전히 정복할 날이 멀지 않은 듯했다. 수백 종의 새로운 항생제가 발견되어 모든 세균 감염을 완치시킬 수 있었다. 일각에서는 자신에 찬 어조로 약 1만 년 전, 농업 혁명 이래 그토록 인류를 괴롭혔던 감염성 미생물의 종말을 예측했다. 하지만 문제는 그리 간단치 않았다. 우리는 무분별하게 항생제를 오남용하여 미생물의 반격을 자초했다. MRSA(methicillin-resistant Staphlococcus aureus, 메티실린 내성 황색 포도상구균)나 결핵균 등 항생제 내성균이 출현하면서 점점 선택의 폭이 좁아지고 있다. 다음 장에서는 10년 전까지만 해도 쉽게 치료할 수 있었던 감염병으로 사람들이 죽어가는 현장을 살펴볼 것이다.

8장

미생물의 반격

인류 역사를 통틀어 미생물은 항상 인간의 우위에 서 있었다. 그러나 20세기 중반 인류는 마침내 미생물을 공략하는데 성공했다. 이후 한동안 인류를 죽음으로 몰고 갔던 모든 전염병을 완전히 정복할 수 있을 것 같았다. 하지만 1967년 미국 공중보건국장 윌리엄 스튜어트가 최근까지도 널리 회자된 대로 "이제 우리는 감염병이란 책을 덮어도 될 것입니다"라고 말하자마자 새롭고 치명적인 병원체가 나타나기 시작했다. 이후 신종 병원체는 매년 한 건꼴로 우리를 찾아왔으며 최근 들어 빈도가 계속 늘고 있다. 1만 년 전, 가축을 사육하기 시작하면서 새로운 감염병이 우후죽순처럼 출현했던 시대가 고스란히 반복되는 것처럼 느껴질 정도다. 오늘날 이런 병이 창궐하는 이유 또한 그때와 똑같다. 환경이 급변하면서 우리가 '새로운' 병원체들과 접촉하고, 그렇게 해서 발생한 감염병이 여행자들에 의해 널리 퍼져 간다.

오늘날 심각한 신종 질병이라면 기세가 꺾일 줄 모르고 전 세계로 퍼져 가는 에이즈, 조금씩 다가오는 항생제 내성균의 공포, 돌연변이 독감 바이러스에 의해 치명적인 독감이 전 세계에 유행할 가능성, 지금까지 알려지지 않은 인수공통감염병이 출현하여 걷잡을 수 없이 번지는 상황 등을 꼽을 수 있을 것이다. 하지만 포스트 게놈 시대를 사는 우리는 더 이상 아무것도 모른 채 미지의 적과 맞서 싸우지는 않는다. 이번 장에서는 신종 병원체가 갈수록 늘어나는 이유를 살펴보고, 지금까지 축적한 과학 지식을 이용해 우리가 조상들보다 병원체에 더 잘 대처할 수 있을지 자문해볼 것이다.

미생물과의 투쟁사에는 온갖 굴곡이 있었지만, 변치 않는 사실은 호모 사피엔스가 지구상에 존재했던 생물 중 가장 성공적인 존재란 점이다. 세밀한 사전 계획과 고도로 정교한 언어적 의사소통의 원천인 복잡한 두뇌 덕에 우리는 지구 표면의 모든 환경에 적응했다. 온갖 자연재해와 전쟁과 치명적인 병원체의 무시무시한 공격을 겪고도 인류의 숫자는 꾸준히 늘어 마침내 지구의 지배종이 되었다. 서력 기원 당시 전 세계 인구는 약 3억 명이었다. 이후 인류의 수는 대략 500년마다 2배씩 늘었다. 1800년에는 10억 명,

1900년에는 16억 명을 돌파했다. 가장 극적인 인구 증가는 매우 최근에 일어났다. 20세기에 평균 수명이 2배로 길어지자 전 세계 인구는 4배 증가했다.[1] 이제 지구 위에 존재하는 인간의 수는 60억 명이 훨씬 넘으며, 그중 50퍼센트가 도시에 산다(그림 8-1).

전례 없는 인구 폭발의 결과는 이미 뚜렷하다. 까마득한 옛날부터 존재했던 정글이 급속히 사라지고 그 자리에 콘크리트 정글이 들어서는 시대다. 세계에서 가장 큰 도시인 도쿄의 인구는 놀랍게도 3,800만 명에 이르지만 이제 개발도상국의 거대 도시는 대부분 인구가 2,000만 명이 넘는다(가장 인구가 많은 도시는 멕시코시티다). 세계 인구는 2050년에 80~90억 명, 21세기 말에는 90~100억 명에 달할 것으로 예측되므로, 도시의 성장세 역시 수그러들지 않을 것이다.

인류의 성공 스토리는 눈부시다. 그만큼 그늘도 짙다. 모든 생물종은 환경에 의해 통제되지만, 이제 우리는 스스

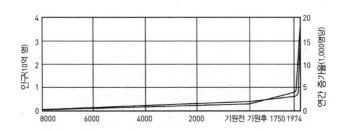

그림 8-1 인구 증가(기원전 8000년~서기 1974년)

출처: *History of Human Population* Ansley J. Coale. Copyright © September 1974 by Scientific American, Inc. All Rights Reserved.

로 환경을 통제한다. 우리는 그런 능력을 이용해서 어떤 일을 하고 있을까? 모든 자원이 제한된 유한한 세계 속에서 끝없이 팽창을 거듭하는 인구 통계는 불안하기만 하다. 우리가 만들어낸 현재의 상황은 절대로 지속할 수 없다. 에너지 위기, 물 부족, 대기와 해양과 토양의 오염, 식물과 동물의 멸종과 생물다양성의 감소, 오존층에 뚫린 구멍과 지구 온난화 등 현재 전 세계적 차원에서 발생하는 문제의 근원에는 인간의 탐욕과 더불어 끊임없이 팽창하는 인구 문제가 도사리고 있다. 인구 과잉은 잠재적인 대재앙의 목록뿐 아니라 신종 병원체의 끊임없는 등장이라는 문제의 핵심이기도 하다.

전례 없이 붐비는 세상에서 우리는 쉬지 않고 문명의 경계를 확장시킨다. 음식이나 일거리나 살 곳을 마련하기 위해, 또는 그저 짜릿한 도전을 위해 우리는 계속 새로운 환경을 침범하며 수천 년간 변함없이 유지되어온 생태계를 교란시킨다. 열대 우림을 파괴하든, 강에 댐을 건설하든, 덫을 놓아 야생 동물을 잡든, 모든 행위는 우리가 거의 알지 못하는 미생물들의 생활 공간을 침범하는 것이다. 그중 일부는 분명 우리를 감염시키거나 심지어 죽일 수 있다. 최근 출현한 신종병원체의 목록을 슬쩍 훑어보기만 해도 대부분 야생 동물에서 유래했음이 분명하다(표 8-1).

고기를 살 때면 웨트 마켓에 가서 살아 있는 동물을 고르는 중국 광둥성에서 어떻게 사스가 출현했는지, 그리고 일부 지역 농부들과 시장 상인들이 그전부터 사스 바이러

표 8-1 1977년 이후 새로 등장한 인간 병원체

년도	병원체	질병	동물숙주
1976	에볼라 바이러스	출혈열	밝혀지지 않음
1977	한탄 바이러스	신증후군 출혈열	설치류
1977	레지오넬라 뉴모필리아	재향군인병	없음
1982	보렐리아 부르크도르페리	라임병	사슴, 양, 소, 말, 개, 설치류
1983	HIV1	AIDS	침팬지
1986	HIV2	AIDS	검댕맹거베이
1993	신놈브레 바이러스	한타바이러스 폐증후군	흰발생쥐
1994	헨드라 바이러스	바이러스성 뇌염	과일박쥐
1997	H5N1 독감 바이러스	중증 독감	닭
1999	니파 바이러스	바이러스성 뇌염	과일박쥐
2002	사스 바이러스	비정형 폐렴	중국관박쥐
2009	H1N1 독감 바이러스	돼지 독감	돼지와 조류
2012	메르스 코로나바이러스	메르스	낙타
2016	지카 바이러스	지카열	붉은털원숭이

스와 접촉한 증거가 어떻게 발견되었는지 앞에서 살펴보았다. 분명 사스 바이러스는 이전에도 동물에서 인간으로 넘어왔다. 앞으로 사스나 유사한 다른 바이러스가 또 넘어오지 않는다고 누가 장담할 수 있겠는가?

열대 우림의 생태계는 지구상에서 가장 다양하다. 치명적인 미생물도 우글우글하다. 수백 년간 인간은 황열 바이러스와 말라리아 원충에 가로막혀 아프리카의 정글을 정복하지 못했다. 지금도 정글 속에는 섬세한 균형을 무너뜨리는 것이라면 무엇이든 덮칠 준비가 되어 있는 수많은 병원체가 도사리고 있다. 가장 유명한 예가 에볼라 바이러스다. 이 치명적인 병원체가 열대의 외딴곳이라는 환경에서 폭발적인 유행병을 일으킨 이야기는 널리 알려져 있다. 1976년 처음 발견된 이래 스무 차례가 넘는 에볼라 유행이 발생했다. 모두 국지적 사건에 그쳤지만 2014년 서아프리카 기니공화국에서 발발한 유행은 좀 달랐다. 에볼라는 삽시간에 라이베리아와 시에라리온 등 이웃 나라로 퍼진 후 항공 여행객을 통해 나이지리아로, 다시 미국과 스페인으로 옮겨 갔다. 2016년 초에야 통제된 이 유행은 2만 8,000명 이상을 감염시켰으며, 사망률은 40퍼센트에 달했다. 자연 속에서 에볼라 바이러스의 동물숙주가 무엇인지는 아직 수수께끼지만 빨리 숙주를 파악하여 질병 유행의 고리를 끊는 것이 무엇보다 중요하다. 새로운 유행이 발생할 때마다 바이러스는 보다 효율적으로 전파되어 점점 많은 사람을 감염시키는 방향으로 진화할 기회를 갖기 때문이다.

HIV1은 아프리카의 열대 우림에서 출현한 또 다른 바이러스로, 침팬지의 아종인 동부침팬지Pan troglodytes troglodytes에서 인간으로 종간 전파되었다. 이 대형 유인원은 중앙아프리카에 살지만, 우리가 서식지를 파괴하고 현지인들이 '부시 미트bush meat'(숲속에서 구한 고기라는 뜻으로, 야생 동물 고기를 가리킴—옮긴이)를 얻기 위해 남획하는 바람에 멸종 위기에 몰려 있다. 동물을 사냥하고 도축할 때 사방으로 피가 튀기 때문에 침팬지의 혈액 속에 있던 바이러스가 사람의 몸으로 들어가는 것은 전혀 어렵지 않다. 아프리카에서 오래도록 보관했던 혈액 검체들을 분석한 결과 HIV1은 1930년대 이전에도 몇 차례 사람에게 전파된 적이 있다.[2] 현재 이 지역 여행자들은 부시 미트를 먹는 경험을 간절히 원하며, 콩고에서만 매년 100~500만 톤의 부시 미트가 소비되므로 최근 과학자들이 간헐적으로 HIV가 아닌 다른 몇몇 영장류 바이러스가 인간에게 종간 전파된 증거를 발견한 것은 놀라운 일이 아니다.[3] 이 바이러스 중 하나가 인간에서 인간으로 전파될 수 있는 길을 발견하여 새로운 유행병을 일으키는 것은 시간문제다.

부시 미트가 유일한 걱정거리는 아니다. 농업용, 실험용, 애완용으로 살아 있는 야생 동물을 국제적으로 사고파는 것은 수백억 달러 규모의 산업이다. 1967년 에볼라 비슷한 출혈열을 일으키는 마르부르크 바이러스가 독일에서 첫 번째 유행을 일으켰다. 우간다에서 수입한 그리벳원숭이African green monkey를 통해 유입된 바이러스는 31명의 연구원을 감염시켰고, 그중 7명이 사망했다. 그 뒤 미국에서 이국적 애완동물로 팔기 위해 가나에서 수입한 아프리카도깨비쥐Gambian giant rat를 통해 유입된 바이러스가 원숭이두창 유행을 일으키기도 했다.[4] 바이러스는 애완동물 상점에서 함께 팔던 프레리도그prairie dog에게 옮겨 갔다가, 그 주인에게로 종간 전파를 일으켰다. 감염 경로를 추적하여 사태를 수습했을 때는 이미 71명이 감염된 뒤였다. 파푸아뉴기니에서 야생 돼지고기를 먹여 사육한 악어들이 트리키넬라 선모충에 감염된 일도 있다. 이 기생충은 생명을 위협하는 감염증을 일으키는데, 악어 사육자에게 쉽게 옮겨간다.[5] 또 다른 병원체가 우리 주변에 숨어 몰래 기회를 엿보고 있을지 누가 알겠는가?

빈곤

*

빈곤이 감염병 관련 사망의 중요한 원인임은 몇 가지 통계를 훑어보기만 해도 너무나 명백하다. 전 세계적으로 볼 때 병원체는 아직도 인류의 중요한 사망 원인이다. 3명 중 1명이 감염성 질환으로 사망한다. 감염성 질환에 의한 사망률은 부유한 국가와 빈곤한 국가 사이에 엄청난 격차를 나타내서 우리가 사는 세상의 냉엄한 현실을 그대로 보여준다. 감염성 질환 사망률은 서구에서 모든 사망자의 1~2퍼센트에 불과하지만, 가장 빈곤한 국가로 가면 50퍼센트를 넘는다. 세계 전체를 볼 때 감염성 질환 사망자의 95퍼센트 이상이 이 지역에 거주한다.[6] 빈곤과의 연관성이 뚜렷하게 나타나는 개발도상국에서도 병원체에 감염되어 사망하는 사람은 대부분 어린이다. 불결하고 붐비는 도시의 빈민가에서 영양 부족 상태로 깨끗한 식수나 하수 처리 시설도 없이 살아가는 빈곤층이 HIV, 말라리아, 결핵, 호흡기 감염, 그리고 로타바이러스, 콜레라, 장티푸스 등 설사 질환을 일으키는 치명적인 병원체에 희생된다. 하나같이 충분한 자원만 주어진다면 예방과 치료가 어렵지 않은 병이다.

HIV가 퍼져 나간 과정은 미생물이 어떻게 빈곤을 이용해 사회에서 가장 혜택받지 못한 계층을 공격하는지 생생하게 보여준다. 에이즈 바이러스는 1900년대 초에 중앙 아프리카에서 출현하여 드러나지 않고 아프리카 대륙 전역에 퍼졌다. 잠복기가 길고, 놀랄 만큼 증상이 없다는 바이러스 자체의 특징도 널리 퍼지는 데 도움이 되었지만, 독재적인 권력자, 부패한 정부, 내전, 부족 간의 갈등, 가뭄과 기근 역시 큰 역할을 했다. 규율이 엉망인 군대와 테러리스트들에 의해 바이러스는 도시 빈민가를 침투해 성매매 종사자들을 감염시켰고, 이주 노동자를 통해 그들의 배우자와 가족을 파고들었다. 영양 부족이 에이즈의 폭발적인 유행을 가속화한 것은 분명하지만, 아프리카의 정치적 혼란으로 인해 보건의료 서비스가 붕괴된 것 또한 수많은 사람들이 절박한 상태에 처해서도 의학적 도움을 받지 못하는 중요한 이유다.

현재 우리는 역사상 최악의 팬데믹을 겪고 있다. 2015년 현재 세계보건기구는 1983년 HIV가 발견된 이래 전 세계적으로 7,800만 명이 감염되었고 3,500만 명이 사망했다고 발표했다. HIV에 감염된 채 살아가는 사람은 3,670만 명에 이르며, 그중 70퍼센트가 아프리카 남부에 산다. 사하라 사막 이남 지역 아프리카의 도시 거주민 중 18.5퍼센트가 HIV에 감염되어 있다. 서구에서는 항레트로바이러스 치료 덕에 치명적인 질병을 관리 가능한 만성 감염증으로 전환시킬 수 있지만, 아프리카의 HIV 감염자 중 이런 치료를 받을 수 있는 사람은 46퍼센트에 불과하다. 나머지 환자는 생명을 유지하는 데 필수적인 약물을 구하지 못한 채 초침이 재깍거리는 소리를 듣고만 있는 셈이다.

아프리카에서 HIV의 동력학은 전파 방식을 반영한다. 이 바이러스는 성적으로 전파되므로 성별 불평등에 의해 여성이 훨씬 취약해진다. 전반적으로 아프리카에서 여성은 남성보다 가난하고, 교육도 덜 받으며, 종종 성적 파트너를 고르거나 제한할 권한도 없고 콘돔 사용을 고집할 수도 없다. 실제로 많은 여성이 어쩔 수 없이 성을 팔아야만 음식이나 거주지, 교육 등 필수적인 것들을 구할 수 있다. 현재 HIV 감염은 남성보다 여성에게 2배 더 많이 발생하며, 새로운 감염자 중 25퍼센트가 15~24세 여성이다.

아프리카에서 HIV 양성인 여성은 대부분 아기 엄마다. 전 세계적으로 에이즈 고아 1,500만 명 중 1,200만 명이 사하라 사막 이남 지역 아프리카에 있다. 이 어린이들에게 HIV 팬데믹의 부담은 힘겹기만 하다. 많은 어린이가 아픈 엄마를 보살피느라, 또는 가족의 생활비를 벌기 위해 학교에 다니지 못한다. 바이러스는 부모뿐만 아니라 어린 시절과 교육 기회마저 앗아간 것이다.

여행

✳

앞에서 인류의 역사를 더듬어가며 여행이 어떻게 미생물을 퍼뜨렸는지 살펴보았다. 구세계에 분산되어 있던 감염성 질환의 지역별 중심들을 하나로 모은 것도, 그렇게 통합된 감염병들을 신세계로 옮겨놓은 것도, 마침내 세계에서 가장 고립된 지역 사회까지 병원체들을 퍼뜨린 것도 모두 여행자들이었다. 일반적으로 유행병은 사람이 움직이는 속도에 맞춰 퍼질 수밖에 없기 때문에 말이나 낙타 등에 교역품을 싣고 고대의 교역로를 따라 걷거나, 바람의 힘으로 움직이는 갤리선으로 항구에서 항구로 운반했던 시절에는 유행병의 진행 또한 매우 느렸다. 여행 기간이 길었으므로 잠재적으로 인간을 감염시킬 병원체가 계속 감염의 사슬을 이어갈 취약한 희생자를 구하지 못해 저절로 사라지는 경우도 많았을 것이다. 그러나 19세기와 20세기에 걸쳐 운송 수단의 혁명이 일어나면서 사람과 상품의 이동 속도가 빨라지자 병원체 역시 그 이익을 톡톡히 누렸다. 역사상 그 어느 때보다도 빨리, 더 멀리까지 퍼질 수 있었던 것이다. 영국에서 호주까지 가는 시간이 얼마나 줄었는지 생각해보면 실감할 수 있다. 18세기에 영국에서 호주까지는 범선으로 꼬박 1년이 걸렸다. 19세기 초에 쾌속 범선이 등장하자 여행 기간은 100일로 단축되었으며, 20세기 초에는 증기선으로 50일 만에 갈 수 있었다.[7] 이렇게 되자 홍역처럼 잠복기가 2주 정도인 전염병은 여행자들에 의해 새로운 유행을 일으킬 가능성이 훨씬 커졌다. 19세기 초 쾌속 범선의 시대에 이런 일이 가능하려면 배 안에 6명의 취약한 사람이 있어 차례로 감염되어야 했지만, 20세기 초 증기선의 시대에는 3명만 있어도 가능해진 것이다. 여행 시간이 줄어든 데 따른 영향을 특히 민감하게 느낀 것은 인구가 적으며 생활 필수품이 배를 통해 유입되는 피지나 아이슬란드 등 섬 지역 주민들이었다. 항해 시간이 단축되자 주민 인구만으로는 토착병이 생길 수 없는 섬에도 배를 통해 유입되는 유행병이 점점 자주 발생했던 것이다.

그러나 해상 운송의 발달이 병원체 전파에 미친 영향은 20세기 들어 시작된 항공 운송의 영향에 비하면 새 발의 피다. 항공기가 등장하면서 지리적 공간은 놀랄 정도로 축소되었다. 이제 전 세계 주요 도시 어디든 당일에 도착한다. 게다가 세계 인구가 팽창하고 항공기가 점점 커지면서 항공료가 낮아져 역사상 어느 때보다도 많은 사람이 더 자주, 더 먼 곳까지 이동한다. 1980년대 후반, 런던 위생열대의학대학원London School of Hygiene and Tropical Medicine의 데이비드 브래들리David Bradley가 개인적으로 수행한 흥미로운 연구 결과는 이를 분명히 보여준다. 그는 자기 가족 내에서 세대별로 4명의 남성(증조부, 조부, 아버지, 자신)의 일생에 걸친 여행 패턴을 도표로 그렸다. 놀랍게도 한 세대가 지날 때마다 움직인 공간적 범위는 10배씩 증가했다. 그는 증조부에 비해 1,000배 더 긴 거리를 여행했다.[8]

병원체는 잽싸게 새로운 기회에 올라탔다. 매년 수백,

수천만에 이르는 사람이 비행기를 이용하면서 사람의 몸속에 있으면서든, 동물이나 곤충을 통해서든 병원체가 먼 곳으로 이동할 위험이 급격히 증가했다. 앞에서 이런 예를 많이 살펴보았다. 웨스트나일열 바이러스는 의도치 않게 비행기에 올라탄 모기를 통해 중동에서 미국으로 제트기의 속도로 유입되었을 것이다. HIV는 아이티 여행객을 통해 미국으로 유입된 후, 전국 각지의 도시와 유럽으로 퍼졌다. 사스 바이러스는 인간을 배양기 삼아 홍콩에서 삽시간에 5개의 국가로 퍼졌다. 심지어 예전에는 열대 지방에만 있던 감염병도 이제 세계 각지에서 발생하는 형편이다. 1983년 런던 근교 개트윅Gatwick 공항에서 12마일 떨어진 마을 주점 주인이 갑자기 말라리아로 쓰러졌다. 병원체는 거기서 그치지 않고 우연히 오토바이를 몰고 마을을 지나던 불운한 여행객까지 감염시켰다.[9] 더 최근에는 제네바 공항 근처에 살며 스위스를 떠난 적도 없는 몇 사람이 말라리아에 걸린 일도 있다. 열대 지방의 모기들이 말라리아 원충을 가득 실은 채 비행기에 무임탑승하여 제네바에 도착했던 것이다. 아마 가장 예기치 못했던 사건은 2015년 에볼라 바이러스가 귀국길에 오른 국제구호기관 직원들의 몸을 통해 서아프리카에서 유럽과 미국으로 퍼진 일일 것이다. 유행은 곧 차단되었지만 지역 주민 중 몇몇은 에볼라 출혈열에 걸렸다.

항생제 내성

✳

1945년 알렉산더 플레밍은 노벨상 수상 연설에서 장차 미생물이 항생제 내성을 발달시킬 것이라고 지적했다. "실험실에서 죽이기에는 충분치 않은 농도에 노출시키는 방법으로 미생물이 페니실린에 내성을 갖게 만드는 일은 어렵지 않으며, 때때로 체내에서도 같은 일이 생깁니다."[10] 당시 그의 경고에 귀 기울인 사람은 거의 없었다. 페니실린이 출시되자마자 화학자들은 자연 상태의 분자를 변형시켜 새로운 활성 유도체를 만들어냈고, 과학자들은 더 많은 천연 항생 물질을 발견하는 일에 뛰어들었다. 삽시간에 수백 가지 기적의 약을 맘대로 골라 쓸 수 있게 된 의사 중에 항생제 내성을 심각하게 받아들인 사람은 거의 없었다. 그러나 60년도 채 지나지 않아 우리는 엄청난 문제를 마주하게 되었다. 전 세계에서 점점 많은 미생물이 수많은 약물에 내성을 획득하며, 새로운 천연 항생 물질은 사실상 더 발견될 전망이 없는 데다, 현재 개발 중인 신약도 거의 없다. 어쩌다 이런 위기가 찾아왔을까?

우리가 미생물과 싸우기 위해 사용하는 약물은 대부분 페니실린 같은 항생제다. 세균이나 곰팡이가 다른 미생물을 물리치기 위해 만들어내는 천연 화학 물질이란 뜻이다. '항생抗生'이란 말 자체가 '생명에 대항한다'라는 뜻으로, 미생물이 생명을 유지하기 위해 반드시 필요한 기능을 차단하여 미생물을 죽이는 힘이 있음을 나타낸다. 인간의 관점에서 항생제의 가장 큰 매력은 미생물을 겨냥할 뿐 우리 자신의 세포에는 해를 미치지 않는다는 것이다. 페니실린은 세균이 튼튼한 외벽을 만들어내는 데 필요한 펩티드 전이 효소를 차단하여 효과를 나타낸다. 페니실린이 존재하는 환경에서 증식하려고 하면 세균은 터져 죽고 만다. 하지만 한편으로 세균은 증식 속도가 매우 빠르기 때문에 자연선택에 의해 환경에 적응하는 능력이 뛰어나다. 우연한 유전자 돌연변이에 의해 어떤 약물에 내성을 갖는 세균이 출현하면 경쟁우위를 점하게 되어 불과 몇 시간 만에 비슷한 내성을 지닌 자손이 수없이 생겨나고, 결국 모든 경쟁 균주를 물리치고 지배적인 균주가 된다. 사실 많은 세균은 항생제 내성 유전자를 물려받으려고 기다릴 필요조차 없다. 다른 세균이 그런 유전자를 지니고 있다면 유전자 교환에 의해 쉽게 자기 몸속에 장착할 수 있다. 유전자 교환은 특별한 일이 아니라, 세균 집단에서 일상적으로 일어나는 과정이다. 항생제 내성 유전자는 플라스미드나 기타 교환 가능한 요소로 염색체 외부에 존재하는 경우가 많으므로 쉽게 다른 세균에게 전달할 수 있다. 결국 내성 균주가 빠른 속도로 증식하는 것 외에 내성 유전자의 교환에 의해서도 다제 내성균이 생길 수 있다.

최근 들어 우리는 점점 많은 항생제를 점점 자주 사용한다. 적절하게 사용하는 경우도 많지만, 무책임하고 부적절하게 사용하는 경우도 결코 적지 않다. 우리 사정이 어떻든 미생물은 이 상황을 최대한 이용한다. 새롭고 복잡한 수술 기법이 개발되면 환자의 생존 가능성을 최대한 높이기 위해 항생제를 사용해야만 하는 경우가 많다. 반대쪽 극단에는 대부분 바이러스 질환이므로 항생제를 써봐야 아무런 도움이 되지 않는 감기 같은 가벼운 병에 습관적으로 항생제를 처방하는 잘못된 관행이 존재한다. 문제는 거기서 그치지 않는다. 대부분의 환자가 증상이 심할 때는 열심히 약을 챙겨먹지만, 일단 증상이 좋아지면 처방받은 항생제를 끝까지 먹지 않는다. 이렇게 불완전한 치료는 필연적으로 항생제 내성균을 만든다. 처음 약을 쓰면 항생제에 잘 듣는 균이 가장 먼저 죽고, 내성을 지닌 균은 살아남기 때문이다. 의사의 처방 없이 구입할 수 있는 항생제도 문제다. 전문적인 지식이 없는 사람이 아무 항생제나 골라서 쓰고 싶은 기간 동안 쓰고 끊어버리기 때문이다. 항생제를 쉽게 구할 수 있는 나라에서 다제 내성균이 많이 발견되는 것은 우연이 아니다. 가장 좋은 예로, 주변에서 흔히 볼 수 있는 폐렴연쇄상구균Streptococcus pneumonia(보통 폐렴구균이라고 한다)을 들 수 있다. 기관지염, 중이염, 부비동염은 물론, 생명을 위협하는 폐렴, 수막염, 패혈증을 일으키는 이 세균은 전 세계적으로 세균 감염과 그로 인한 사망 원인 중 단연 1위를 차지한다. 오랫동안 우리는 페니실린을 사용하여 폐렴구균 감염증을 성공적으로 치료했지만, 이제 페니실린 내성이 점점 심각해지고 있다. 1985~2005년 사이에 항생제를 자유롭게 쓸 수 있었던 미국에서는 페니실린 내성 발생률이 5퍼센트에서 35퍼센트로 급증했다. 그런

데 영국에서는 5퍼센트 선을 유지했다.[11] 2000년 미국에서 과학자들은 새로 개발된 폐렴구균 백신을 이용하여 반격에 나섰다. 백신 사용 후 어린이들의 감염증이 줄자 흥미로운 현상이 나타났다. 항생제 사용도 함께 줄면서 세균이 자연선택의 이점을 누리지 못하게 되자 갈수록 늘기만 했던 항생제 내성균이 줄기 시작한 것이다. 2005년 세계보건기구는 전 세계적으로 다양한 혈청형의 폐렴구균 백신을 어린이와 취약한 성인에게 일상적으로 접종할 것을 권고했다.

항생제 내성 문제는 농업 분야에서 엄청난 양의 항생제를 남용함으로써 훨씬 악화되었다. 전 세계 항생제 사용량의 절반 이상이 가축에게 쓰인다. 반드시 병에 걸린 동물을 치료하기 위한 것이 아니라, 가축 사이에 병원체가 퍼지는 것을 예방하기 위한 목적으로도 사용된다. 더 심각한 것은 항생제를 아예 사료에 섞어 먹이는 것이다. 아직 정확한 원인은 밝혀지지 않았지만 항생제를 저용량으로 투여하면 가축의 성장이 촉진되기 때문이다. 현재 몇몇 나라에서 가축의 성장을 촉진하기 위한 목적으로 항생제를 사용하지 못하도록 금지했지만, 다른 나라에서는 여전히 가축에게 평생 항생제를 투여한다. 항생제를 이렇게 사용하는 것은 일부러 항생제 내성균을 만드는 것과 다름없다. 인수공통 감염 세균으로 매년 수백만 명에게 설사병을 일으키는 쥐티푸스 살모넬라균Salmonella enterica typhimurium은 동물에서 항생제 내성 균주가 먼저 출현하여 인간에게 전파되었다.

황색 포도상구균Staphylococcus aureus은 건강한 사람의 콧속에서 아무런 해를 끼치지 않고 살아가지만, 병원 수술실이나 중환자실에 이 균이 침입하면 심각한 문제가 생긴다. 침구나 먼지 속에서 수개월간 생존하기 때문에 종종 환자나 의료진을 통해 수많은 환자에게 우발적 감염이 일어난다. 이 균은 가장 쇠약한 환자들을 노려 폐나 수술 상처 또는 카테터 삽입 부위를 감염시키며, 그곳을 근거지로 혈액 속으로 침투하여 치명적인 패혈증을 일으킬 수 있다. 황색 포도상구균이 항생제에 맞서는 첫 번째 전략은 페니실린 분자를 파괴하는 락타마아제lactamase라는 효소를 분비하는 것이다. 페니실린 내성 황색 포도상구균이 문제가 되자 의사들은 페니실린 대신 반합성 유도체인 메티실린methicillin이란 약을 사용했다. 하지만 세균은 이내 페니실린은 물론 메티실린으로도 차단할 수 없는 전혀 새로운 유형의 펩티드 전이 효소를 만들어냈다. MRSA(methicillin-resistant S. Aureus, 메티실린 내성 황색 포도상구균)이 등장한 것이다. 이제 의사들은 다른 경로를 통해 세균의 세포벽 합성을 저해하는 반코마이신vancomycin을 쓰기 시작했다. '최후의 수단'이라 불리던 이 약물은 30년간 효과를 발휘했지만, 세균은 결국 마지막 방어벽마저 돌파해버렸다. 2002년 미국에서 반코마이신 내성 MRSA가 출현한 것이다. 이제 이 균이 전 세계로 퍼지는 것은 시간문제다.

이런 식으로 군비 경쟁을 벌이는 동안 MRSA는 모든 병원에 창궐했다. 병동을 폐쇄하고 수술 일정을 취소하는 일이 잇따랐다. 영국에서는 1990년대 중반에서 후반 사이에 MRSA가 크게 늘어나면서 연간 10억 파운드(현재 약 1조 5,000억 원―옮긴이)의 의료비를 더 지출하고 있다. 덴마크, 스웨덴, 네덜란드의 병원들을 대상으로 한 연구에서 MRSA는 꼼꼼한 손 씻기와 엄격한 환자 격리로 극복할 수 있다는 사실이 입증되었다. 영국에서도 이런 조치를 시행한 결과 MRSA에 감염되는 환자 수가 크게 감소했다(그림 8-2).

MRSA가 유일한 '슈퍼버그'일 가능성은 전혀 없다. 전 세계적 차원에서 본다면 다제내성결핵과 말라리아가 훨씬 심각한 문제이며, 항바이러스제 내성 HIV도 이곳저곳에서 머리를 쳐드는 참이다. 서로 아무런 관련이 없는 미생물들이고, 전파 경로도 전혀 다르지만 끈질기기 짝이 없는 이들

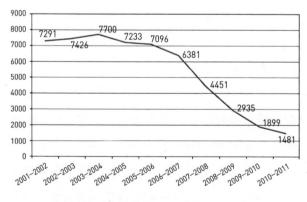

그림 8-2 영국 병원의 MRSA 현황(2001~2011)

출처: *Annual Epidemiological Commentary*, Public Health England © Crown copyright 2014; http://webarchive.nationalarchives.gov.uk/20140714112302/http://www.hpa.org.uk/webc/HPAwebFile/HPAweb_C/1278944232434 – © Crown copyright, accessed 07/08/2017.

병원체는 사실 불가분의 관계다. 세 가지 모두 사하라 사막 이남 아프리카 지역에서 창궐하며, 나머지 두 가지 병원체의 위력이 HIV에 의해 증폭된다는 점에서 그렇다. 정지성 결핵quiescent tuberculosis(세균학적 검사상 음성이며, 영상의학적 검사상 모든 병변이 치유 소견을 보이는 결핵—옮긴이)의 재활성화는 무시무시할 정도다. 이들 병원체가 일으키는 문제는 각기 따로 생각해도 엄청나다. 유일한 해답은 값싸고 효과적인 백신을 널리 보급하는 것뿐이다. 하지만 HIV나 말라리아에 대한 백신은 존재하지 않으며, 전통적으로 결핵을 예방하기 위해 사용하는 BCGbacilli Calmette-Guerin 백신의 효과는 불완전하므로 결국 대응 전략은 약물 치료에 의존할 수밖에 없다. 그런데 그마저 약제내성으로 인해 위기에 몰린 것이다.

항생제는 바이러스에 효과가 없으므로 1980년대에 HIV가 출현하자 많은 제약회사가 항바이러스제 개발에 나섰다. 약물이 표적으로 하는 부위를 파악하는 새로운 분자생물학적 방법이 발견되면서 이 분야는 놀라운 발전을 이루었다. 1990년에 시판 중인 항바이러스제는 4종에 불과했으나 15년 후에는 40종으로 늘어났다. 대부분 HIV를 겨냥한 것이었다. 이 약물들은 서구에서 HIV 감염증을 관리하는 데 혁명을 일으켰으며, 이제 여러 제약회사와 제네릭(복제약) 제조업체에서 앞다투어 값싼 약물들을 내놓으면서 서서히 개발도상국에도 항레트로바이러스 치료가 보급되기에 이르렀다. 하지만 아직도 바이러스를 완전히 제거

하거나 환자를 완치시키지는 못한다. 약물은 그저 시간을 벌어줄 뿐이다. 오랜 시간이 지나면 결국 더 이상 시도해볼 치료 방법이 없어지고, 바이러스가 거침없이 증식하는 시기가 찾아온다.

HIV 감염자들이 약물을 규칙적으로 복용하지 않는 이유는 한두 가지가 아니다. 우선 일생 동안 약을 먹어야 한다. 다양한 약물을 하루에도 몇 번씩 복용해야 하는 경우도 많다. 또한 약물은 부작용을 동반한다. 특히 HIV 감염증 말기에 이르러 질병의 증상과 부작용이 겹치면 약물 치료를 견디지 못하는 사람이 많다. 하지만 규칙적인 치료를 게을리하면 다른 미생물과 마찬가지로 HIV 역시 쉽게 약물 내성을 갖게 된다. 한때는 내성 균주(정확하게는 바이러스주)가 돌연변이를 일으키지 않은 균주보다 더 약하고 전염될 가능성도 적다고 생각했으나, 최근 뉴욕에서 성적으로 문란하고, 독성이 매우 강한 HIV 균주에 감염된 한 게이 남성을 관찰한 결과, 전혀 그렇지 않다는 사실이 밝혀졌다.[12] 언론에서 '에이즈 슈퍼버그'라는 별명을 붙인 이 바이러스는 당시 사용할 수 있었던 네 가지 계열의 항 HIV 약물 중 세 가지에 내성을 나타내 사실상 치료가 불가능했다. 설상가상으로 그의 질병은 놀랄 정도로 빨리 진행하여 불과 20개월 만에 면역기능이 10년쯤 앓은 환자 수준으로 떨어지고 말았다. 내성 HIV는 여전히 심각한 문제이지만, 그 뒤로 신약이 개발되어 바이러스의 각기 다른 분자를 표적으로 하는 여섯 가지 계열의 항레트로바이러스 약물을 사용하게 되면서 다행히 현재는 HIV 보균자를 거의 정상 수명에 가까울 정도까지 관리할 수 있다.

HIV에 대한 싸움에서 최우선 과제는 두말할 것도 없이 백신 개발이다. 하지만 항체나 살해 T세포 반응을 자극하는 다양한 물질을 시험했음에도 바이러스에 보호 효과를 나타낸 백신을 개발하지 못하고 있다. HIV는 우리의 면역기능이 따라잡을 수 없을 정도로 빠르게 돌연변이를 일으키므로 어쩌면 전통적인 백신으로는 막아낼 수 없을지도 모른다. 면역기능을 강화하여 바이러스 보균자가 무증상 상태로 지낼 수 있게 해주는 치료 백신 등 다른 전략을 시험 중이지만, 가까운 시일 내에 백신이 개발될 것이라고 낙관하는 사람은 없다.

백신이 개발될 때까지 우리는 바이러스의 모든 약점을 공격하는 방법으로 싸워나갈 수밖에 없다. 연쇄적 감염의 사슬을 끊고 R_0를 1보다 낮게 유지할 수 있다면 궁극적으로 승리를 거두겠지만, 그 가능성을 조금이라도 높이려면 고위험 집단 대상 교육 프로그램, 마약 사용자를 위한 정맥주사용 바늘 제공 시설, 무료 콘돔 보급 등 우리가 지닌 모든 공중보건 전략을 최대한 동원해야 한다. 아프리카에서는 여성의 권리를 신장시켜 여성 스스로 자신의 삶에 대한 결정을 내릴 수 있게 하는 것이 무엇보다 중요하다. 이를 위해 바이러스 살상 효과가 있는 질 크림을 개발 중이지만 아직까지 보호 효과가 입증된 바는 없다.

결핵균은 1950년대에 약물 치료가 시작되자마자 개별적인 항결핵제에 내성을 발달시켰지만, 다제 요법에 의해 성공적으로 치료할 수 있었으므로 일각에서는 전 세계적으로 결핵을 박멸시킬 수 있을 것이라 확신하기도 했다. 하지만 뜻대로 흘러가지 않았다. 1970년대부터 결핵균은 통제를 벗어나기 시작했으며, 1990년대 초에 이르자 전 세계적 위기 상황이란 사실이 분명해졌다.

결핵이 전 세계적으로 급속히 퍼지고 있다는 사실이 처음 주목받은 것은 뉴욕에서 어느 누구도 예상치 못했던 결핵 유행이 시작된 순간이었다. 1968년 뉴욕 시장은 도시를 결핵 청정지역으로 만들 계획을 세웠지만 불과 10년 만에 대유행을 목전에 둔 것이다. 센트럴할렘Central Haarlem과 로어이스트사이드Lower East Side 등 도심의 빈민 지역은 그러려니 하지만, 결핵균은 이곳을 시작으로 야금야금 영역을 넓혀가 마침내 가장 부유한 지역만 빼고 뉴욕 전역에 뿌리를 내렸다. 유행이 정점에 달했던 1992년에는 가장 심한 지역에서 2.5제곱킬로미터당 100명이 훨씬 넘는 신환자가 보고되기도 했다.[13]

머지않아 이렇게 불안스러운 결핵의 재유행은 전 세계적 현상임이 분명해졌다. 빈곤과 노숙자의 증가(1980년대에 미국의 도시 지역에서 공중보건 예산이 감축된 데 따른 것이었다), HIV에 의한 면역 억제로 인한 정지성 결핵의 재활성화, 약제내성 등이 결합된 결과였다. 현재 BCG가 세계에서 가장 널리 사용되는 백신임에도 약 20억 명이 결핵균에 감염되어 있다. 전 세계 인구의 3분의 1에 달하는 숫자다. 다행히 대부분의 감염은 비활동성이지만, 2015년 세계보건기구는 전 세계적으로 1,040만 명의 활동성 결핵 환자와 180만 명의 결핵 사망자가 발생했다고 보고했다(그림 8-3). 95퍼센트 이상이 중진국 및 개발도상국에서 발생했으며, 사하라 사막 이남 지역 아프리카에서 가장 문제가 심각했다는 사실은 놀랍지 않다. 이 지역에서는 활동성 결핵 환자의 60퍼센트 이상이 HIV에 감염되어 있다. 그야말로 죽음의 조합이다. 결핵은 일반적으로 삶에서 가장 생산적인 시기에 있는 성인을 침범하므로 지역 경제에도 막대한 영향을 미친다.

MRSA와 달리 결핵균은 다른 미생물에서 약제내성 유전자를 전달받을 수 없기 때문에 내성은 순전히 자발적 돌연변이에 의존한다. 돌연변이는 드물게 일어나는 현상이므로 다제내성에 필요한 이중 돌연변이는 현실적으로 약물 오용을 통해서만 가능하다. 이 과정에는 허술한 관리 감독과 낮은 약물 순응도, 일관성 없는 처방, 불규칙한 약물 공급, 비처방 약물 판매에 대한 통제 실패 같은 요인이 모두 작용한다. 그 결과 이제 전 세계적으로 새로 발생하는 결핵의 약 5퍼센트가 돌연변이형 다제내성결핵MDR-TB, multidrug resistant strains of TB 균주에 의한 것이다. 다제내성결핵이 가장 많은 지역은 동유럽과 중앙아시아로, 2014년 세계보건기구는 이 지역에서 새로 진단된 환자의 35퍼센트, 이전에 치료받은 환자의 75퍼센트가 다제내성결핵이라고 보고했다.[14]

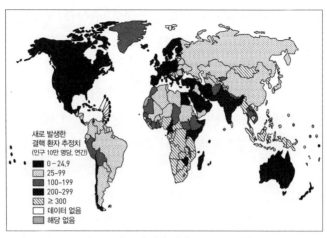

그림 8-3 새로 발생한 결핵(2015년, 추정치)
출처: *Global Tuberculosis Report 2016*, © 세계보건기구(2016).

결핵의 전 세계적 유행에 대한 싸움은 1990년대에
세계보건기구에서 직접관찰하의 단기요법DOTS, directly
observed therapy—short course프로그램을 제안하면서 시작되
었다. 환자에게 무료로 약물을 규칙적으로 제공하면서 의
료인이 보는 앞에서 복약하도록 하는 이 방법은 적절한 치
료에 의해 결핵균이 약제내성을 획득할 기회를 아예 봉쇄
하는 것이 목표다. 이 프로그램은 약물에 잘 듣는 결핵에는
효과가 좋았지만, 다제내성결핵에는 대부분 반응이 좋지
않았다. 새로운 환자 감시 및 진단 시설이 부족한 데다, 다
제내성결핵에 대한 약제가 쉽게 구입할 수 없을 정도로 비
싸고, 치료 계획도 허술하여 결국 내성이 훨씬 강한 광범위
약제내성결핵XDR-TB, extensively drug-resistant이 출현하고 말

았다. 2013년에 이르자 인도, 중국, 러시아에서는 광범위약제내성결핵이 다제내성결핵의 최대 22퍼센트를 차지할 정도로 걷잡을 수 없이 퍼졌다.

2014년 세계 각지에서 새로운 분자생물학적 방법으로 신속하게 결핵을 진단하는 33개 진단검사실이 네트워크를 구성하여 '항결핵제 내성에 대한 글로벌 프로젝트Global Project on Anti-TB Drug Resistance'를 설립했다. 치료를 조기에 시작하고 추가적인 확산을 막는 데 적절한 감염 통제가 가능해졌다는 뜻이다. 이제 이런 과정을 한 단계 확대하여 모든 다제내성결핵 환자를 찾아내 치료할 수 있어야 한다. 이런 목표를 달성하려면 필요한 예산을 확보하기 위해 탁월한 리더십과 정치적 노력이 있어야 할 것이다.

20세기 초, 말라리아 원충은 미국과 유럽 대부분의 지역에서 자취를 감추었다. 세계보건기구에서는 1950년대와 1960년대에 걸쳐 전 세계적 박멸 프로그램을 전개했다. 살충제인 DDTdichloro-diphenyl-trichloroethane를 이용해 매개체인 모기를 박멸하고, 클로로퀸chloroquine으로 환자를 치료한다는 이 계획은 말라리아가 통제 불능 상태가 된 사하라 사막 이남 지역에는 큰 노력을 기울이지 않았지만, 다른 지역, 특히 남미, 인도, 스리랑카, 구 소련에서는 상당한 성과를 거두었다. 하지만 글로벌 프로그램은 얼마 가지 않아 다양한 문제에 부딪혔다. 비용은 눈덩이처럼 불어났고, 사람들은 집에 자꾸 살충제를 뿌려댄다고 불만을 터뜨렸다. 결국 DDT에 내성을 지닌 모기가 출현하자 더 이상 밀어붙일 동력을 잃고 말았다. 이후 수십 년간 다른 치명적인 병원체들은 성공적으로 통제되었지만, 말라리아 원충은 더욱 기승을 부렸다. 전 세계적으로 말라리아에 의한 건강 부담은 전혀 변화가 없으며, 21세기가 시작되면서 말라리아 사망자는 오히려 늘어나기 시작했다. 최근 말라리아가 더욱 기승을 부리는 이유는 전쟁과 정치적 불안정, 보건의료 시스템의 약화 때문이다. 또한 최근에는 환경과 기후가 변하면서 말라리아를 옮기는 모기가 새로운 지역으로 진출했고, 인구가 크게 증가하면서 원충이 쉽게 퍼질 수 있는 조건이 마련되었다. 모기의 살충제 내성은 여전히 문제지만, 더 큰 문제는 약제 내성 원충이 출현했다는 점이다. 클로로퀸은 한때 사하라 사막 이남 아프리카에서 말라리아 치료의 주된 약제였지만, 이제는 내성을 지닌 원충이 어디서든 발견된다. 2008년 세계보건기구는 새로운 글로벌 말라리아 프로그램을 시작했다. 생약인 청호qinghao(고대부터 중국에서 해열제로 사용되었던 개똥쑥Artimisia annua)에서 추출한 천연 성분을 비롯하여 새로운 항말라리아 약제들이 개발되어 클로로퀸 내성 말라리아를 치료할 수 있게 되었기 때문이다. 또한 값싸면서도 매우 효과가 좋은 살충제 침윤 모기장을 대량 생산하여 보급함으로써 밤에 날아다니는 모기에게 물리는 일을 방지할 수 있었다.

이런 조치들은 성공을 거두었다. 전 세계적으로 말라리아 감염자 수와 사망자 수가 모두 크게 감소하여 2015년

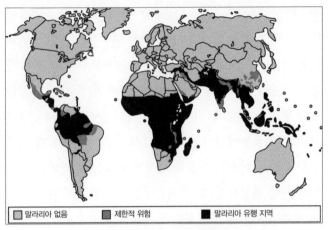

그림 8-4 말라리아의 지리적 분포
출처: Macmillan Publishers Ltd: *Nature Outlook*, 926 © 2004.

에는 감염자 수는 2억 1,200만 명, 사망자 수는 42만 9,000
명을 기록했던 것이다(그림 8-4).

　이제 세계보건기구의 글로벌 프로그램은 2030년까지
말라리아 환자와 사망자 수를 90퍼센트 감소시키고, 35개
국에서 말라리아를 완전 박멸하며, 모든 말라리아 청정국
에서 재유행을 방지할 것을 목표로 삼고 있다.

독감
✳

약 9,500년 전 중국인들이 오리와 거위 등의 물새와 돼지
를 가축화한 이래, 새로운 독감 균주가 끊임없이 인간에게

종간 전파되어 지역적 유행과 최근 들어서는 팬데믹을 일으켜 왔다. 오랜 세월 동안 동물종 사이의 간격을 뛰어넘었던 대부분의 미생물과 달리 독감은 거의 정기적으로 계속 종간 전파를 일으킨다. 아직까지 현대 과학은 그 과정에 거의 아무런 영향을 미치지 못한다.

인간에게 적응된 독감 바이러스들은 사람 사이를 끊임없이 순환하며 큰 문제를 일으키지 않다가 겨울이 되면 유행하기 시작한다. 전 세계 독감 사망자 수는 매년 25~50만 명에 이르며, 대부분 고령자와 만성 질환자이다. 하지만 간혹 전 세계를 휩쓸며 수백만 명을 감염시키고 죽음으로 몰아가는 팬데믹 균주가 나타나기도 한다. 20세기에 발생한 세 차례의 팬데믹 중 최악은 1918년 1차세계대전이 막바지에 접어들었을 때 인류를 덮쳤던 스페인 독감이다. 고대와 마찬가지로 이 엄청난 팬데믹은 아무런 대비가 되어 있지 않은 인류를 해일처럼 덮쳤다. 당시 세계 인구의 절반이 감염되었고 사망자 수는 2,000만~5,000만 명에 이르렀다. 그 치명적인 독감 바이러스가 어디에서 왔는지, 어쩌다 그렇게 큰 유행을 일으켰는지, 어떻게 대처해야 할지 아는 사람은 아무도 없었다. 하지만 100년이 지난 지금 우리는 그모든 문제의 답을 알고 있으며, 새로운 팬데믹이 발생한다면 그 과정을 낱낱이 지켜볼 수 있는 위치에 있다.

독감이 유행한 후 한동안 우리는 다시 감염되지 않는다. 가장 큰 이유는 바이러스 입자 표면의 H(haemagglutinin, 적혈구응집소) 및 N(neurominidase, 뉴라민산 가수분해효소) 단백질에 대한 항체가 형성되기 때문이다. 따라서 대부분의 사람이 면역을 갖게 되므로 바이러스는 힘을 잃고 만다. 하지만 급성 감염증을 일으키는 다른 바이러스와 달리 독감 바이러스는 H와 N 유전자를 변화시켜 면역계의 공격을 회피함으로써 우리를 다시 감염시킬 수 있다. H 유전자는 15종, N 유전자는 9종이 있다. 독감 바이러스 균주는 H와 N의 조합으로 이름을 붙인다. 스페인 독감을 일으킨 바이러스는 H1N1 균주였지만 1957년에는 H2N2가 그 자리를 대신했으며(아시아 독감), 1968년에는 H3N2가 출현했다(홍콩 독감). 1977년에는 H1N1이 다시 나타났으며(러시아 독감), 2009년에는 H1N1에 의한 '돼지' 독감이 팬데믹을 일으켰다.

가금류와 야생조류는 독감 바이러스의 자연 보유숙주로 온갖 균주를 장 속에 지니고 있으면서 대변으로 배출한다(무증상 감염). 바이러스는 분절화된 게놈 속에 서로 분리된 8개의 유전자를 갖고 있는데, 때때로 서로 다른 균주들끼리 마구 뒤섞여 '새로운' 균주가 만들어진다. 이런 현상은 서로 다른 두 가지 독감 바이러스 균주가 동일한 세포를 감염시켰을 때 일어나며, 그 결과 만들어진 잡종 바이러스는 두 종류의 부모 바이러스에서 유래한 유전자들이 다양하게 조합된 형태를 취한다.

대개 조류 독감 바이러스들은 인간 세포를 감염시키는 데 필요한 수용체 결합 단백질이 없으나, 돼지나 말 등 일부 가축은 조류를 감염시키는 균주와 인간을 감염시키는 균주에 모두 감염될 수 있다. 따라서 돼지나 말의 몸속에서는 인간 독감 균주와 조류 독감 균주의 유전자 교환이 종종 일어나며, 그 결과 바이러스의 유전자 구성이 크게 변한다. 이를 항원 대변이antigenic shift라고 한다(그림 8-5). 때때로 이런 변이 후 인간을 감염시키고 인간에서 인간으로 전파되는 '새로운' 바이러스 균주가 출현하는데, 인류는 '새로운' 균주에 전혀 면역이 없으므로 팬데믹이 일어날 수 있다.

독감이 전 세계적으로 유행한 뒤에는 보통 유행을 일으킨 바이러스 균주가 한동안 사회에 머무르며 서서히 사소한 돌연변이가 축적된다. 이런 현상을 '항원 소변이antigenic drift'라고 한다. 항원 소변이를 통해 바이러스가 우리 면역계에서 인식할 수 없을 정도로 변하면 다시 사람들을 감염시켜 새로운 유행이 시작된다.

H5N1 조류 독감은 새로운 질병이 아니다. 1959년 스코틀랜드의 닭에서 처음 발견된 이 균주는 1990년대에 동남아시아의 육계 농장에서 다시 나타났다. 당시에는 가금류에서 가벼운 질병을 일으킬 뿐이었지만, 1990년대 중반 어느 시점에 돌연변이를 일으켜 감염된 모든 닭이 48시간 내에 폐사할 정도로 독성이 강한 균주로 변했다. 1997년 이 바이러스는 홍콩에서 사상 최초로 인간에게 종간 전파를 일으켰다. 감염된 18명 중 6명이 사망했다. 전파를 막기 위해 홍콩 보건당국은 수백만 마리의 닭을 살처분했다. 한동안 잠잠해진 것이 효과가 있는 것 같았다. 하지만 2003년 바이러스는 홍콩, 베트남, 태국에서 다시 모습을 드러냈다.

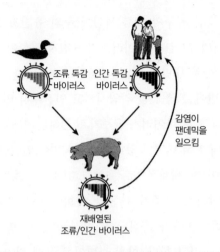

조류 독감 바이러스　인간 독감 바이러스

감염이
팬데믹을
일으킴

재배열된
조류/인간 바이러스

그림 8-5 돼지의 몸속에서 재배열을 거친 팬데믹 독감 바이러스 균주
출처: Dorothy Crawford, *The Invisible Enemy* (2000), Oxford University Press 허락을
얻어 수록.

2005년에는 최소한 18개국에서 가금류를 침범하는 대규모 조류 독감 팬데믹을 겪고 있다. 지금까지는 감염된 조류를 취급하는 사람만 병에 걸렸을 뿐 아직 사람 사이에 전파될 정도로 인간에게 적응된 것 같지는 않지만 불안한 사실이 있다. 감염된 사람 중 절반 이상이 사망했다는 점이다.

H5N1이 어떻게 그 정도로 높은 사망률을 기록하는지 알기 위해 1918년 전 세계적 유행 중 감염자의 약 2.5퍼센트를 사망으로 몰아넣었던 H1N1 독감 바이러스 균주를 연구했다. 과학자들은 기발한 방법을 사용했다. 당시 사망한 미군의 보존된 폐 조직과 거의 100년간 알래스카의 영구 동토층에 매장되어 잘 보존된 독감 사망자의 시신을 이용

하여 바이러스를 재합성했던 것이다. 앞에서 설명한 전형적인 시나리오에서 조류 독감 바이러스는 인간 바이러스와 유전자를 교환한 후에 인간을 효과적으로 감염시킬 수 있게 되며, 이런 유전자 혼합은 보통 가축인 돼지의 몸속에서 일어난다. 치명적인 1918년의 H1N1 바이러스를 연구하는 과학자들은 아직 바이러스가 어디에서 왔는지 밝혀내지 못했다. 심지어 일각에서는 중간숙주를 거치지 않고 조류에서 인간으로 직접 종간 전파했으리라고 추정하기도 한다.[15] 그 후 팬데믹을 일으키지 않은 독감 바이러스와 비교할 때, H1N1 바이러스는 열 가지 돌연변이를 더 일으켜 매우 효율적으로 인간 세포를 감염시키고 그 속에서 활발하게 증식할 수 있었음이 밝혀졌다. 특히 NS1 유전자에 발생한 돌연변이는 큰 주목을 받았다. 감염된 세포에서 바이러스에 대한 인체의 일차 방어선이라 할 수 있는 인터페론의 생성을 차단했던 것이다. 바이러스는 즉시 면역계를 한발 앞지르기 시작했다. 폐 속에서 놀라운 속도로 증식하며 돌연변이를 일으키지 않은 바이러스에 비해 무려 3만 9,000배나 많은 바이러스를 만들어냈던 것이다.[16] 이렇게 무시무시한 감염에 대해 우리 몸은 '사이토카인 폭풍'이라고 불리는 극심한 염증 반응을 일으켜 대응하려고 한다. 하지만 사람은 적정 수준을 훨씬 넘는 면역 반응을 견디지 못한다. 불운한 환자들은 결국 폐포 속에 피와 체액이 가득 찬 상태로 익사했다. H5N1은 이미 이런 NS1 돌연변이[17]는 물론, 팬데믹 H1N1에서 발견된 몇 가지 다른 돌연변이를 갖고 있었다. 돌연변이 때문에 그토록 치명적이었던 것이다. 이제 남은 것은 보다 쉽게 인간 세포를 감염시키고, 보다 쉽게 사람 간 전파를 일으키는 돌연변이를 획득하는 일이다. 결국 이 바이러스가 또 한 번의 팬데믹을 일으키는 것은 시간문제일 뿐이다.[18]

이렇게 유행 가능성이 높은 바이러스의 정확한 유전적 구성을 모른 채 미래에 발생할 팬데믹에 대응하기는 어렵다. 현재 유행 중인 몇 가지 독감 바이러스를 치료할 수 있는 항바이러스제들이 있지만, 새로운 바이러스를 통제하는 데 도움이 될지는 전혀 알 수 없다. 마찬가지로 오늘날 유행하는 H5N1에 대한 백신도 돌연변이를 일으킨 변종 바이러스에 대해서는 아무런 소용이 없을지 모른다. 결국 우리는 장차 팬데믹을 일으킬 바이러스의 정확한 분자적 구성이 밝혀질 때까지 기다리느라 대응이 너무 늦을 가능성과 조기 대응에 나섰지만 막상 일이 벌어지고 보니 준비한 방법이 불필요하거나 아무런 효과가 없을 가능성 사이에서 위태로운 줄타기를 하고 있는 셈이다. 지금 단계에서는 동물과 인간에서 이렇게 빨리 변화하는 병원체가 나타나는지 계속 감시하는 것이 무엇보다 중요하다. 세계보건기구는 매년 적절한 백신을 생산하기 위해 전 세계에 걸쳐 한시도 쉬지 않고 인간 독감 바이러스 균주들을 감시하는 검사실 네트워크를 운용한다. 이 검사실들은 세계동물보건기구the World Organisation for Animal Health 및 유엔과 협력하여 지금 이 순간에도 조류와 H5N1 바이러스 진화와 전파

상황을 감시하고 있다.

인간 H5N1 독감 팬데믹을 둘러싼 여러 가지 상황은 불확실하지만, 현재 조류들이 역사상 최악의 독감 팬데믹을 겪고 있음은 의심의 여지가 없다. 이 바이러스는 야생 조류의 장 속에서 무해한 감염 형태로 시작되어 1990년대에 가축으로 기르는 닭에게로 종간 전파했다. 현대화된 집약형 축산에 의해 적응하고 진화할 기회를 잡은 것이다. 닭의 모든 장기를 감염시킬 수 있는 돌연변이 바이러스가 출현하자 닭들은 속수무책으로 쓰러졌다. 독성이 강한 이 바이러스는 다시 종간 장벽을 넘어 야생 조류를 공격했을 뿐 아니라, 다른 조류(까마귀, 비둘기, 매, 독수리)와 심지어 고양이 등의 포유류에 이르기까지 숙주의 범위를 넓히고 있다. 헤아릴 수 없이 많은 야생 조류가 이 바이러스에 감염되어 죽고 있다. 이미 서식지를 잃고 멸종 위기에 몰린 종들, 특히 지리적으로 한정된 지역에 사는 종들은 실로 절체절명의 위기를 맞았다.

중국의 티베트족자치주에 있는 칭하이 호수는 몇몇 철새의 이동 경로가 교차하는 곳에 자리잡고 있어 수많은 철새 떼가 머물러 휴식을 취한다. 인도기러기 역시 인도에서 출발하여 히말라야 산맥을 넘은 후 이곳에 들른다. 하지만 2005년, 호수에 도착한 6,000마리의 기러기에게 이곳은 그대로 무덤이 되었다. H5N1에 감염되어 집단 폐사한 것이다. 전 세계에 남은 인도기러기의 10퍼센트에 해당하는 수

였다.[19]

　이토록 빨리 숙주를 죽음에 이르게 하는 바이러스라도 철새만을 이용해 전파된다면, 널리 퍼지지 못하고 이내 사라질 것이다. 하지만 닭과 기타 조류에 엄청나게 치명적인 이 바이러스가 오리류에게는 아무런 해를 미치지 않는 쪽으로 진화했다는 증거가 있다. 오리류는 감염되어도 아무런 증상 없이 건강한 상태를 유지한다. 하지만 1~2주간 분변으로 계속 바이러스를 배출한다. 그 정도면 계절에 따라 이동하면서도 충분히 먼곳까지 바이러스를 실어 날라 다른 취약한 조류를 감염시키기에 충분한 기간이다. 이론상 무증상 감염된 오리는 독성이 강한 바이러스를 지구상 어디든 전파할 수 있지만, 실제로 상황이 어떻게 전개될지는 전혀 예측할 수 없다. 그토록 쉽게 돌연변이를 일으키는 바이러스라면 어떤 일이 벌어진다 해도 놀랍지 않을 것이다. 사면초가에 몰린 야생 동물들이 더 큰 피해를 입지 않도록 우리는 어떤 일을 할 수 있을까? 감염된 야생 조류를 모두 죽이거나 감염에 취약한 모든 조류에게 백신을 접종하기는 불가능하지만, 상업적으로 기르는 가금류가 감염되지 않도록 백신을 접종할 수는 있다. 이렇게 하면 최소한 바이러스가 진화할 기회를 어느 정도 제한할 수 있으며, 바라건대 수많은 소규모 농가의 생계를 보호하고 어쩌면 인간에게 발생하는 대규모 유행을 막을 수 있을지도 모른다.

이번 장에서 우리는 21세기 들어서도 새로 출현하거나, 재

출현하거나, 진화를 거듭하는 미생물에 맞서 현대 과학 기술이 어떻게 인간과 동물의 운명을 보다 좋은 방향으로 유도할 수 있는지 알아보았다. 하지만 아직도 우리 곁에는 수많은 치명적인 미생물이 활동하고 있으며, 아직도 우리는 완벽한 해결책을 갖고 있지 않다. 미생물은 세계화된 우리 사회를 너무나 쉽게 이용하지만, 유감스럽게도 우리는 전 세계적 차원의 해결책을 내놓지 못하고 있는 것이다.

함께 살기

미생물은 우리 지구에 최초로 나타난 생명 형태로, 지금도 다른 어떤 생물보다 수가 많고, 다른 생물의 몸을 포함하여 상상할 수 있는 모든 곳에서 살아간다. 이 행성에서 비교적 신참에 불과한 우리는 엄마의 자궁 속에 있을 때 감염성 미생물이 전혀 존재하지 않는 안전한 환경에서 살다가 세상에 태어나지만, 미생물은 불과 몇 시간만 지나도 새로운 식량을 찾으려 우리 몸 구석구석에 자리잡고 급속히 숫자를 불리기 시작한다. 그때부터는 미생물의 영향에서 벗어날 수 없다. 그들은 우리를 완전히 둘러싸고 우리 피부 위와 몸속에 헤아릴 수 없이 많은 숫자로 존재한다. 이 미생물의 절대 다수는 우리가 생존하는 데 반드시 필요하거나, 적어도 아무런 해를 끼치지 않는다. 극히 일부만 자신의 이익을 위해 우리의 조직을 이용하는 기생체가 되며, 그 과정에서 질병을 일으킨다.

인류의 역사를 통틀어 병원성 미생물은 모든 문화적 변화를 그들 자신의 이익에 맞게 이용해왔다. 인류는 수렵채집인에서 현대적 도시 거주민으로 변화했지만 미생물은 여전히 우리 곁에 있다. 새로운 일이 벌어질 때마다 미생물은 항상 만반의 준비가 되어 있었다. 자연 속에서 살아가던 동물숙주의 몸에서 종간 전파를 일으켜 우리의 몸속으로 뛰어든 후, 우리와 함께 진화하면서 대체로 상호이익을 추구했다. 우리의 사회구조는 날로 복잡해져 이제 부유층과 빈곤층, 가진 자와 못 가진 자, 보호받는 자와 취약한 자 간의 격차가 문화 속에 깊이 내재되면서 인구 밀집과 비위생적 생활 환경이 심화되었다. 여기서 기회를 얻은 병원체들은 점점 멀리 점점 빨리 여행하는 인간의 능력에 편승해 점점 널리 퍼지며 쉴 새 없이 대재앙에 가까운 유행병을 일으켰다. 인류는 최근 들어서야 이 질병들을 통제할 수 있었다. 1900년대 초에 이르러 공중보건 조치에 의해 병원체의 전파를 억제하고, 백신을 이용해 병원체가 우리 몸에 발붙이지 못하게 하고, 항생제로 침입한 세균을 죽일 수 있게 되자 마침내 전 세계적으로 감염성 질환에 의한 죽음이 줄어들기 시작했다.

이 모든 노력에도 불구하고 전 세계적 차원에서 볼 때 병원체는 아직도 인류의 가장 중요한 사망 원인이다. 2015년 전 세계 사망자 수는 5,640만 명이었는데, 하기도 질환, 설사 질환, 결핵으로 사망한 사람이 각각 320만 명, 140만 명, 140만 명이었다. 세 가지 감염성 질환은 모두 10대 사망 원인 안에 들었다. 같은 해 HIV나 에이즈로 사망한 사람도 110만 명에 이르렀다.

우리는 지구 전체의 통제권을 손에 넣고 미생물이 차지한 공간을 거침없이 침범하며 미생물의 자연 생활 주기를 교란해왔지만, 이제 그 대가를 치르고 있다. 그렇다면 21세기 들어 우리는 감염성 미생물의 엄청나게 파괴적인 영향으로부터 어떻게 스스로를 보호할 수 있을까?

인류는 천연두 바이러스를 완전히 몰아냄으로써 치명적인 병원체와의 싸움에서 빛나는 승리를 거두었다. 이제 홍역과 소아마비 바이러스 역시 박멸 계획에도 상당한 진척을 보이고 있다. 하지만 세계적 차원에서 볼 때 대부분의 병원성 미생물에 대해 그런 목표는 달성 가능하지도 않고 바람직하지도 않다. 소위 '고릴라마이신gorillacillin'이라는 슈퍼 항생제를 개발하여 수많은 세균을 한꺼번에 물리치겠다는 것 또한 몽상일 뿐이다.[1] 설사 그런 항생제를 만들 수 있다고 해도 모든 것을 한꺼번에, 무차별적으로 없애버리는 방법을 썼다가는 병원성 미생물과 함께 유익한 미생물마저 쓸어내버리는 결과를 빚을 것이다. 많은 세균이 독립적으로 살아가면서도 상호의존적인 집락을 이룬다. 이런 관계를 파괴하는 것은 위험을 자초하는 일이다. 예를 들어 우리의 장 속에 사는 미생물들은 대체로 건강을 지켜주며, 어쩌다 조직을 침범할 기회가 주어졌을 때만 감염을 일으킬 뿐이다. 경구용 항생제를 단기간만 복용해도 항생제에 취약한 미생물이 대부분 죽으면서 섬세한 미세 환경이 교란될 수 있다. 그 결과 종종 설사가 뒤따르며, 때때로 정상적인 상태에서는 아무런 해를 끼치지 않는 칸디다 알비칸스Candida albicans 같은 진균이 지나치게 증식하여 아구창이 생기기도 한다.

우리의 느린 진화 속도는 미생물의 다양성 및 신속한 적응력과 상대가 안 되기 때문에 적어도 당분간은 미생물이 계속 우리를 앞질러 나가리라 인정할 수밖에 없다. 실제로 우리가 개발한 대부분의 항생제는 다름 아닌 미생물에서 유래한 것이다. 미생물은 다른 미생물이 생산하는 다양한 물질과 수백만 년간 상호작용을 해왔으므로 우리가 어떤 새로운 물질을 개발하더라도 견딜 방법을 찾아낼 가능성이 매우 높다.

미생물에 대항할 수 있는 최선의 방법은 우리 뇌를 활용하는 것이다. 분명 우리는 현재 알려진 미생물과 조화롭게 사는 방법, 우리와 미생물 사이의 섬세한 균형을 깨뜨리지 않고 향후 나타날 병원체에 맞서 싸우는 방법을 찾아낼 수 있다. 다행히 이제 게놈의 시대가 열리고 미생물에 대한 지식이 한층 깊어지면서 미생물과 서로 영향을 주고받는 데 필요한 지식과 능력이 크게 향상되었다. 사스 유행 당시 얼마나 빨리 새로운 과학적 사실들을 밝혀냈는지 생각해보자. 병원체인 코로나바이러스를 분리해내는 데 불과 몇 주, 유전자 염기서열을 완전히 밝혀내는 데도 한 달이 채 걸리지 않았다. 그와 동시에 의심 환자를 진단하고, 접촉자를 추적하고, 동물숙주를 파악하는 데 필요한 검사 방법이 개발되었다. 마찬가지로 2014~2016년에 서아프리카에서 에볼라가 유행했을 때도 후반부 들어서는 바이러스 게놈 서열을 이용하여 접촉자를 추적하고 복잡한 감염의 전달 고리를 밝혀낼 수 있었다. 그렇다면 게놈 혁명이 장차 미생물과 조화롭게 살아가는 데 도움이 될까?

최초로 유전자 염기서열이 완벽하게 밝혀진 인간 병원체 바이러스는 1984년 엡스타인 바 바이러스Epstein-Barr virus였다. 1995년에는 병원성 세균 중 최초로 인플루엔자균Haemophilus influenza의 염기서열이 완전 해독되었다. 이제 우리는 수천 종의 세균 및 바이러스뿐 아니라, 상대적으로 거대한 수준이라 할 수 있는 말라리아 원충의 게놈 염기서열까지 알고 있다. 이런 지식은 세계보건 향상을 위해 거의 무한에 가까운 정보를 제공할 것이다. 유전자 염기서열만으로도 미생물의 기원과 언제 어디서 갈라져 나와 진화했는지 알 수 있고, 심지어 기생적 생활을 영위하는 과정을 분자적인 수준까지 밝혀낼 수 있다. 게다가 약 2만 5,000개의 유전자로 이루어진 인간 게놈의 염기서열을 완벽하게 밝혀냄으로써 이제 우리는 미생물과 숙주인 인간이 상호작용하는 방식을 분자적 수준에서 이해할 수 있게 되었다. 미생물에 대한 우리의 유전적 취약성과 저항성의 비밀을 밝히고, 약물이 표적으로 삼을 곳을 찾아내고, 수많은 새로운 백신들을 개발할 수 있을 가능성이 활짝 열린 것이다.

백신접종은 인류가 최초로 성공을 거둔 면역 요법으로, 면역계에 병원체를 통제할 능력을 미리 키워주는 방법이다. 앞으로도 미생물과의 싸움에서 백신이 가장 유망한 방법이라는 데는 모든 사람의 의견이 일치한다. 백신이 증가일로인 항생제 내성을 감소시킬 수 있다는 증거 또한 뚜렷하다. 8장에서 보았듯 20년간 미국에서 폐렴구균의 항생제 내성 발생률은 5퍼센트에서 35퍼센트로 급증했지만, 2000년 폐렴구균 백신이 도입되어 항생제를 덜 쓰게 되자 선택 압력이 없어지면서 내성 발생률 역시 감소했다.

　　전통적인 백신은 사멸 또는 약화시킨 병원체를 이용해 질병에 걸리지 않고도 면역을 갖도록 유도한다. 하지만 HIV에서 보았듯, 이런 방법이 항상 효과를 발휘하는 것은 아니며, 특히 감염이나 질병으로 면역계가 억제되어 있다면 효과를 기대하기 어렵다. 이제 과학자들은 안전하고, 비침습적이며, '자연적으로' 감염을 치료하는 방법으로 더욱 정교하고 새로운 면역 요법을 개발하고 있다. 항체는 우리 몸을 침입해 들어오는 미생물, 특히 세균을 방어하는 가장 중요한 방법이다. 이제 실험실에서 개별적인 미생물에 대한 맞춤 항체를 제작하여 우리 몸을 침범한 미생물을 중화시킬 수 있다. 마찬가지로 건강한 사람에게서 바이러스에 대한 가장 중요한 방어 수단인 살해 T세포를 채취하여 장기 이식이나 암으로 면역이 억제된 사람의 감염을 치료할 수도 있다. 미래에는 면역 요법이 더욱 발전하여 전통적인 감염 치료법을 보완하며 폭넓게 사용되는 시대가 오기를 바란다.

지금까지 항생제 내성 유전자, HIV와 사스 같은 신종 병원
체가 놀라운 속도로 전 세계에 퍼진 과정, 그리고 국제 여
행이 일반화되면서 다른 병원체 또한 분명히 그렇게 되리
라는 사실을 알아보았다. 미래에는 새로운 병원체가 어디
서 출현하든 그 지역만의 문제로 간주할 수 없을 것이다.
2002년 광둥성에서 사스 유행이 발생했을 때, 중국 정부는
그 사실을 비밀에 부침으로써 바이러스에 선수를 뺏겨 전
세계적인 전파를 허용하고 말았다. 그 후 전 세계 의료진들
이 듣도보도 못한 이 질병에 대응하느라 안간힘을 쓰는 동
안 중국 의사들은 전파를 막아 수많은 생명을 구할 수 있
을 효과적인 대응 지침을 이미 갖고 있었다. 이런 문제를
비밀에 부치기 좋아하는 것은 중국뿐만이 아니다. 2002년
뉴멕시코주의 중년 부부가 림프절 페스트에 걸린 채(아마
집 뒷마당에 숨어 있던 북미산 숲쥐에게서 옮았을 것이다) 뉴욕에
나타났을 때도 우리는 환자들이 상당히 회복된 후에야 그
소식을 접할 수 있었다. 오늘날의 세계는 전염병이 발생했
다는 풍문만으로도 경제에 가해지는 엄청난 타격을 피할
수 없다. 각국 정부가 이런 부정적인 영향을 피하려고 하
는 것은 충분히 이해할 수 있지만, 글로벌화된 세계에서 그
런 태도는 이제 용납될 수 없다. 예컨대 언제 닥쳐올지 모
를 독감 팬데믹의 대재앙을 피하려면 국제적인 공조가 반
드시 필요하다. 미생물은 국가 따위에는 신경쓰지 않으며,

국경을 존중하지도 않는다. 미국립알레르기감염병연구소 National Institute of Allergy and Infectious Diseases 소장인 앤서니 파우치Anthony Fauci 박사는 HIV에 대한 싸움을 언급하며 이렇게 말했다. "역사는 우리를 하나의 공동체로 볼 것이다." 우리의 치명적인 동반자들은 언제나 우리를 그렇게 보아왔다.

감사의 말

수많은 분들의 도움이 없었다면 이 책을 완성하지 못했을 것이다. 그분들께 깊은 감사를 전한다. 특히 편집자인 라사 메넌Latha Menon의 도움과 격려가 큰 힘이 되었다. 다음 주제에 대해 전문적 정보와 조언을 들려주신 학계의 동료들께도 특별한 감사를 드린다. 서배스천 에이미스Sebastian Amyes 교수(항생제 내성), 팀 브룩스Tim Brooks 박사(전염병), 헬렌 바이넘Helen Bynum 박사(역사적 사건), 리처드 카터 Richard Carter 교수(말라리아), 개러스 그리피스Gareth Griffith 박사(감자잎마름병), 가토 시로Kato Shiro 교수(일본 문화사 속의 천연두), 프란시스카 무타피Francisca Mutapi 박사(주혈흡충증), G. 발라크리슈 나이르G. Balakrish Nair 박사(콜레라), 토니 내시Tony Nash 교수(독감), 리처드 샤톡Richard Shattock 박사(감자잎마름병), 제프 스미스Geoff Smith 교수(천연두), 존 스튜어트 John Stewart 박사(세균), 수 웰번Sue Welburn 박사(파동편모충 증), 마크 울하우스Mark Woolhouse 교수(질병역학).

원고를 읽고 의견을 들려주신 대니 알렉산더Danny Alexander, 윌리엄 알렉산더William Alexander, 마틴 올데이 Martin Allday, 로히나 아난드Roheena Anand, 지니 벨Jeanne Bell, 캐시 보이드Cathy Boyd, 로드 달리츠Rod Dalitz, 앤 거스리 Ann Guthrie, 잉고 요한센Ingo Johannessen, 캐런 매컬리Karen McAulay, J. 알레로 토머스J. Alero Thomas에게도 감사를 전한다.

잉고 요한센 박사(바이러스 연구), 존과 앤 워드John and Ann Ward(에이암 방문), 일레인 에드거Elaine Edgar(문헌 조사), 앤서니 엡스타인Anthony Epstein 경(천연두 역사 연구 지원), 그리고 방글라데시의 국제설사질환연구센터International Centre for Diarrhoeal Disease Research에 초대해주신 타스님 아짐Tasnim Azim 박사께도 큰 빚을 졌다.

마지막으로 이 책을 쓰기 위한 조사 및 집필에 안식년을 허락해준 에든버러대학교에 감사한다.

용어설명

BCGbacilli Calmette-Guerin 결핵균을 약독화시킨 백신 균주.

B형간염 바이러스 헤파드나 바이러스의 일종으로, 만성 간 질환과 간암의 주요 원인.

DNA 데옥시리보핵산. 거의 모든 생물에서 유전 정보를 전달하는 자가복제 분자.

DOTSdirectly observed therapy—short course 직접관찰하의 단기요법. 결핵 치료를 위한 세계보건기구의 프로그램.

HIV 레트로 바이러스의 일종인 인간면역결핍바이러스.

MRSAmethicillin-resistant Staphlococcus aureus 메티실린 내성 황색 포도상구균.

R 유행병의 증례재생산수. 유행 시기에 한 명의 환자에게서 전염되어 새로 발생하는 평균 환자 수.

R_0 감염병의 기초재생산수. 취약한 집단에서 한 명의 환자에게서 전염되어 새로 발생하는 평균 환자 수.

RNA 리보핵산ribonucleic acid의 줄임말. 리보핵산은 일부 바이러스에서 게놈을 구성하며, 생물의 세포 안에서 전령 RNA는 DNA에서 전사된 후 단백질로 번역됨.

가래톳 림프절이 심하게 붓는 증상. 보통은 림프절 페스트에서 나타나지만 드물게 다른 병으로 인해 나타날 수도 있음.

가스 괴저 클로스트리듐 페르프린젠스C. perfringens 등 클로스트리듐강에 속하는 세균이 일으키는 상처 감염증으로, 조직이 파괴되면서 가스가 발생함.

감자역병균 감자잎마름병을 일으키는 곰팡이.

개홍역 바이러스 모빌리 바이러스의 일종으로 개와 일부 대형 고양잇과 동물에서 디스템퍼distemper라는 병을 일으킴.

게놈 특정한 생물의 유전 물질을 총칭하는 용어.

격리 검역 감염병 환자와 접촉한 사람을 격리시키는 것으로, 전통적으로 40

일간 시행했음.

결핵균 결핵을 일으키는 세균.

경성하감 매독균에 의한 제1기 매독에서 나타나는 생식기 궤양.

경직 급격한 발열에 의해 나타나는 발작적 떨림.

고무종 트레포네마 팔리둠Treponema pallidum에 의한 후기 매독에서 나타나는 파괴성 염증 병변.

곰쥐 림프절 페스트를 일으키는 페스트균의 중간숙주.

공생 물리적으로 밀접하게 연관되어 사는 두 가지 서로 다른 생물 사이에 서로 도움이 되는 상호작용을 주고받는 것.

공진화 두 가지 생물종이 보통 상호이익을 주고받으며 연결되어 진화하는 것.

광견병 바이러스 랍도바이러스과(그리스어로 '막대'라는 뜻), 리사바이러스속(그리스어로 '광기'라는 뜻)에 속하는 바이러스.

규조류 플랑크톤의 일종으로 규산질 세포벽을 지닌 현미경적 단세포 조류.

균사 곰팡이에서 가지를 치며 뻗어나가는 실 모양의 구조물.

극한미생물 극히 높은 압력(호압성 세균), 열(호열성 세균), 염도(호염성 세균), 극히 낮은 온도(호저온성 세균) 등 극한의 물리적 조건에서 생존하는 세균.

기나 나무(해열 나무) 남미가 원산지인 나무로, 고대에는 그 껍질을 말라리아 치료에 이용했음.

기생체 다른 생물의 체내 또는 체표면에서 살아가면서 그 생물의 희생을 대가로 이익을 얻는 생물.

깜부깃병 틸레티아 카리에스Tilletia caries 곰팡이에 의해 밀에 생기는 병.

나가나 파동편모충인 트리파노소마 브루세이 브루세이가 일으키는 소의 소모성 질환.

나균 한센병을 일으키는 세균.

낙타 두창 바이러스 우두 마마와 유사한 피부병변을 일으키며 치사율이 25퍼센트에 이르는 심한 전염병을 일으킴.

남세균 광합성을 할 수 있는 독립생활 세균(과거에는 남조류라고 불렀음).

낫형적혈구빈혈 헤모글로빈 유전자의 돌연변이로 낫 모양의 적혈구가 생기는 유전병. 이런 적혈구는 신속하게 파괴되기 때문에 결국 빈혈이 생김. 그러나 이상 유전자를 보유한 사람은 중증 말라리아에 어느 정도 저항성을 지님.

녹병 녹병균Uredinales목에 속하는 진균이 일으키는 식물의 병. 녹슨 것 같은 색깔의 반점이 나타남.

뉴라민산 가수분해효소(N) 면역반응을 유도하는 독감 바이러스 표면 단백질.

니그로 무기력증 수면병(파동편모충증)의 초기 명칭.

다원주의적 진화 자연선택에 의해 생긴 변화가 유전되는 현상.

다형핵구(다형핵 백혈구) 핵이 몇 개의 엽으로 나뉘고 세포질에는 항생 물질을 함유한 입자들이 들어 있는 순환 면역세포.

대두창바이러스 천연두를 일으키는 두창바이러스의 일종. 소두창바이러스(작은 마마)는 밀접하게 연관된 병원체이지만 더 가벼운 병을 일으킴.

대상포진 헤르페스바이러스에 속하는 수두대상포진바이러스가 일으키는 수포성 발진으로 한 개의 피부절dermatome에만 국한됨.

대식세포 조직 내에 존재하는 면역세포로 외부에서 유래한 물질과 사멸한 물질을 포식한 후 파괴함. 또한 면역반응을 개시하는 사이토카인들을 분비함.

더피 혈액형 적혈구 표면에서 삼일열원충의 수용체 역할을 하는 단백질.

독감influenza 오르소믹소바이러스orthomyxovirus과에 속하며 분절화된 RNA 게놈을 지닌 인플루엔자 바이러스가 일으키는 급성 감염증.

독소 생산 독소 유전자를 지님.

동부침팬지 사람에게 HIV1을 전파시켰을 가능성이 높은 침팬지의 아종.

동형접합체 특정 유전자의 동일한 두 가지 복사본을 지닌 개체.

디프테리아 디프테리아균에 의해 생기는 급성 감염병.

디프테리아균 디프테리아를 일으키는 곤봉 모양의 세균.

딸기종 초기 매종 감염에서 나타나는 산딸기처럼 생긴 병변.

라이소자임 우리 몸의 세포에서 생산하는 약한 항균 물질로 눈물과 같은 분비물 속에 존재함.

럼퍼 수확량이 풍부한 감자의 품종.

로타바이러스 바퀴처럼 생긴 RNA 바이러스(라틴어로 '로타rota'는 바퀴라는 뜻). 특히 영유아에서 구토와 설사를 동반하는 전염병을 일으킴.

리케차 절지동물 매개체에 의해 전파되는 세포 내 기생세균. 발진티푸스 리케차는 인간의 발진티푸스를, 발진열 리케차는 쥐 발진티푸스를 일으킴.

림프구 혈액과 림프절 속에 존재하는 면역세포로 B 림프구는 항체를 생산하고, T 림프구는 바이러스에 감염된 세포를 찾아내어 사멸시킴.

림프절 림프구와 기타 면역세포로 구성된 조직.

림프절 페스트 페스트균에 의해 생기는 질병.

마마접종 천연두 '딱지'를 접종하여 면역을 유도하는 방법.

말라리아 원생동물인 플라스모듐이 일으키며 모기에 의해 전파되는 감염병.

매독 나선균인 트레포네마 팔리둠이 일으키는 만성 침습성 질병. 보통 성매개성으로 전파되거나 선천적으로 감염됨.

매종 나선균인 트레포네마 페르테누이가 일으키는 만성 피부질환. 일부 열대 및 아열대 시골 지역의 토착병임.

메소포타미아(비옥한 초승달 지대) 유프라테스강과 티그리스강 사이의 지역을 가리키는 말. 대부분 오늘날의 이란과 이라크에 해당함.

모빌리바이러스 홍역, 개홍역, 우역 바이러스를 포함하는 바이러스속.

미아스마miasma '오염', '나쁜 공기', 또는 '독성 증기'를 뜻하는 그리스어에서 유래된 말.

미토콘드리아 대부분의 동물세포에서 발견되는 세포 내 소기관. 세포 호흡과 에너지 생산에 관여함.

박테리오파지(파지) 세균을 감염시키는 바이러스. 용해성 파지는 세균 세포에 치명적인 감염을 일으킴.

발진티푸스 이가 옮기는 발진티푸스 리케차에 의해 생기는 급성 감염병. 피부 발진과 정신 상태 저하가 특징임.

백신 병원성 미생물을 살아 있는 채로 약독화시키거나, 사멸시키거나, 아단위亞單位로 만들어 접종하는 의약품.

백신접종 원래 천연두 접종(우두바이러스 접종법)에서 유래된 용어이지만 이제는 모든 예방접종에 폭넓게 쓰임.

백일해 백일해균B. pertussis, pertussis(심한 기침이라는 뜻)이 일으키는 급성 어린이 감염병. 발작적인 기침이 한참 이어진 끝에 높은 소리로 숨을 크게 들이마시는 것이 특징임.

병원체 질병을 일으키는 생물.

보툴리눔 식중독 포자 형성 세균인 보툴리누스균Clostridium botulinum이 생산하는 신경 독소에 의해 발생하는 심한 식중독.

볼거리 파라믹소바이러스의 일종인 볼거리 바이러스가 일으키는 급성 감염병. 귀밑 침샘이 붓는 것이 특징임.

부바스 비非성매개성 매독 유사 질환.

부생균류 죽거나 썩은 유기물을 영양분으로 삼아 살아가는 식물이나 미생물.

분석糞石 화석화된 분변.

분자시계 두 가지 생물종의 게놈 사이의 분자적 차이를 측정하여 두 종 간의 진화상 거리를 평가하는 방법.

붉은 치료 12세기부터 20세기 초까지 천연두를 치료하기 위해 붉은색을 사용했던 방법.

붉은곰팡이병 감자더뎅이병균Streptomyces scabies에 의해 생기는 감자 덩이줄기의 병.

브릴-진서병 재발성 발진티푸스.

비병원성 병원성 효과가 없음.

빙하기 상당히 긴 기간 동안 지구의 기온이 낮아진 시기. 마지막 빙하기는 약 2만 년 전부터 풀리기 시작하여 약 1만 년 전에 끝났음. 한편 소빙하기란 대략 13~17세기까지 유럽의 기온이 낮아졌던 시기를 가리킴.

사스SARS 중증급성호흡기증후군.

사이토카인 면역세포에서 분비하는 용해성 인자로 다양한 면역 반응을 조절함.

사이토카인 폭풍 면역계가 과도하게 자극되어 염증성 사이토카인이 대량으로 방출되는 현상.

살모넬라 살모넬라 엔테리카Salmonella enterica는 동물의 장에 사는 장 세균으로 식중독 유행을 일으킴. 살모넬라 엔테리카 티푸스S. enterica Typhus는 장티푸스의 원인균임.

상피병 모기에 의해 전파되는 반크로프트 사상충Wuchereria bancrofti이 하지의 림프관을 막아 다리가 붓는 병.

생물다양성 식물과 동물의 다양성.

생식기 헤르페스 단순 헤르페스바이러스가 일으키는 지속적 감염증으로 생식기 병변이 재발을 반복함.

생태계 서로 영향을 주고받는 생물들의 자급자족형 공동체.

성샘모 접합 과정이 시작될 때 한 세균에서 자라나 다른 세균에 연결되는 관 모양의 구조물.

성홍열 화농성 연쇄상구균이 생산하는 발열성 외독소에 의해 인후염과 발진이 생기는 급성 감염병.

세균 단순한 원핵생물의 구조를 지닌 단세포생물.

소아마비(마비성 척수염) 소아마비바이러스에 의해 발생하는 이완성 마비. 소아마비바이러스 감염은 보통 아무 증상이 없거나 일시적 수막염을 일으킴.

수두 특징적인 발진을 동반하는 급성 감염병으로, 수두대상포진바이러스가 원인임.

수두대상포진바이러스 수두와 대상포진을 일으키는 헤르페스바이러스의 일종.

수막염 뇌를 둘러싼 막(뇌수막)의 감염.

수면병(파동편모충증) 아프리카 토착 기생충 감염병으로, 거의 예외없이 치명적임. 트리파노소마 브루세이 감비엔스와 트리파노소마 브루세이 로데시엔스가 원인 병원체이며, 두 가지 모두 체체파리에 의해 전파됨.

수용체 미생물이나 화학 물질이 세포에 달라붙을 때 결합하는 분자.

슈퍼 전파자 평균보다 훨씬 많은 수의 취약한 숙주에게 병원성 미생물을 전파하는 사람.

스트로마톨라이트 상호의존적 세균의 집락들이 모여 산호 모양의 구조물을 형성한 것으로, 미생물 매트microbial mat라고도 함.

시생대 선캄브리아대의 초기로 생명이 존재하지 않았던 시대.

십이지장충 열대 및 아열대 지역에 흔한 선충. 장에 기생하는 두비니구충Ancylostoma duodenale과 아메리카구충Necator americanus을 합쳐서 이르는 용어.

아구창 효모형 진균인 칸디다 알비칸스에 의한 표재성 감염. 입속, 장, 질, 피부 등에 하얀 판 모양의 병변이 생김.

아노펠레스 모기 아프리카의 주요 말라리아 매개체인 아노펠레스 감비아에를 포함하는 모기의 속屬명.

아이리시 애플 저장성이 뛰어난 감자의 품종.

에볼라 바이러스 필로바이러스filovirus(라틴어로 실을 뜻하는 'filum'에서 유래한 명칭으로, 바이러스의 실 같은 구조물을 가리킴)의 일종으로 에볼라 출혈열을 일으킴. 최초로 유행이 보고된 자이르 암부쿠Yambuku 지역의 에볼라강에서 따온 이름임.

엡스타인 바 바이러스 감염성 단핵구증(선열)을 일으키는 한편 다양한 인간 종양과 관련된 바이러스. 명칭은 이 바이러스를 발견한 과학자 앤서니 엡스타인Anthony Epstein과 이본 바Yvonne Barr의 이름을 딴 것임.

역학 질병의 발생률과 분포를 연구하는 학문.

연주창 림프절 결핵.

염색체 세포핵 속에 존재하는 실 모양의 구조물. DNA와 단백질로 되어 있으며 유전자를 지니고 있음.

엽록체 엽록소를 함유한 식물세포 내 구조물로 광합성이 일어나는 장소임.

영국 발한병 16세기에 유행했던 병으로 원인이 밝혀지지 않음.

우두 마마 천연두 바이러스에 의해 발생한 천연두의 피부 병변.

우두 바이러스 다양한 가축과 야생 동물을 감염시키는 두창 바이러스. 주로 소의 젖통에 병변을 일으키며 사람에게로 전염될 수 있음.

우역 바이러스 모빌리바이러스속에 속하는 파라믹소바이러스의 일종. 소의 급성 감염으로 사망률이 매우 높은 우역을 일으킴.

원생동물 광합성을 하지 않는 현미경적 단세포 생명체. 대부분 독립생활을 하지만 말라리아 원충처럼 일부는 기생생활을 함.

원숭이 두창 바이러스 아프리카의 설치류가 옮기는 두창 바이러스로, 인간을 감염시킬 수 있음.

원핵생물 진핵생물보다 세포 구성 형태가 더 단순한 생물. 모든 세균은 원핵생물임.

웨스트나일열 바이러스 웨스트나일열을 일으키는 플라비바이러스림퍄퍄견 (라틴어로 'flavus'는 '노란색'이라는 뜻으로, 플라비바이러스과에서 최초로 분리된 황열 바이러스를 가리킴)의 일종. 웨스트나일열은 일반적으로 가벼운 질병이지만 드물게 뇌염이 동반될 수 있음.

위축병(오갈병) 타프리나 데포르만스Taprina deformans라는 곰팡이가 일으키는 식물의 병. 잎이 돌돌 말리는 것이 특징임.

유전자 염색체의 일부(보통 DNA)로 특정 단백질을 부호화하는 단위.

유행성 특정 지역이나 인구 집단에서 질병이 일시적으로 크게 증가하는 현상.

이 날개가 없는 곤충의 일종으로, 인간의 몸에 기생하며 흡혈함.

이분열 세포가 둘로 나뉘어 2개의 동일한 자손을 생산하는 방식.

이질 대장의 아메바 또는 세균 감염으로 인해 혈액과 점액이 섞인 심한 설사를 일으키는 질병.

이형접합체 특정 유전자의 서로 다른 두 가지 복사본을 지닌 개체.

인수공통감염병 광견병처럼 자연 상태에서 동물을 침범하는 병원체가 때때로 인간을 침범하여 일으키는 감염병.

인터페론 사이토카인의 한 종류로, 다양한 인터페론 중 일부는 항바이러스

활성을 지님.

인플루엔자균 수막염, 폐렴, 화농성 관절염, 기관지염, 중이염 등을 일으키는 세균.

임질 임질균에 의해 생기는 성매개성 감염병.

자연선택 적자생존에 의해 유전된 특징이 널리 퍼지는 현상.

잠복기 감염 후 증상이 나타나기까지의 기간.

적혈구응집소(H) 독감 바이러스의 표면 단백질. 바이러스 수용체 역할을 하며 면역 반응을 유도함.

접종 원래 아주 소량의 천연두 바이러스를 사람에게 감염시켜 심한 질병을 앓지 않고 면역을 유도하는 방법을 가리키는 말이었으나, 이제는 감염성 물질을 몸속에 주입하는 행위 전반을 가리키는 말로 의미가 확대되었음.

조류 대증식 호수, 강, 연안 해역에서 남세균이 빠르게 늘어나는 현상. 종종 농경지에서 흘러나온 영양 물질 등의 오염으로 인해 발생함.

주혈흡충 주혈흡충증을 일으키는 흡충. 주혈흡충은 흡충으로서는 드물게 암수 형태로 분화함.

중석기 시대 석기 시대의 중간에 해당하는 시기로 대략 기원전 1만 년부터 농업이 시작된 시점까지를 가리킴.

지중해빈혈 헤모글로빈 분자의 돌연변이로 인해 빈혈이 생기는 유전병. 보인 자인 사람은 심한 말라리아에 잘 걸리지 않음.

진핵생물 세균과 고세균을 제외한 모든 생물을 포함하는 진핵생물류에 속하는 생물들.

집단 감염병 최소한의 수 이상의 취약한 사람들이 밀접한 접촉을 해야만 연속적 감염이 유지되는 급성 어린이 감염병.

집단 병목 특정 생물의 집단이 매우 작거나 어쩌면 단 하나의 개체뿐이었던 시점. 그때를 기점으로 이후 나타난 모든 개체가 유래함.

천연두 대두창바이러스Variola major에 의해 피부 병변이 생기는 심한 급성 감염병.

청호 고대 중국에서 한약재로 사용했던 개똥쑥Artemisia annua. 말라리아에 유효한 성분이 들어 있음.

초기 구석기 시대 석기 시대의 초기로, 기원전 3만 5천 년경 최초로 도구가 발명된 때로부터 약 1만 년 전 마지막 빙하기의 끝에 이르는 기간.

촌충 사람과 중간숙주 사이를 오가며 생활사를 영위하는 기생충. 사람은 보통 오염된 고기를 완전히 익히지 않은 채 먹어서 감염됨. 사람을 감염시키는 가장 큰 촌충은 민촌충Taenia saginata(소고기 촌충)과 갈고리촌충Taenia solium(돼지고기 촌충)임.

칸디다 알비칸스 우리 몸의 정상 세균총의 일부인 효모균. 때때로 아구창 등 표재성 감염을 일으킬 수 있음.

코로나바이러스 사스 바이러스와 기타 호흡기 바이러스들을 포함하는 바이러스의 과명. 코로나란 라틴어로 '왕관'이라는 뜻으로, 바이러스가 왕관 모양으로 생겼음을 가리킴.

콜레라균 콜레라를 일으키는 세균.

크로마뇽인 프랑스 도르도뉴Dordogne 지방의 한 언덕 이름을 따서 명명된 후기 구석기 시대 인류. 1868년 크로마뇽 언덕에서 유해가 발견되었음.

클라미디아 클라미디아 트라코마티스Chlamydia trachomatis에 의해 생기는 성매개성 감염(눈과 폐의 감염증을 일으킬 수도 있음).

키틴질 절지동물 및 다른 동물의 외골격을 형성하는 딱딱한 껍질.

탄저병 포자 형성 균인 탄저균B. anthracus에 의해 발생하는 인수공통감염병. 균이 피부를 침범한 경우 피부 탄저병, 균을 흡입한 경우 호흡기 탄저병(양모선별인병wool-sorter's disease이라고도 함)이 발생함.

토착성 특정 지역이나 인구 집단에서 규칙적으로 나타나는 현상.

파동편모충 파동편모충증의 병원체를 포함하는 원생동물의 속명.

파상풍 파상풍균에 의해 생기는 질병으로 근육 경련과 경직(교경lockjaw)이 일어나며, 대개 치명적임.

패혈증 세균이 혈류로 들어가 생기는 심한 질병.

페니실륨 노타툼 페니실린을 생산하는 진균.

페스트 감염원 집단 야생 설치류에서 페스트균이 전파되면서 일정 수준 이상으로 유지되는 동물 집단.

페스트균 주로 벼룩에 의해 감염되는 설치류의 감염병이지만 인간에게 페스트를 일으킴. 페스트균은 쥐와 다른 포유동물의 장내 병원체로, 역시 인간을 감염시킬 수 있는 가성 결핵균에서 진화했음.

편모 가느다란 실처럼 생긴 부속물로 운동 기관 역할을 함.

폐 페스트 페스트균에 의한 치명적인 폐 감염으로 사람에서 사람으로 직접 전파됨.

폐렴구균(폐렴 연쇄상구균) 보통 아무런 해를 끼치지 않은 채 코와 목에 사는 세균이지만, 때로 중이염, 부비동염, 폐렴은 물론 관절염, 복막염, 심내막염, 수막염 등을 일으키기도 함.

포도상구균Staphylococcus 세균의 속명으로, 둥근 모양의 세균이 한데 모여 집단을 이루는 모습에서 유래한 명칭(그리스어로 'kokkos'는 '곡식 또는 산딸기'란 뜻이고, 'staphy'은 '포도송이'란 뜻임). 포도상구균 속의 대표적인 병원체인 황색포도상구균은 한천 배지에 배양했을 때 집락이 황금색을 띤다고 하여 붙여진 명칭임.

플라스모듐 말라리아를 일으키는 원생동물. 열대열원충, 삼일열원충, 난형열원충, 사일열원충 등 네 가지 인간 기생체와 플라스모듐 레이케노위P. reichenowi, 플라스모듐 시노몰기P. cynomolgi 등 두 가지 영장류 기생체를 포함함.

플라스미드 염색체 외부에 존재하는 원형 DNA 분자로 유전 정보를 전달함.

핀타 트레포네마 카라테움Treponema carateum이 일으키는 변형성 피부 감염.

학질 말라리아의 옛 명칭.

항생 물질 미생물이 만들어내는 물질로 감수성이 있는 다른 미생물을 억제하거나 죽일 수 있음.

항원 대변이 유전자 재배열로 인해 독감 바이러스의 유전적 구성이 변하는 현상.

항원 소변이 점 돌연변이가 상당 기간 축적되어 독감 바이러스의 유전부호가 변하는 현상.

항체 외부 항원에 대한 반응으로 혈액 속에 만들어지는 단백질. 특정한 감염성 병원체를 비활성화할 수 있음.

헤르페스바이러스 단순 헤르페스바이러스와 수두대상포진바이러스를 포함하는 바이러스의 과명.

헤모글로빈 척추동물의 적혈구 단백질로 붉은색을 띠며 산소를 운반함.

호모 사피엔스 약 15만∼20만 년 전에 나타난 현생 인류.

호모 에렉투스 약 170만 년 전에 살았던 호모속에 속하는 생물종.

호미니드 호모 속에 속하는 다양한 생물종을 통칭하는 용어.

홍역 모빌리바이러스의 일종인 홍역 바이러스가 일으키는 급성 감염병.

황열 바이러스 아프리카와 남미에서 발견되는 플라비바이러스(웨스트나일열 바이러스 참고)의 일종으로, 원숭이가 보유숙주이며 모기에 의해 매개되어 인간에게 황열을 일으킴.

회충 장 속(보통회충Ascaris lumbricoides)이나 조직(트리키넬라 선모충Trichinella spiralis)에서 발견되는 선충.

흑사병 1346~1353년에 유럽, 아시아, 북아프리카를 휩쓸었던 전 세계적 유행병. 페스트였을 것으로 추정함.

흡충 주혈흡충을 비롯하여 달팽이를 중간숙주로 이용하는 편형동물.

들어가며

1. Yu, I.T.S., Li, Y., Wong, T.W. et al., Evidence of airborne transmission of the severe acute respiratory syndrome virus. *New Engl J Med* 350: 1731 – 1739. 2004

2. Poutanen, S.M., Low, D.E., Bonnie, H. et al., Identification of severe acute respiratory syndrome in Canada. *New Engl J Med* 348: 1995 – 2005. 2003

3. Reilley, B., Van Herp, M., Sermand, D., Dentico, N., SARS and Carlo Urbani. *New Engl J of Med* 348: 1951 – 1952. 2003

4. Guan, Y., Zheng, B.J., He, Y.Q. et al., Isolation and characterization of viruses related to the SARS coronavirus from animals in Southern China. *Science* 302: 276 – 278. 2003

5. Yu, D., Li, H., Xu, R. et al., Prevalence of IgG antibody to SARS-associated coronavirus in animal traders—Guangdong Province, China, 2003. *Morb mort wkly* 52: 986 – 987. 2003

1장 태초에 미생물이 있었나니

1. Curtis, T.P. and Sloan, W.T., Exploring microbial diversity—a vast below. *Science* 309: 1331 – 1333. 2005

2. Suttle, C.A., Viruses in the sea. *Nature* 437: 356 – 361. 2005

3. Postgate, J., in *Microbes and Man*, p.13. Pelican: 1976

4. Krarhenbuhl, J.–P. and Corbett, M., Keeping the gut microflora at bay. *Science* 303: 1624 – 1625. 2004

5. Taylor, L.H., Latham, S.M., Woolhouse, M.E., Risk factors for human disease emergence. *Phil. Trans.R. Soc. Lond.* B 356: 983 – 989. 2001

6. Petersen, L.R. and Hayes, E.B., Westward ho?—the spread of West Nile Virus. *New Engl J Med* 351: 2257 – 2259. 2004

2장 우리는 어떻게 미생물을 물려받았나

1. Cohen, M.N., in. *Health and the Rise of Civilisation*, p.139. Yale University Press: 1989

2. Black, F.L., Infectious diseases in primitive societies. *Science* 187: 515-518. 1975

3. Snowden, F.M., in *The Conquest of Malaria Italy*, 1900-1962, p.93. Yale University Press: 2006

4. Ross, R., On some peculiar pigmented cells found in two mosquitos fed on malarial blood. *Brit Med J* (Dec. 18): 1786-1788. 1897

5. Greenwood, B. and Mutabingwa, T., Malaria in 2002. *Nature* 415: 670-672. 2002

6. Carter, R. and Mendis, K.N., Evolutionary and historical aspects of the burden of malaria. *Clin Microbiol Reviews* 15: 564-594. 2002

7. Loy, D.E., Liu, W., Li, Y. et al. Out of Africa: origins and evolution of the human malaria parasites Plasmodium falciparum and Plasmodium vivax. *Int J Parasitol*. 47, 87-97. 2017

8. Rich, S.M., Licht, M.C., Hudson, R.R., Ayala, F.J., Malaria's Eve: evidence of a recent population bottleneck throughout the world populations of Plasmodium falciparum. *Proc Natl Acad Sci* 95: 4425-4430. 1998

9. Liu, W., Li, Y., Shaw, K.S. et al. African origin of the malaria parasite Plasmodium vivax. *Nature Communications* 5, 3346. 2014

10. 6번 참조

11. Cox, F.E.G., History of sleeping sickness (African trypanosomiasis). *Infect Dis Clin N Am* 18: 231-245. 2004

12. Welburn, S.C., Fevre, E.M., Coleman, P.G. et al. Sleeping sickness: a tale of two diseases. *Trends in Parasitology* 17: 19. 2001

13. Cohen, M.N., in *Health and the Rise of Civilisation*, p.127-128. Yale University Press: 1989

3장 미생물은 종간 경계를 뛰어넘는다

1. McNeill, W.H., in *Plagues and Peoples*, p.54

2. Diamond, J., in *Guns, Germs and Steel*, p.93-103. Vintage: 1998

3. Cohen, M.N., in *Health and the Rise of Civilisation*, p.116-122. Yale University Press: 1989

4. Cox, F.E.G., History of human parasitic diseases. *Infect Dis Clin N*

AM 18: 171 − 188. 2004

5. Sanderson, A.T. and Tapp, E., Diseases in ancient Egypt, in *Mummies, Diseases and Ancient Cultures*, pp.38 − 58, eds A. Cockburn, E. Cockburn, T.A. Reyman. 2nd edn. Cambridge University Press: 1998

6. Sharp, P.M., Origins of human virus diversity. *Cell* 108: 305 − 312. 2002

7. Black, F.L., Measles endemicity in insular populations: critical community size and its evolutionary implication. *J Theoret Biol* 11: 207 − 211. 1966

8. Exod. 9: 10

9. 1 Sam. 5: 1 − 21

10. Brier, B., Infectious diseases in ancient Egypt. *Infect Dis Clinic N Am* 18: 17 − 27. 2004

11. Massa, E.R., Cerutti, N., Savoia, A.M., Malaria in ancient Egypt: paleoimmunological investigation on predynastic mummified remains. *Chungara (Arica)* 32: 7 − 9. 2000

12. 10번 참조

13. Mahmoud, A.A.F., Schistosomiasis (bilharziasis): from antiquity to the present. *Infect Dis Clinic N Am* 18: 207 − 218. 2004

14. Ibid.

15. Brant, S.V. and Loker, E.S., Can specialized pathogens colonize distantly related hosts? Schistosome evolution as a case study. *PLOS Pathogens* 1: 167 − 169. 2005

16. Cunha, B.A., The cause of the plague of Athens: plague, typhoid, smallpox, or measles? *Infect Dis Clinic N Am* 18: 29 − 43. 2004

17. Ibid.

18. Zinsser, H., in *Rats, Lice and History*, p.121. Blue Ribbon Books, Inc.: 1934

19. Cunha, B.A., The death of Alexander the Great: malaria or typhoid fever? *Infect Dis Clinic N Am* 18: 53 − 63. 2004

20. Fears, J.F., The plague under Marcus Aurelius and the decline and fall of the Roman Empire. *Infect Dis Clinic N Am* 18: 65 − 77. 2004

21. Ibid.

22. Zinsser, H., in *Rats, Lice and History*, pp.146 − 147. Blue Ribbon Books, Inc.: 1934

4장 인구 증가, 쓰레기, 빈곤

1. Mc Neill, W.H., in *Plagues and Peoples*, p.80. Anchor Books: 1976

2. Scott, S., and Duncan, C., in *Return of the Black Death*, pp.14－15. Wiley: 2004

3. Benedictow, O.J., in *The Black Death* 1346－1353, p.142. BCA: 2004

4. Scott, S., and Duncan, C., in *Return of the Black Death*, p.49. Wiley: 2004

5. Ziegler, P., in *The Black Death*, pp.116－117. Penguin Books: 1969

6. Ziegler, P., in *The Black Death*, p.67. Penguin Books: 1969

7. Pepys, S., in *The Diary of Samuel Pepys: A Selection*, p.1665, ed R. Latham. Penguin Books: 1985

8. Kitasato, S., The bacillus of bubonic plague. *The Lancet* (25 August): 428－430. 1894

9. Yersin, A., La peste bubonique a Hong Kong. *Ann Inst Pasteur* 8: 662－667. 1894

10. Hinnebusch, B.J., The evolution of flea－borne transmission in *Yersinia pestis*. *Curr Issues Mol Biol* 7: 197－212. 2005

11. Duncan, C.J. and Scott, S., What caused the Black Death? *Postgrad Med J* 81: 315－320. 2005

12. Orent, W., in *Plague*, p. 123. Free Press: 2004

13. Scott, S. and Duncan, C., in *Return of the Black Death*, p. 195.Wiley: 2004

14. Benedictow, O.J., in *The Black Death* 1346－1353, p.22. BCA: 2004

15. Scott, S. and Duncan, C., in *Return of the Black Death*, p.225. Wiley: 2004

16. Haensch, S., Bianucci, R., Signoli, M. et al. Distinct clones of *Yersinia pestis* caused the Black Death. *PLoS Pathogens* 6, e1001134. 2010

17. Bradbury, J., Ancient footsteps in our genes: evolution and human disease. *The Lancet* 363: 952－953. 2004

18. Benedictow, O.J., in *The Black Death* 1346－1353, p.16. BCA: 2004

19. Ibid., pp.387－394

20. Gubser, C., Hue, S., Kellam, P., Smith, G.L., Poxvirus genomes: a phylogenetic analysis. *J Gen Virol* 85: 105－117. 2004

21. Hopkins, D.R., in *Princes and Peasants*, pp.14－15. University of Chicago Press: 1983

22. 5번 참조

23. Hopkins, D.R., in *Princes and Peasants*, p.24. University of Chicago Press: 1983

5장 미생물, 세계를 정복하다

1. McNeill, W.H., in *Plagues and Peoples*, p.214. Anchor Books: 1976
2. Crosby, A.W., in *The Columbian Exchange*, p.36. Greenwood Press: 1972
3. Ibid., p.56
4. Diamond, J., in *Guns, Germs and Steel*, pp.70 – 71. Vintage: 1998
5. Crosby, A.W., in *The Colombian Exchange*, p.51. Greenwood Press: 1972
6. Dickerson, J.L., in *Yellow Fever*, pp.13 – 32. Prometheus Books: 2006
7. Ibid., pp.141 – 186
8. Hyden, D., in *Pox: Genius, Madness and the Mysteries of Syphilis*, p.13. Basic Books: 2003
9. Pusy, W.A., in *The History and Epidemiology of Syphilis*, p.8. C.C. Thomas: 1933
10. Hyden, D., in *Pox: Genius, Madness and the Mysteries of Syphilis*, p.22. Basic Books: 2003
11. Tramont, E.C., The impact of syphilis on humankind. *Infect Dis Clin N Am* 18:101 – 110. 2004
12. Hyden, D., in *Pox: Genius, Madness and the Mysteries of Syphilis*, p.12. Basic Books: 2003
13. Von Hunnius, T.E., Roberts, C.A., Boylston, A., Saunders, S.R., Historical identification of syphilis in Pre—Columbian England. *Am J Phys Anthropol* 129: 559 – 566. 2006
14. Rothschild, B.M., History of syphilis. *CID* 40: 1454 – 1463. 2005
15. Fraser, C.M., Norris, S.J., Weinstock, G.M., White, O. et al., Complete genome sequence of Treponema pallidum, the syphilis spirochete. *Science* 281: 375 – 388. 1998
16. Harper, K.N., Ocampo, P.S., Steiner, B.M. et al. On the origin of the Treponematoses: A phylogenetic approach. *PLoS Neglected Diseases* 2, e148. 2008
17. 11번 참조
18. Pollitzer, R., in *Cholera*, p.18. WHO monograph: 1959
19. De, S.N., in *Cholera, its Pathology and Pathogenesis*, pp.10 – 11.

Oliver and Boyd: 1961

20. Faruque, S.M., Bin Naser, I., Islam, M.J., et al., Seasonal epidemics of cholera inversely correlate with the prevalence of environmental cholera phages. *Proc Natl Acad USA* 102: 1702–1707. 2005

21. Siddique, A.F., Salam, A., Islam, M.S., et al., Why treatment centres failed to prevent cholera deaths among Rwandan refugees in Goma, Zaire. *The Lancet* 345: 359–361. 1995

22. Markel, H., in When Germs Travel, p.201. Pantheon Books: 2004

6장 기근과 황폐

1. Zuckerman, L., in *The Potato: from the Andes in the sixteenth century to fish and chips, the story of how a vegetable changed history*, p.19. Macmillan: 1999

2. Ibid., p.31

3. Large, E.C., in *The Advance of the Fungi*, p.24. Jonathan Cape: 1940

4. Ibid., p.23

5. Zuckerman, L., in *The Potato: from the Andes in the sixteenth century to fish and chips, the story of how a vegetable changed history*, p.187. Macmillan: 1999

6. Large, E.C., in *The Advance of the Fungi*, p.13. Jonathan Cape: 1940

7. Zuckerman, L., in *The Potato: from the Andes in the sixteenth century to fish and chips, the story of how a vegetable changed history*, p.186. Macmillan: 1999

8. Ibid., p.189

9. Ibid., p.190

10. Large, E.C., in *The Advance of the Fungi*, p.34. Jonathan Cape: 1940

11. Zuckerman, L., in *The Potato: from the Andes in the sixteenth century to fish and chips, the story of how a vegetable changed history*, p.191.Macmillan: 1999

12. Large, E.C., in *The Advance of the Fungi*, p.38. Jonathan Cape: 1940

13. Zuckerman, L., in *The Potato: from the Andes in the sixteenth century to fish and chips, the story of how a vegetable changed history*, p.188. Macmillan: 1999

14. Ibid., p.194

15. Ibid., p.198

16. Large, E.C., in *The Advance of the Fungi*, p.38. Jonathan Cape: 1940

17. Ibid., p.20

18. Berkley, M.J., Observations, botanical and physiological, on the potato murrain. *J Hortic Soc Lond* 1: 9 – 34.1846

19. Large, E.C., in *The Advance of the Fungi*, p.27. Jonathan Cape: 1940

20. Ibid., p.40

21. Ibid., p.20

22. McLeod, M.P., Qin, X., Karpathy, S.E. et al., Complete genome sequence of *Rickettsia typhi* and comparison with sequences of other Rickettsiae. *J Bact* 186: 5842. 2004

23. Zinsser, H., in *Rats, Lice and History*, pp.161 – 164. Blue Ribbon Books, Inc: 1934

24. McDonald, P., in *Oxford Dictionary of Medical Quotations*. Oxford University Press: 2004

25. McNeill, W.H., in *Plagues and Peoples*, p.278 Anchor Books: 1976

26. Daniels, T.M., The impact of tuberculosis on civilization. *Infect Dis Clin N Am* 18: 157 – 165. 2004

27. Brosch, R., Gordon, S.V., Marmiesse, M. et al., A new evolutionary scenario for the *Mycobacterium tuberculosis complex*. *Proc Nalt Acad Sci USA* 99: 3684 – 3689. 2002.

28. 26번 참조

7장 정체가 밝혀지다

1. Duran–Reynals, M.L., in *The Fever Tree: the pageant of quinine*, pp.34 – 35. W.H. Allen, London: 1947

2. 〈http://www.bbc.co.uk/history〉

3. Bassler, B.L. and Losick, R., Bacterially Speaking. *Cell* 125: 237 – 246. 2006

4. Fenner, F., Henderson, D.A., Arita, I., Jezek, Z., Ladnyi, I.D., in *Smallpox and its Eradication*, pp.252 – 253. World Health Organisation, Geneva: 1988

5. Hopkins, D.R., in *Princes and Peasants*, p.46. University of Chicago Press: 1983

6. Ibid., pp.47 – 48

7. Ibid., p.47

8. Halsband, R. New light on Lady MaryWortley Montagu's Contribution to Inoculation. *J HistMed and Allied Sciences* 8: 309 –

405. 1953

9. Hopkins, D.R., in *Princes and Peasants*, p.50. University of Chicago Press: 1983

10. Ibid., p.79

11. Ibid., p.85

12. Ibid., p.95

13. Ibid., p.80

14. Fenner, F., Henderson, D.A., Arita, I., Jezek, Z., Ladnyi, I.D., in *Smallpox and its Eradication*, pp.264–265. World Health Organisation: 1988

15. Alibek, K., in *Biohazard* p.261. Hutchinson: 1999

16. Fleming, A., On the antibacterial action of cultures of a penicillium, with special reference to their use in isolation of B influenzae. *Brit J Exper Path* 10: 226–236. 1929

17. Macfarlane, G., in *Alexander Fleming: the man and the myth*, p.130. The Hogarth Press: 1984

18. Ibid., p.164

19. Chain, E., Florey, H.W., Gardner, A.D. et al., Penicillin as a chemotheraoeutic agent. *The Lancet* ii: 226–228. 1940

20. Macfarlane, G., in *Alexander Fleming: the man and the myth*, p.178. The Hogarth Press: 1984

8장 미생물의 반격

1. Coale, A.J., The history of the human population, in *Biological Anthropology* (readings from *Scientific America*), ed. Katz, S., pp.659–670. W.H. Freeman & Co, San Francisco: 1075

2. Heeney, J.L., Dalgleish, A.G., Weiss, R.A., Origins of HIV and the evolution of resistance to AIDS. *Science* 313: 462–466. 2006

3. Avasthi, A., Bush-meat trade breeds new HIV. *New Scientist* (7 August): 8. 2004

4. Reed, K.D. J. W., Melski, MB., Graham et al., The detection of Monkeypox in humans in the Western hemisphere. *New Engl J Med* 350: 342–350. 2004

5. 3번 참조

6. McMichael, T., in *Human Frontiers, Environments and Disease: past patterns, uncertain futures*, p.95. Cambridge University Press: 2001

7. Cliff, A. and Haggett, P., Time, travel and infection. *Brit med Bulletin* 69: 87–99. 2004

8. Bradley, D.J., The scope of travel medicine, in *Travel Medicine: proceedings of the first conference on international travel medicine*, pp.1–9. Springer Verlag: 1989

9. Coghlan, A., Jet-setting mozzie blamed for malaria case. *New Scientist* (31 August): 9. 2002

10. Newton, G. (ed.), In *Antibiotic Resistance an Unwinnable War?*, p.2. Wellcome Focus: 2005

11. Ibid., p.26

12. Cohen, J., Experts question danger of 'AIDS superbug'. *Science* 307: 1185. 2005

13. Gandy, M. and Zumla, A. (eds), *The Return of the White Plague: global poverty and the 'new' tuberculosis*, p.129. Verso: 2003

14. Drug-resistant TB surveillance and response. Supplement global tuberculosis report. WHO 2014

15. Garcia-Sastre, A. and Whitley, R.J., Lessons learned from reconstructing the 1918 influenza pandemic. *JID* 194 (Suppl.2): ps127–s132. 2006

16. Tumpey, T.M., Basler, C.F., Aguilar, C.F. et al., Characterisation of the reconstructed 1918 Spanish influenza pandemic virus. *Science* 310: 77–80. 2005

17. Seo, S.H., Hoffmann, E., Webster, R.G., Lethal H5N1 influenza viruses escape host antiviral cytokine responses. *Nature Medicine* 8: 950–954. 2002

18. Fauci, A.S., Emerging and re-emerging infectious diseases: influenza as a prototype of the host-pathogen balancing act. *Cell* 124: 665–670. 2006

19. Mackenzie, D., Animal apocalypse. *New Scientist* (13 May): 39–43. 2006

마치며 – 함께 살기

1. *Treating Infectious diseases in a Microbial World*, Report of two workshops on novel antimicrobial therapeutics, p.1. National Academies Press: 2006

더 읽을거리

들어가며

Abraham, Thomas, *Twenty-first century plague—The Story of SARS*. Johns Hopkins Press: 2004

Skowronski, D.M., Astell, C., Brunham, R.C. et al., Severe acute respiratory syndrome (SARS): a year review. *Annu.Rev.Med.* 56: 357–381. 2005

1장 태초에 미생물이 있었나니

Cockell, C., *Impossible Extinctions*. Cambridge University Press: 2003

Dronamraju, K.R., *Infectious Disease and Host-Pathogen Evolution*. Cambridge University Press: 2004

Posgate, J., *Microbes and Man*. Pelican: 1976

2장 우리는 어떻게 미생물을 물려받았나

Carter, R. and Mendis, K.N., Evolutionary and Historical Aspects of the Burden of Malaria. *Clinical Microbiology Reviews* 15: 564–594. 2002

Cohen, M.N., *Health and the Rise of Civilisation*. Yale University Press: 1989

T—W Fiennes, R.N., *Zoonoses and the Origins and Ecology of Human Disease*. Academic Press: 1978

Foster, W.D., *A History of Parasitology*. E.&S. Livingstone Ltd: 1965

McNeil, W.H., *Plagues and Peoples*. Anchor Books: 1976

Maudlin, I., African trypanosomiasis. *Annals of Tropical Medicine and Parasitology* 100: 679–701. 2006

3장 미생물은 종간 경계를 뛰어넘는다

Diamond, J., *Guns, Germs and Steel*, Vintage: 1998

T-W-Fiennes, R.N., *Zoonoses and the Origins and Ecology of Human Disease*, Academic Press: 1978

Gryseels, B., Polman, K., Clerinx, J., Kestens, L., Human schistosomiasis, *The Lancet* 368: 1106 – 1107, 2006

McNeill, W.H., *Plagues and Peoples*, Anchor Books: 1976

4장 인구 증가, 쓰레기, 빈곤

Benedictow, O.J., *The Black Death* 1346 – 1353, BCA: 2004

Hopkins, D.R., *Princes and Peasants*, University of Chicago Press: 1983

McNeill, W., *Plagues and Peoples*, Anchor Books: 1976

Marriott, E., *The Plague Race*, Picador: 2002

Orent, W., *Plague*, Free Press: 2004

Robinson, B., *The Seven Blunders of the Peaks*, Scarthin Books: 1994

Scott, S. and Duncan, C., *Return of the Black Death*, Wiley: 2004

5장 미생물; 세계를 정복하다

Bryan, C.S., Moss, S.W., Kahn, R.J., Yellow fever in the Americas, *Infect Dis Clin N Am* 18: 275 – 292, 2004

Crosby, A.W., *The Colombian Exchange*, Greenwood Press: 1972

Hyden, D., *Pox: Genius, Madness and the Mysteries of Syphilis*, Basic Books: 2003

Pusy, W.A., *The History and Epidemiology of Syphilis*, C.C. Thomas: 1933

Sack, D.A., Sack, R.B., Nair, G.B., Siddique, A.K., Cholera, *The Lancet* 363: 223 – 233, 2004

Vinten-Johansen, P., Brody, H., Paneth, N., Rachman, S., Rip, M., *Cholera, Chloroform, and the Science of Medicine*, Oxford University Press: 2003

6장 기근과 황폐

Daniels, T.M., The impact of tuberculosis on civilization. *Infect Dis Clin N Am* 18: 157-165. 2004

Gandy, M. and Zumla, A. (eds), *The Return of the White Plague: global poverty and the 'new' tuberculosis.* Verso: 2003

Large, E.C., *The Advance of the Fungi.* Jonathan Cape: 1940

Leavitt, J.W., *Typhoid Mary: captive to the public's health.* Beacon Press: 1997

Raoult, D., Woodward, T., Dumler, J.S., The history of epidemic typhus. *Infect Dis Clin N Am* 18: 127-140. 2004

Zuckerman, L., *The Potato: from the Andes in the sixteenth century to fish and chips, the story of how a vegetable changed history.* Macmillan: 1999

7장 정체가 밝혀지다

Alibek, K., in *Biohazard.* Hutchinson: 1999

Hopkins, D.R., in *Princes and Peasants.* University of Chicago Press: 1983

Macfarlane, G., in *Alexander Fleming: the man and the myth.* The Hogarth Press: 1984

8장 미생물의 반격

Gandy, M. and Zumla, A. (eds), *The Return of the White Plague: global poverty and the 'new' tuberculosis.* Verso: 2003

Emerging infectious diseases. *Nature Medicine* 10 (supplement). 2004

The Lancet 367: 875-58. 2006

McMichael, T., in *Human Frontiers, Environments and Disease: past patterns, uncertain futures.* Cambridge University Press: 2001

Nature Outlook, supplement, *Malaria the Long Road to a Healthy Africa.* 2004

찾아보기

1차세계대전 122, 242, 279, 315

2차세계대전 241, 278, 279

DDT 312, 313

HIV 6, 14, 33, 55, 56, 61, 108, 166, 168, 293, 294, 295, 296, 299, 305, 306, 307, 308, 309, 310, 327, 330, 331, 332

MRSA 283, 304, 305, 310

Ro 8, 9, 10, 11, 51, 54, 55, 56, 57, 91, 110, 172, 308

ㄱ

가래톳 133, 149, 150, 158, 159, 198

감기 13, 27, 47, 50, 57, 59, 74, 182, 190, 302

감자역병균 225, 226, 235

갠지스 삼각주 207, 212, 213, 214

게놈 혁명 329

게르빌루스쥐 152, 169, 170

결핵 17, 7, 107, 118, 150, 182, 249, 246, 247, 248, 261, 277, 294, 309, 310, 311, 312, 327

　다제내성결핵 310, 311, 312

결핵균 55, 60, 107, 246, 247, 248, 260, 283, 309, 310, 311

　가성결핵균 154

고거스, 윌리엄 194

광견병 55, 87, 277

광합성 39, 40

그라시, 조반니 바티스타 79

극한미생물 38

급성 어린이 감염병 70, 71, 72, 107, 108, 135, 215

기생충 14, 33, 72, 73, 77, 87, 106, 118, 119, ,120, 121, 122, 124, 139, 180, 293

기후 변화 90, 100, 313

ㄴ

나가나 89, 90

나균 43, 107, 115

나바로, 데이비드 89

낙타 두창 169

남세균 39

낫형적혈구빈혈 58, 118

넬름스, 사라 271

노예 무역 188, 189, 191

농업 혁명 67, 80, 86, 283

뉴욕 50, 243, 244, 246, 247, 249, 307, 309, 331

　결핵 243, 246, 247, 309

　림프절 페스트 331

　장티푸스 243

니난 쿠유치 185

니콜, 샤를 239

ㄷ

대상포진 72
대식세포 59, 60, 158, 247
더턴, 에버렛 89, 90
더피 단백질 84, 85
도마크, 게르하르트 278
도쿄 289
독감 288, 315, 316, 317, 318, 319,
3520, 321, 331
 H5N1 291, 317, 319, 321
 스페인 독감 12, 315, 316
 조류 독감 317, 318, 319
동물 8, 10, 11, 32, 40, 41, 43, 49,
66, 67, 76, 77, 78, 80, 82, 86,
87, 90, 91, 92, 93, 94, 95, 96,
100, 101, 102, 103, 105, 106,
107, 114, 139, 142, 152, 155,
156, 157, 173, 180, 186, 212,
223, 231, 258, 259, 260, 261,
275, 277, 290, 292, 293, 299,
303, 315, 320, 323
 가축화된 102, 103, 104, 105,
106, 107, 108
 기원 40
 멸종 96, 100, 101, 290
 인간으로의 종간 전파 10, 11,
114, 155, 180
드레이크, 프랜시스 220
디킨스, 찰스 174
디프테리아 45, 59, 107, 182, 187,
260, 277, 279
디프테리아균 45

ㄹ

라이소자임 279, 281
람세스 5세 170

랭스의 주교 261, 262
러시아 141, 143, 151, 155, 176,
197, 204, 207, 242, 243, 276,
312
러지어, 제시 194
런던 78, 145, 148, 149, 161,
167,174, 175, 197, 208, 210,
227, 233, 234, 247, 265, 267,
268, 270, 272, 273, 279, 299
 런던 대역병 147, 148, 159
 천연두 175, 267, 272
 콜레라 208, 210
 흑사병 149, 167
레이우엔훅, 안톤 판 258, 259
로마 제국 125, 130, 131, 132
로스, 로널드 77, 78, 79
로저스, K.B. 280
로타바이러스 48, 277, 294
롤리, 월터 220, 221
루이 15세 176
루이스 1세 175
리스터, 조셉 259, 260
리케츠, 하워드 테일러 238, 239
린들리, 존 227, 233, 234
림프구 59, 60, 61
림프절 페스트 33, 114, 125, 133,
134, 142, 158, 159, 160, 165,
247, 331
 감염 경로 143
 증상 133, 134, 158, 159

ㅁ

마르부르크 바이러스 293
마르켈리누스 131
마르코 폴로 141
마오리족 188

마이스터, 조셉 277

만사 자타 88

말라리아 17, 23, 40, 49, 50, 58, 60, 73, 74, 75, 76, 77, 78, 79, 80, 81, 82, 83, 85, 86, 89, 117, 118, 129, 188, 189, 191, 192, 256, 291, 294, 299, 305, 306, 312, 313, 314, 329

　고대 이집트 73, 117, 118

　낫형적혈구빈혈 58, 118

　노예 무역 188, 189,

　박멸 프로그램 256, 312, 313

　수렵채집인 82, 83, 85, 86, 87

　지중해빈혈 58

　플라스모듐 40, 76, 76, 77, 78, 80, 81, 83

말라리아 간균 77

말론, 메리 244

매독 49, 70, 195, 196, 197, 198, 199, 200, 201, 203, 204, 257, 260, 273, 274

　기원 197, 200, 201

　증상 198, 199, 200

매시, 에드먼드 268

매종 115, 180, 202, 203, 204

맨슨, 패트릭 78

메리 2세 175

메소포타미아 114

메이틀랜드, 찰스 265, 267

메티실린 304

멕시코시티 289

면역 요법 330

면역계 33, 47, 51, 59, 60, 61, 71, 158, 172, 182, 247, 316, 317, 319, 330

모렌, 샤를 234

몬테수마 황제 183

몸니 239, 240

몸페슨, 윌리엄 161, 162

몽골 제국 141, 143

몽타뉴, 카미유 234, 235

미국 6, 8, 29, 38, 50, 52, 151, 153, 189, 191, 192, 193, 194, 195, 207, 208, 221, 230, 232, 238, 243, 244, 246, 249, 257, 260, 265, 274, 275, 276, 282, 287, 292, 293, 299, 302, 303, 304, 309, 312, 330

미아스마 74

ㅂ

바리, 안톤 데 235

바베이도스 황열 유행 191

박테리아 42

반코마이신 304

발레리아누스 황제 131

발미스 살바니 원정대 272

발진티푸스 187, 195, 196, 202, 237, 238, 239, 240, 241, 242, 243

　Rickettsia prowazekii 238

　나폴레옹 전쟁 241, 242

　아일랜드 243

　이 239, 240

　증상 240, 241

백신 12, 22, 25, 61, 110, 112, 195, 211, 215, 271, 272, 273, 274, 275, 276, 277, 278, 303, 306, 308, 309, 320, 322, 326, 329, 330

　백신접종 273, 330

　천연두 271, 272, 274, 276, 277

　콜레라 211, 215

　홍역 110

황열 195

백혈구 59

버클리, 마일스 233, 234, 235

베링 지협 179, 180

벨라스케스, 디에고 183

보카치오, 조반니 167

부시 미트 292, 293

부시먼족 68, 86

분석糞石 106

분자시계기법 83, 246

붉은 치료 262, 263

브래들리, 데이비드 298

브론테, 앤 248

브론테, 에밀리 248

브루스, 데이비드 89, 90

브릴-진서병 241

비옥한 초승달 지대 102, 105, 114, 116

비잔티움 132

빅토리아 여왕 231

빌하르츠, 테오드르 121

ㅅ

사망률 9, 10, 11, 69, 75, 94, 109, 110, 149, 159, 164, 182, 195, 206, 212, 214, 240, 263, 274, 292, 318

　말라리아 73, 75, 314

　에볼라 바이러스 292

　장티푸스 244,

　천연두 182, 263, 274

　콜레라 206, 212, 214

　홍역 110

　흑사병 149, 164

사스 6, 17, 24, 26, 27, 28, 29, 30, 31, 32, 33, 108, 109, 290, 291, 299, 328, 331

산족 86

산토 도밍고 192

상피병 78

샤를 5세 263

샤를 8세 196, 197, 201

서아프리카 48, 55, 82, 84, 85, 89, 90, 91, 92, 94, 102, 188, 190, 191, 195, 292, 299, 329

설폰아마이드 278

성매개성 감염병 55

성홍열 107, 182, 187, 278

세계동물보건기구 321

세계보건기구 7, 27, 29, 30, 73, 88, 110, 274, 275, 277, 295, 303, 310, 311, 312, 313, 314, 320

셀레우키아 130, 131

소 페스트 112

소퍼, 조지 245

수두대상포진바이러스 71

수렵채집인 17, 67, 68, 69, 70, 71, 72, 73, 75, 76, 80, 82, 83, 85, 86, 87, 88, 93, 95, 99, 100, 101, 102, 104, 106, 107, 114, 116, 180, 326

수면병(파동편모충증) 88, 89, 90, 93, 94, 95

　트리파노솜 88

스노우, 존 208, 210, 211

스트로마톨라이트 38, 39

스피로헤타 199

슬론, 한스 267

시든햄, 토머스 263

시몽, 폴-루이 151, 152

시바사무로, 기타자토 150, 151

식중독 87, 244

실크로드 125, 141, 142

ㅇ

아구창 328
아노펠레스 감비아 80, 81, 82, 83, 86
아메리카 원주민 181, 182, 186, 187, 189, 192, 201
아우렐리우스 안토니누스, 마르쿠스 130, 255
아일랜드 207, 221, 222, 223, 224, 225, 226, 227, 230, 231, 232, 233, 236, 237, 241, 243, 244, 246, 248, 249
  감자 기근 223, 224, 225
  감자의 도입 221
  감자잎마름병 225, 226, 227, 230, 231, 233, 235, 236, 248, 249
  발진티푸스 237, 238,
  빈곤 상태 222, 223, 224, 225, 243
아즈텍 180, 183, 186
아타우알파 황제 185, 186
아프리카 23, 48, 50, 58, 65, 66, 68, 72, 73, 80, 81, 82, 83, 84, 85, 86, 87, 88, 89, 90, 91, 92, 93, 94, 95, 96, 99, 100, 102, 112, 124, 141, 151, 154, 165, 169, 188, 189, 192, 195, 197, 207, 220, 246, 264, 274, 291, 292, 293, 295, 296, 299, 306, 308, 310, 313
안토니누스 역병 130, 131, 256
알렉산더 대왕 129
알파-프로테오박테리아 40
알폰소 11세 147
에볼라 바이러스 6, 48, 108, 165, 291, 292, 293, 299, 329
에이얌 마을 161, 162
엘레오노라, 올리카 176
엘리자베스 1세 174, 220
엡스타인 바 바이러스 329
영국 55, 67, 77, 78, 89, 122, 130, 145, 147, 148, 150, 155, 156, 161, 163, 164, 167, 170, 171, 174, 175, 190, 192, 195, 197, 201, 204, 205, 208, 220, 221, 223, 225, 226, 231, 249, 257, 259, 260, 263, 265, 268, 269, 270, 272, 273, 281, 297, 303, 305
  영국 동인도회사 205
영국 발한병 195
예르생, 알렉상드르 150, 151
예르시니아 페스티스 151
예리코 105
와일드, 윌리엄 231
요제프 1세 175
우두 169, 270, 271, 272, 273, 274, 275
우르바니, 카를로 29
우역 바이러스 111, 112, 114
워런, 찰스 헨리 245
워틀리 몬터규, 메리 265
워틀리 몬터규, 에드워드 265
원숭이 두창 169, 293
원핵생물 39
웨그스태프, 윌리엄 268
웨스트나일열 바이러스 50, 52, 108, 299
위장관염 48
윌리엄 3세 175
유스티니아누스 역병 126, 132, 142, 154, 165
유전적 저항성 57, 86, 109, 166,

181, 189

이누이트족 87

이반 4세 204

이슬라, 루이 디아스 데 200

이질 141, 187, 220, 237, 242, 243

이집트 73, 103, 114, 116, 117,
  118, 119, 120, 121, 122, 125,
  129, 133, 170, 211, 246, 254

이집트숲모기 191

인구 증가 99, 101, 104, 114, 115,
  117, 124, 139, 140, 141, 148,
  222, 223, 288, 289

인도 114, 115, 130, 141, 151, 152,
  155, 170, 197, 205, 206, 207,
  219, 261, 264, 274, 312, 321

  림프절 페스트 151, 152

  천연두 170

  콜레라 205, 206, 207

  한센병 115

인도 페스트연구위원회 152, 166

인수공통감염병 31, 87, 109, 116,
  165, 169, 260, 288, 303

인플루엔자균 329

ㅈ
───────────────

장티푸스 128, 129, 131, 141, 196,
  237, 243, 244, 245, 260, 294

제너, 에드워드 270, 271, 272, 273,
  274, 275

제임스 2세 175

조지 1세 267

주린, 제임스 269

주혈흡충증 72, 118, 119, 120, 122,
  123, 124

중국 7, 8, 9, 10, 26, 27, 31, 32, 66,
  73, 78, 102, 114, 115, 117, 119,
  124, 125, 130, 141, 142, 149,

197, 207, 261, 264, 265, 290,
  312, 315, 321, 331

  농업 102

  림프절 페스트 142, 143

  사스 26, 27, 28, 29, 30, 31

  조류 독감 315

중앙아프리카 84, 88, 90, 154, 203,
  292, 295

쥐벼룩 151, 152, 156, 157, 164,
  238, 239

쥐티푸스 살모넬라균 303

지중해빈혈 58, 118

지카 바이러스 50, 291

진핵생물 39

ㅊ
───────────────

찰스 2세 175

채드윅, 에드윈 257

천연두 7, 33, 55, 57, 59, 107, 112,
  116, 128, 131, 141, 142, 147,
  169, 170, 171, 172, 173, 174,
  175, 176, 327, 182, 183, 184,
  187, 197, 198, 234, 255, 257,
  261, 262, 263, 264, 265, 266,
  267, 268, 269, 270, 271, 272,
  273, 274, 275, 276, 227, 327

  감염 경로 169, 170, 171, 172,
  173

  세계 천연두박멸운동 274, 275

  아즈텍 183, 184

  잉카 184, 185

  증상 131, 171, 172

청교도주의 205

체인, 에른스트 281

체체파리 87, 88, 89, 90, 91, 92, 93,
  94, 95

체홉, 안톤 248

치즈웰, 세라 266
칭기즈칸 141

ㅋ

카라코룸 141
카를로스 4세 272
카리브해 50, 183, 188, 189, 191, 192, 194
카스텔라니, 알도 89, 90
칸디다 알비칸스 328
칼란차, 안토니오 데 256
캐롤, 제임스 194
케네디, 존 F. 249
코로나바이러스 7, 10, 13, 31, 32, 328
코르테스, 에르난도 183, 184, 186, 187
코이산족 188
코흐, 로베르트 150, 211, 260, 261,
콘스탄티노플 132, 133, 264, 265, 266
콜럼버스, 크리스토퍼 181, 182, 183, 195, 196, 200, 201, 203, 246
콜레라 45, 205, 206, 207, 208, 209, 210, 211, 212, 213, 214, 215, 220, 236, 237, 243, 257, 294
　식수 210, 211
　원인 206, 208
　주기 207, 208, 212, 213
　증상 206
　콜레라균 42, 45, 205, 206, 207, 212, 213, 214, 260
클레멘스 6세 147, 160
키츠, 존 248

ㅌ

탄저균 165, 260, 276
테노치티틀란 183, 184
투키디데스 127, 128
트레포네마 팔리둠 199
트리벨리언, 찰스 232
트리파노솜 88

ㅍ

파나마 운하 193
파스퇴르, 루이스 150, 259, 272, 273, 277
파우치, 앤서니 파우치 331
파지 44, 45, 212, 213, 214
파푸아뉴기니 58, 82, 102
파피루스 114, 116, 117, 118, 120, 170
페니실린 200, 278, 279, 280, 281, 282, 300, 301, 302, 304
페르가몬의 갈렌 255
페리클레스 126, 127
페인, 세실 G. 280, 281
펠로폰네소스 전쟁 126
폐 페스트 159, 161, 164
폐렴 9, 26, 27, 159, 242, 260, 279, 302
폐렴연쇄상구균 302
포스터, 토머스 캠벨 224
표트르, 차르 176
프라카스토로, 지롤라모 257
프로바제키, 스타니슬라우스 폰 238, 239
프로코피우스 132
플라스미드 44, 155, 301

플레밍, 알렉산더 279, 280, 281, 282, 300
플로리, 하워드 281, 282
피그미족 68, 85
피사로, 프란시스코 184, 185, 186
피아자의 미카엘 144
피프스, 새뮤얼 147, 149
핀라이, 카를로스 193
필, 로버트 231, 232
필라델피아 192
필립스, 제임스 275

291
모기 189, 190, 191, 193, 194
노예 무역 188, 189, 190, 191
증상 190
흑사병 134, 142, 143, 145, 146, 147, 148, 154, 159, 160, 163, 164, 165, 167, 168, 202, 254
히포크라테스 255, 256

ㅎ

한센병 70, 107, 115, 175, 202, 260
항생 물질 300
항생제 22, 25, 44, 152, 240, 241, 278, 279, 283, 288, 300, 301, 302, 303, 304, 306, 326, 327, 328, 330, 331
해양 생태계 42
헤이스팅스 후작 207
헨더슨, 돈 275
헨리 8세 204
호모 사피엔스 57, 65, 288
호모 에렉투스 65
호샤 리마, 엔히크 다 238
호킨스, 존 220
홉스, 토머스 67
홍역 7, 47, 61, 71, 107, 109, 110, 111, 112, 113, 114, 116, 128, 135, 169, 172, 173, 182, 187, 188, 234, 257, 261, 262, 277, 297, 327
황금 군단 143, 146
황열 바이러스 188, 189, 190, 191, 192, 193, 194, 195, 215, 277,